剪映教程

迅速提升剪映短视频核心技术的100个关键技能

杨帆 蒋舒安 编著

北京大学出版社
PEKING UNIVERSITY PRESS

内 容 提 要

本书以剪映手机端为蓝本，将熟练掌握剪映在短视频剪辑与制作中的核心技能作为出发点，全面、系统地讲解了如何利用剪映处理短视频的方法和技巧，并分享了多种类型的视频处理思路和经验。

全书共讲解了 109 个关键技能，内容包括：第 1~6 章主要讲解了剪映软件的专项功能应用的相关技能；第 7~10 章主要讲解了视频特效制作的相关技能和案例；第 11 章主要讲解了如何利用 ChatGPT 和其他 AI 工具来高效剪辑与制作短视频的相关技能；第 12 章为案例实训，分别以短视频最常见、热度最高的四种类型（如影视剧解说类、教程科普类、漫剪类、Vlog）为蓝本，融会贯通前面多个章节的教学内容，详细介绍了每一种视频类型的制作流程和基本思路，提升读者短视频制作的综合实战能力。

本书内容循序渐进，由浅入深，再深入浅出，案例丰富翔实，既适合刚接触剪映短视频又想快速掌握视频剪辑技能的小白学习，也适用于已经掌握短视频基础剪辑思路和技能，但想要进一步提升制作视频技能与水平的进阶读者学习，还可作为广大职业院校、短视频培训班的教材参考用书。

图书在版编目(CIP)数据

剪映教程：迅速提升剪映短视频核心技术的100个关键技能 / 杨帆，蒋舒安编著. — 北京：北京大学出版社，2024.5

ISBN 978-7-301-34915-1

Ⅰ. ①剪… Ⅱ. ①杨… ②蒋… Ⅲ. ①视频编辑软件Ⅳ. ①TP317.53

中国国家版本馆CIP数据核字（2024）第058464号

书　　名　剪映教程：迅速提升剪映短视频核心技术的100个关键技能

JIANYING JIAOCHENG：XUNSU TISHENG JIANYING DUANSHIPIN HEXIN JISHU DE 100 GE GUANJIAN JINENG

著作责任者　杨　帆　蒋舒安　编著

责任编辑　王继伟　姜宝雪

标准书号　ISBN 978-7-301-34915-1

出版发行　北京大学出版社

地　　址　北京市海淀区成府路205号　100871

网　　址　http://www.pup.cn　新浪微博：@北京大学出版社

电子邮箱　编辑部 pup7@pup.cn　总编室 zpup@pup.cn

电　　话　邮购部 010-62752015　发行部 010-62750672　编辑部 010-62570390

印 刷 者　三河市北燕印装有限公司

经 销 者　新华书店

787毫米×1092毫米　16开本　14.25印张　343千字

2024年5月第1版　2024年5月第1次印刷

印　　数　1-4000册

定　　价　89.00元

掌握剪映关键技能
提升短视频制作水平

近年来，短视频迎来了高速发展，给手机移动端视频剪辑软件带来了新的生机，剪映从中脱颖而出，它支持多个平台和设备下载、安装。剪映是抖音官方推出的一款手机视频剪辑应用软件，带有全面的剪辑功能，支持变速，内含多种滤镜效果以及丰富的曲库资源。

与传统的PC端视频剪辑软件，如Premiere、After Effects和会声会影等相比，剪映App不仅满足了随时随地进行剪辑的需求，还提供了丰富多样的模板、特效、动画、字幕、音效，以及AI智能剪辑等功能，方便视频剪辑师高效剪辑与制作短、中、长视频。现在，有众多剪辑师、摄影师、博主等都在使用剪映App，亲身体验了其方便快捷的剪辑方式，大大提高了工作效率。

本书适合哪些读者

- 如果你是摄影爱好者，在短视频拍摄与制作方面是新手，只会简单地处理素材；
- 如果你能熟练地使用Premiere、会声会影等经典视频剪辑软件，但想随时随地拍摄与制作短视频；
- 如果你觉得自己剪辑视频时没有好的思路，缺乏足够的剪辑技巧，希望全面提升短视频剪辑与制作水平；
- 如果你是初入新媒体、短视频行业的运营者或创业者。

本书将是你的最佳选择。本书力求帮助读者快速掌握剪映App的核心技能和剪辑技法，领会视频剪辑的美妙，进而潜心学习。熟练掌握本书介绍的100多个关键技能，可以让你解决各种视频剪辑问题，呈现与众不同的视频效果，提升视频剪辑专业技能和职场竞争力。

本书写了哪些内容

本书以剪映App为蓝本进行讲解，以基础的核心技能为出发点，全面系统地讲解了利用剪映App处理短视频的方法和技巧，并分享了多种类型的视频处理思路和经验。

全书共12章，集合了100多个关键技能，共分为四大篇章，具体如下。

第一篇（第1～6章）：专项技能篇。主要讲解剪映的专项功能，如软件快速入门的技能、素材收集与整理、丰富视频画面效果、调色工具的选择与应用、音频文件的添加和处理、文字与贴纸的搭配等。

第二篇（第7～10章）：特效实战篇。对应第一篇的多个专项技能，分别从视频特效、蒙版抠像特效、文字特效、视频调色特效四个方面讲解了实战综合技能，传授特效制作的思路、方法与经验技巧，让读者处理素材和视频效果的能力更上一层楼。

第三篇（第11章）：AI工具篇。该篇介绍如何使用AI工具高效、智能地处理与剪辑制作短视频，其中包括ChatGPT、TTSMAKER、AI画匠、腾讯智影等多个AI工具。通过本篇的学习，我们可以利用AI工具来完成烦琐的工作，从而提高剪辑效率。

第四篇（第12章）：案例实训篇。以短视频最常见、热度最高的四种类型（影视剧解说类、教程科普类、漫剪类、Vlog）为蓝本，融会贯通前面多个章节的教学内容，详细介绍了每种视频类型的制作流程和基本思路。

本书有哪些特点

★ 内容翔实，精而不杂

剪映App是一款功能强大的视频剪辑软件，其内含的新颖且实用的工具与功能太多，如果面面俱到地讲解，只会让读者感到内容繁杂，学习费时费力，效果可能会适得其反。为此，本书精心提炼了剪映App中最常用的100多个关键技能，从基础操作讲起，再进行深入挖掘和详细讲解，旨在帮助读者迅速上手并能利用剪映App解决视频剪辑中的问题。

★ 知识输送，图文讲解

本书打破了传统的教条式的生涩讲解模式，通过详细的文字描述和直观的步骤图解将原本烦琐、枯燥的知识以质朴浅显的方式输送给读者，让读者可以快速理解每个知识点，同时也可以跟着步骤图解一步步进行实践，从而充分掌握每个技能，并能将其真正运用到工作中解决实际问题。

★ 案例丰富，注重实操

本书的示例涉及领域广泛，包括基础剪辑、特效添加、画面调色、视频风格化等，案例来源于日常生活与工作，既切合实际，又极具代表性，让读者置身于真实的生活环境和工作场景中，实实在在地学到真正的实操技能。同时为读者准备了可与案例同步上手操作的学习文件，只要勤于动手，多加练习，就能透彻理解相关知识内容，熟练掌握实际操作方法和技巧。

★ 高手点拨，指点精要

本书在重要内容处设置了“高手点拨”小栏目，将正文中介绍的知识和操作技能等精华要点、经验技巧加以二次提炼，对内容进行补充、启发和提示，在帮助读者加强记忆、提高处理能力与开拓思路的同时，也能提醒读者与功能相应的注意事项，使读者在剪辑视频时少走弯路、错路。

★ 配套资源，轻松学习

❶提供与本书中知识讲解同步的学习文件（包括素材文件与结果文件）;

❷提供与本书同步的多媒体教学视频，图书与视频结合学习，学习效果立竿见影。

学习资源及下载

读者购买本书后，将免费获得以下超值的学习资源。

1. 书中案例讲解的同步学习文件；

2. 与书同步的案例教学视频；

3. 制作精美的PPT课件；

4.《ChatGPT的调用方法与操作说明手册》电子书；

5.《国内AI语言大模型简介与操作手册》电子书。

温馨提示：请用微信扫一扫功能扫描右方二维码关注公众号，输入77页的资源下载码，获取以上资源的下载地址及密码。

创作者说

在编写本书内容时，笔者是基于剪映App当时最新的版本进行讲解的，但图书从编写到出版需要一段时间，由于计算机技术发展迅速，读者拿到本书学习时，剪映App的版本或许有些小差异，但不影响学习。读者学习时可以根据书中的思路、方法与应用经验进行举一反三、触类旁通，不必拘泥于软件的一些细微变化。

本书由“凤凰高新教育”策划，由杨帆、蒋舒安两位老师编写，他们具有丰富的短视频剪辑与制作实战经验，对于他们的辛苦付出在此表示衷心的感谢！

在本书的编写过程中，我们竭尽所能地为您呈现最好、最全的实用功能，但仍难免有疏漏和不妥之处，敬请广大读者不吝指正。若您在学习过程中产生疑问或有任何建议，可以发送E-mail至2751801073@qq.com与我们联系。

目录

CONTENTS

第一篇　专项技能篇

06 第 6 章 文字和贴纸应用的 9 个关键技能……101

第二篇 特效实战篇

07 第 7 章 实战：制作视频特效的 12 个关键技能……121

08 第 8 章 实战：制作蒙版抠像特效的 11 个关键技能……142

第三篇 AI 工具篇

第四篇 案例实训篇

第一篇

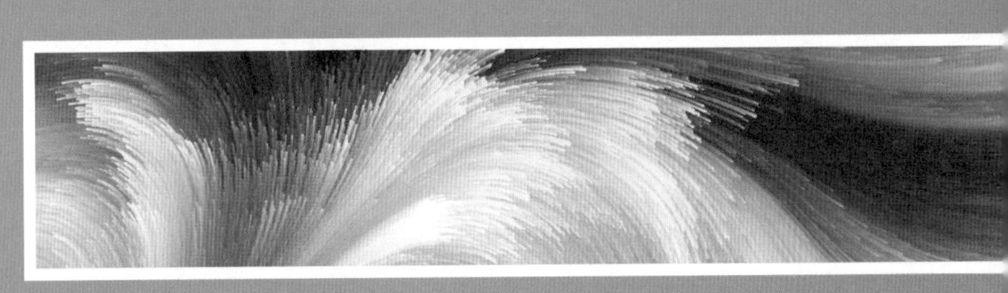

专项技能篇

第1章 剪辑小白快速入门的11个关键技能

剪映是一款视频编辑工具，支持在手机端、电脑端全终端使用，带有全面的剪辑功能，有多样滤镜和美颜的效果，有丰富的曲库资源。无论是商业短视频还是个人风格化视频，都可以使用剪映轻松创作。本章将介绍剪映App的基础界面和功能，帮助读者快速入门。本章知识点框架如图1-1所示。

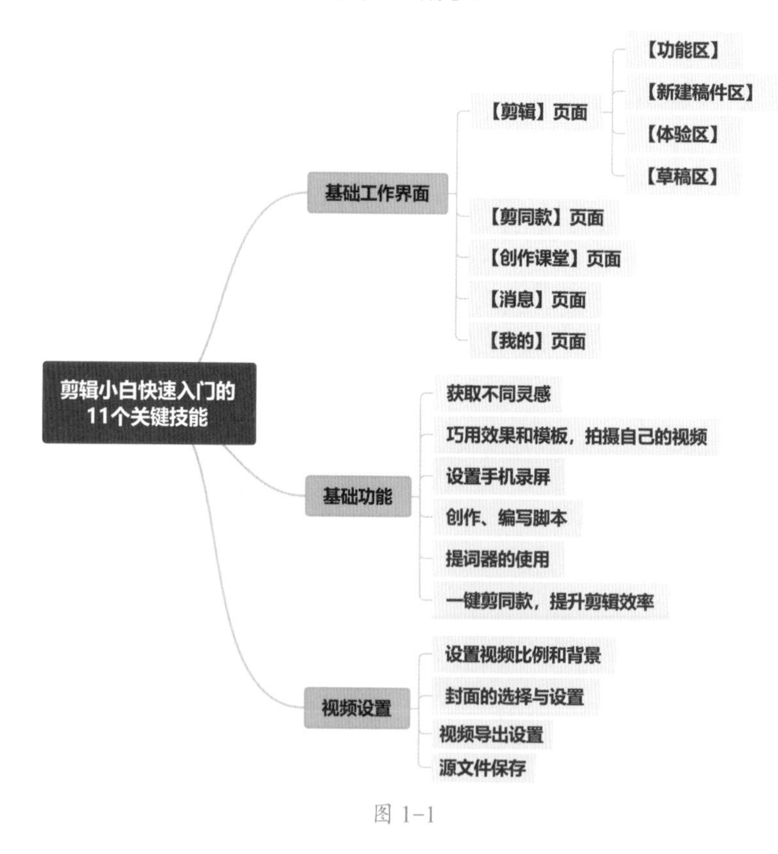

图 1-1

关键技能 001　熟知工作界面，打好剪辑基础

● 技能说明

剪映App工作界面直观简洁，每个特定的区域都提供了多种工具，帮助我们提高视频质量和剪辑效率。

● 应用实战

剪映App共有5个页面，包含了多种功能，如图1-2所示。

图 1-2

底部的【页面栏】由【剪辑】【剪同款】【创作课堂】【消息】【我的】5个页面组成，点击图标可切换页面，如图1-3所示。

图 1-3

1. 剪辑

【剪辑】图标为剪刀，此页面用于创作、剪辑视频，具体包括以下内容选项。

（1）功能区

功能区位于【剪辑】页面的顶部，包括【一键成片】【图片成文】【拍摄】等多种功能，如图1-4所示。

图 1-4

（2）新建稿件区

【新建稿件区】用于创造新的稿件。点击【开始创作】按钮后即可添加素材，进行视频制作，如图1-5、图1-6所示。

图 1-5

图 1-6

添加素材后会进入视频剪辑页面，其区域分布如图1-7所示，各个区域的功能如表1-1所示。

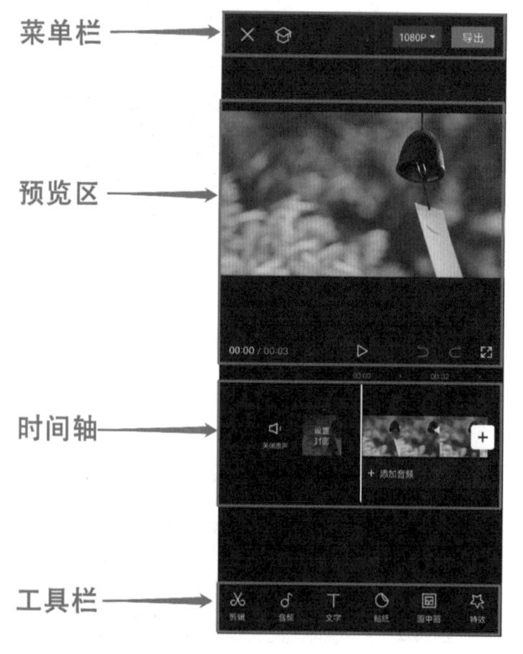

图 1-7

表1-1　各个区域的功能

区域名	功能
菜单栏	进行视频参数及导出的设置，也可查看剪映教程或退出工程
预览区	实时预览最终视频效果，确定光标所在时间，拥有【撤回】【重做】【画面放大】的功能
时间轴	用于素材的放置及编辑，不同类型的素材位于时间轴的不同模块
工具栏	用于选择不同素材模块并对其进行修改、添加特效等操作

（3）体验区

【体验区】是官方推送的一些体验活动，比如相关的时事热点、新上线的模板滤镜、App增加的新功能等，如图1-8所示。

图 1-8

（4）草稿区

【草稿区】用于储存和管理剪辑项目的工程文件及图文脚本等，如需再次编辑，点击相应的草稿即可，如图1-9所示。

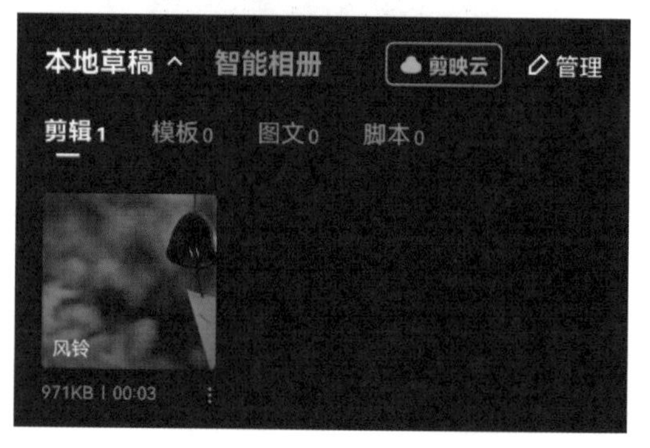

图 1-9

2. 剪同款

【剪同款】图标为▣，此页面用于搜索、浏览及使用官方提供的热门视频模板，只需要替换素材即可做出精美的视频，如图 1-10 所示。

图 1-10

3. 创作课堂

【创作课堂】图标为▣，此页面用于学习官方或博主提供的视频剪辑教程，收藏的教程和学习记录可以在右上方的学习中心查看，方便下一次复习巩固，如图 1-11 所示。

图 1-11

4. 消息

【消息】图标为▣，此页面用于接收官方推送或其他用户发送的信息，可以更详细地查看近期活动、用户消息及最新教程等，如图 1-12 所示。

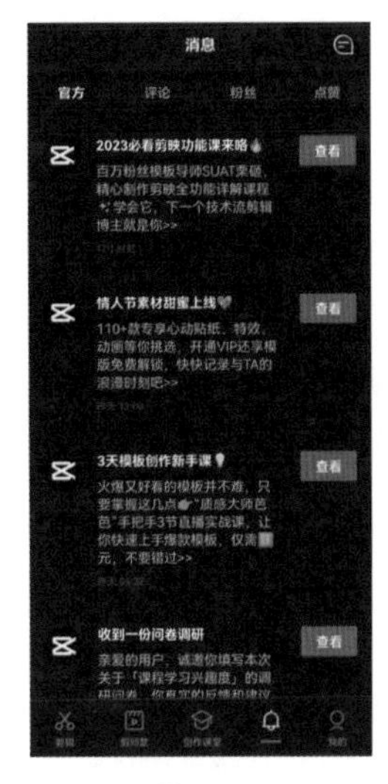

图 1-12

5. 我的

【我的】图标为▣，此页面用于账号登录及管理账号相关内容，登录个人用户后，在剪映 App 剪辑完毕后，不用切换软件，可直接发布到抖音、西瓜视频等平台，如图 1-13 所示。

图 1-13

关键技能002 应用各种参考，获取不同的灵感

● 技能说明

在开始学习拍摄素材时，“该如何拍摄”可能是每个人都会遇到和苦恼的问题。在剪映App中，我们可以选择【拍摄】功能，点击【灵感】，查看【拍摄灵感】提供的在不同场景下的一些参考镜头，随时随地获取分镜灵感。

● 应用实战

熟悉并利用【灵感】功能，可以在拍摄时对一些特定场景设置标准的镜头，具体操作步骤如下。

Step01：打开剪映App，在功能区找到【拍摄】并打开，如图1-14所示。

图1-14

Step02：在【拍摄】功能页面的右下角找到【灵感】并点击，根据拍摄的场景，选择一个拍摄分镜作为参考，如图1-15、图1-16所示。

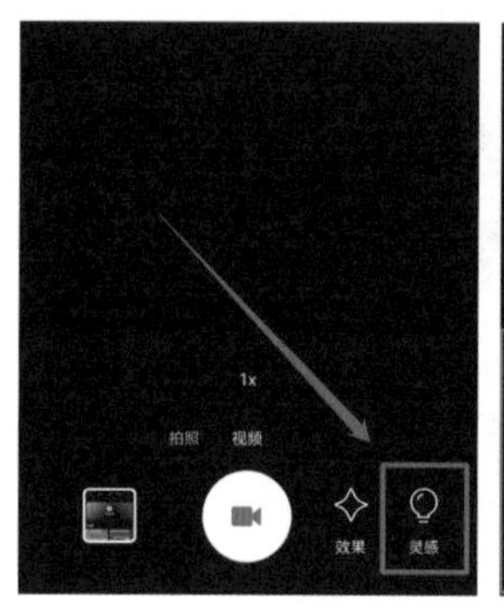

图1-15

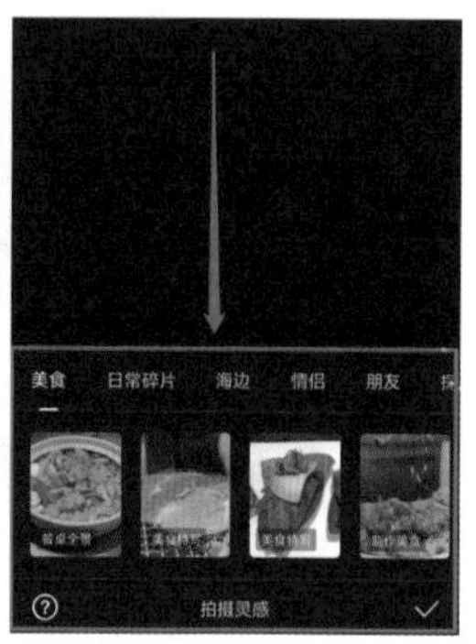

图1-16

Step03：确定选择后，【拍摄灵感】会以左上角小窗视频的形式出现并循环播放，并伴有配音讲解。在观看【拍摄灵感】时，可以同步拍摄自己的素材，旋转手机拍摄方向时，小窗视频也会同步旋转，如图1-17、图1-18所示。

图1-17

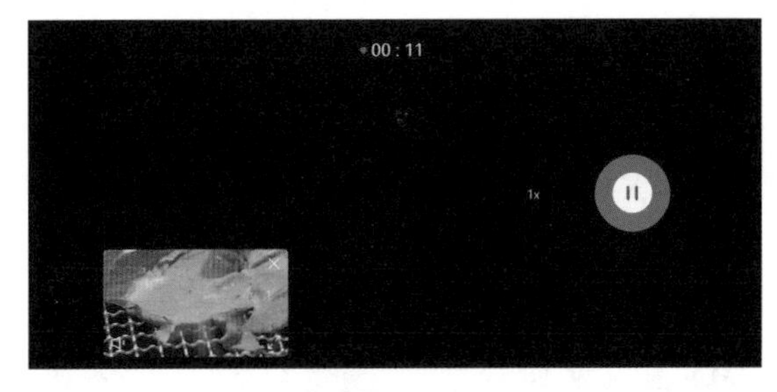

图 1-18

Step04：可以通过小窗视频中的按钮对正在播放的视频进行设置。点击右上角的【叉号】按钮，可以关闭小窗视频，恢复正常拍摄页面，如图 1-19 所示。

图 1-19

点击右下角的【扩大】按钮，可以放大小窗视频在页面中的占比，如图 1-20 所示。

图 1-20

点击左下角的【音量】按钮，可以打开或关闭小窗视频的配音，如图 1-21 所示。

图 1-21

关键技能 003　巧用效果和模板，拍摄自己的视频

● 技能说明

拍摄素材时偶尔会出现场景、人物等主体的明亮关系或颜色氛围不尽如人意的情况，这时，我们可以选择【拍摄】，然后点击【效果】按钮，为视频选择合适的滤镜，或者直接使用【模板】。【模板】不仅设置了特定的滤镜，还在

视频中添加了部分素材。

● 应用实战

巧妙地运用【效果】和【模板】，可以使拍摄素材更具个人风格，而且在拍摄完成后，素材可以直接作为最终视频展出。具体操作步骤如下。

Step01：在【拍摄】功能页面的右下角找到【效果】按钮并点击，根据拍摄的具体场景及个人喜好，选择一个效果进行添加，如图1-22、图1-23所示。

图 1-22

图 1-23

Step02：选择了需要的效果后，可以在效果栏底部调节【风格滤镜】，从而调节当前效果的强弱程度，如图1-24所示。设置好效果后，点击效果栏右上角的【对勾】按钮，即可确认设置并返回拍摄页面；如果发现不需要添加效果了，则先点击效果栏左上方的【禁止】按钮将拍摄页面恢复正常，再点击【对勾】按钮返回拍摄页面完成后续拍摄，如图1-25所示。

图 1-24

图 1-25

Step03：在【拍摄】功能页面的右上角找到【模板】三宫格图标并点击，即可进入选择模板页面。在选择模板页面可以选择多种已设置好的拍摄模板，同时页面会提供【预览模板】板块，通过视频案例可以更直观地看到该模板的总体效果。确定使用模板后，点击下方【拍同款】按钮即可，如图1-26、图1-27所示。

图 1-26

图 1-27

Step04: 选择【拍同款】，进入模板拍摄页面。拍摄页面会显示需要拍摄视频的时长，在选择【直接拍摄】时，拍摄视频的长度需要与页面中所要求的时间长度一致。除了【直接拍摄】，如果提前录好了素材，也可以点击【相册选择】按钮，导入已经拍好的素材。【相册选择】导入的素材时长要大于或等于模板的拍摄时长，否则素材不可导入，如图1-28、图1-29所示。

图 1-28

图 1-29

模板拍摄页面的右上角，会持续显示模板案例视频，如果在拍摄时不需要观看案例视频，点击案例视频中的【缩放】按钮即可，如图1-30所示。

图 1-30

如果是以人物为主体进行拍摄，也可以在【拍摄】按钮左边找到【道具】和【美颜】选项，为人物添加特效，如图1-31所示。

图 1-31

Step05: 按照模板要求拍摄相应时长的素材后，拍摄键会变成灰色，无法继续拍摄。这时只需要点击页面右下角的【下一步】按钮即可进入剪辑页面，如图1-32所示。

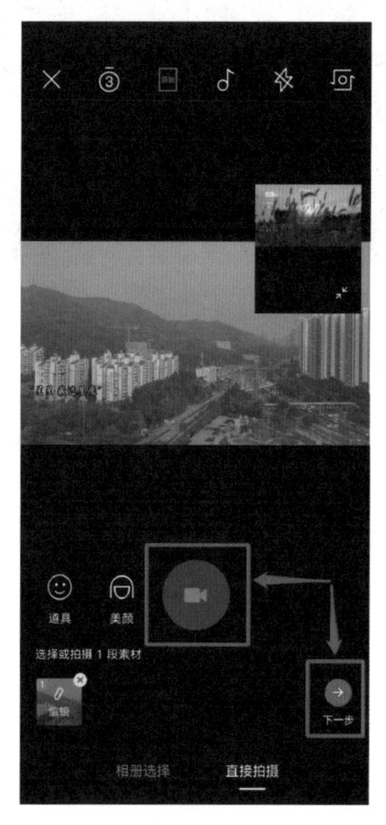

图 1-32

在剪辑页面底部有个功能栏，功能栏包括【视频】【文本】【解锁草稿】三个功能，如图1-33所示。

选择【视频】，点击【替换】按钮，可以替换当前视频的素材；当视频素材时间过长，可以点击【裁剪】按钮裁剪掉多余部分，注意裁剪后的视频长度不能少于模板设置的时间长度；点击【音量】按钮，可以调节背景音乐的音量，如图 1–34 所示。

图 1–33　　图 1–34

如果选择的模板中有文字或字幕，可以点击【文本】按钮，将模板内的文字根据个人意愿更改，视频中出现的文字会在文本页面底部以文字栏的方式呈现，只需要点击文字栏，即可更改其中的文字，如图 1–35 所示。

图 1–35

关键技能 004　手机录屏设置好，从录到剪没烦恼

● 技能说明

视频素材可以通过【拍摄】功能获取，也可以通过【录屏】功能实时录制手机屏幕的画面，比如录制有重要内容的会议或者游戏里的精彩操作。

● 应用实战

设置好录屏时的参数，可以保证素材的清晰度和流畅度，方便后期剪辑使用。具体操作步骤如下。

Step01: 打开剪映 App，在功能区找到【录屏】并打开，如图 1-36 所示。

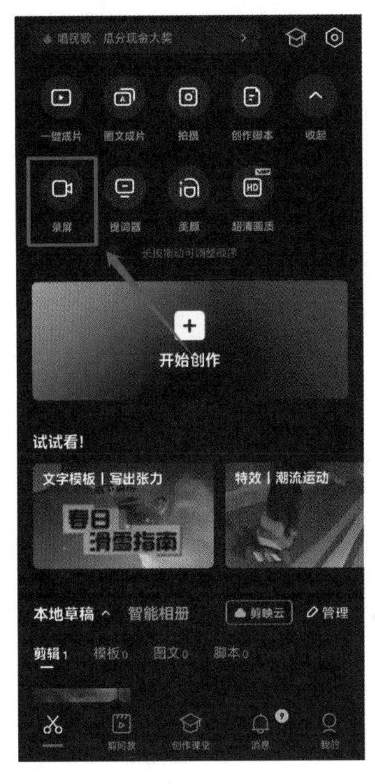

图 1-36

Step02: 进入【录屏】页面，在开始录制之前，需要先在上方的菜单栏中设置好麦克风和其他参数，如图 1-37 所示。

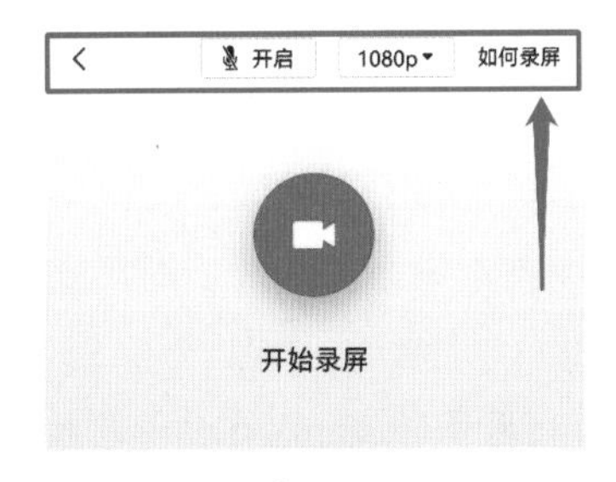

图 1-37

点击【麦克风】按钮，可以打开或关闭麦克风，如图 1-38、图 1-39 所示。打开麦克风后可录制画外音，若关闭麦克风，则只能录制手机内出现的声音。

图 1-38　　图 1-39

点击【如何录屏】按钮，可以调节录制视频时的相关参数，如【录制比例】【分辨率】【帧率】【码率】等，如图 1-40 所示。

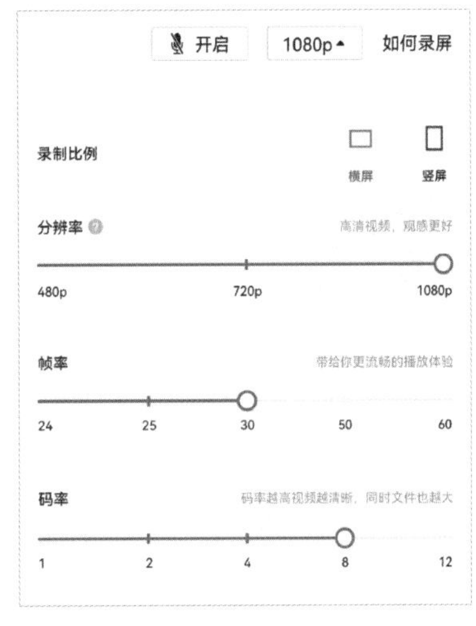

图 1-40

Step03: 设置好所有参数后，即可点击【开始录屏】按钮开始录制手机画面，此时手机屏幕上会出现浮窗，通过浮窗可以实现返回录屏页面、关闭浮窗等功能。当我们需要结束录制时，点击中心的【红色停止】按钮即可结束录屏，也可以通过浮窗结束录屏，如图 1-41 所示。

图 1-41

Step04: 结束录屏后，录制的视频草稿会放在录屏页面的【我的录屏】中，草稿文件可以选择【重命名】或【删除】，也可以选择草稿文件直接进行剪辑，如图1-42所示。

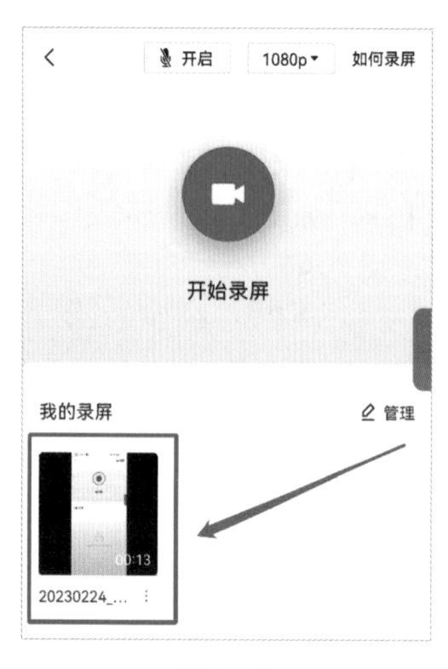

图1-42

高手点拨

视频参数相关介绍

（1）分辨率：分辨率与图像大小成正比。分辨率越高，图像越大；分辨率越低，图像越小。

（2）帧率：帧率是用于测量显示帧数的量度，测量单位是“每秒显示帧数”或“赫兹”。简单来说，就是在1秒钟内显示的画面数，30帧就是在1秒钟内显示30张画面，60帧则是在1秒钟内显示60张画面。高帧率能使画面更连贯、更流畅、更清晰。

（3）码率：码率是数据传输时单位时间内传送的数据量，也可以理解为失真度。码率越高，视频越清晰，反之则画面粗糙且多马赛克。码率越高，所拍摄的视频文件也越大。

关键技能005 创作脚本三大步，拍摄才能心中有数

● 技能说明

脚本是拍摄视频的基础，也是很多人会忽略的步骤。在拍摄视频前准备好脚本，对后续视频的拍摄、剪辑及视频的质量都有很大的帮助。一般创建脚本分为三步：（1）确立主题；（2）列出大纲；（3）补充细节。利用剪映App中的【创作脚本】功能，可以在拍摄视频前快速完成脚本创作。

● 应用实战

熟悉【创作脚本】功能，可以大大提升拍摄效率；在脚本中添加素材，对后期剪辑也有很大的帮助。具体操作步骤如下。

Step01: 打开剪映App，在功能区找到【创作脚本】并打开，如图1-43所示。

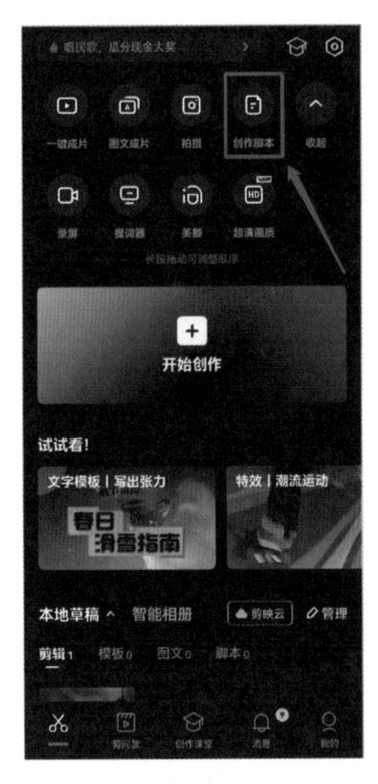

图 1–43

Step02： 进入【创作脚本】页面，其中有许多博主制作的脚本模板，可以观看并参考；也可以在博主制作的脚本页面中点击【去使用这个脚本】按钮，直接套用并进行修改，如图 1–44、图 1–45 所示。

图 1–44　　　　图 1–45

Step03： 如果想自己设计脚本，可以在【创作脚本】页面中点击底部的【新建脚本】按钮，创建新的脚本，如图 1–46 所示。

图 1–46

Step04： 新建脚本完成后即可开始填充内容。点击页面顶部的标题栏，可以添加脚本的标题，如图 1–47 所示。

图 1–47

标题栏下方又分为【大纲】【详细描述】【台词文案】，如图1-48所示。

【大纲】用于添加视频结构及大纲，用简单的语言概括拍摄画面的内容。

【详细描述】用于添加和补充大纲的细节，如拍摄运镜、视频画面景别关系等。在该栏中也可以选择是否添加拍摄好的视频素材，若添加视频素材，则可以直接导入剪辑。

【台词文案】用于添加角色的台词或后期配音的台词。

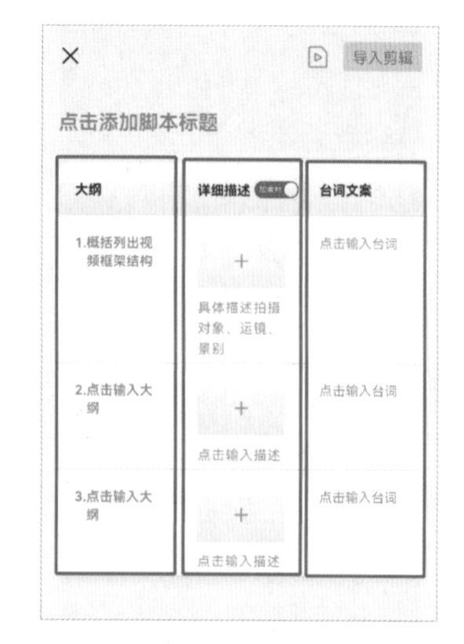

图 1-48

关键技能 006 善用提词器，拍摄起来更轻松

● 技能说明

在拍摄的同时使用提词器，演讲者不用背稿，也可以正常拍摄视频。剪映App内置的【提词器】功能，在拍摄的同时也能在屏幕上显示台词，就算是一个人也能轻松完成拍摄。

● 应用实战

【提词器】功能会在拍摄页面上显示提前准备的台词，能帮助演讲者解决脱稿难题。具体操作步骤如下。

Step01：打开剪映App，在功能区找到【提词器】并打开，如图1-49所示。

图 1-49

Step02：进入【提词器】页面，点击【新建台词】按钮，即可创建台词，如图1-50、图1-51所示。

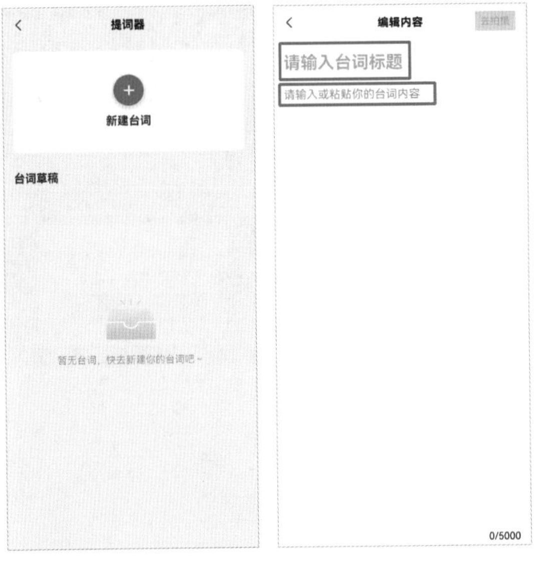

图 1–50　　　　图 1–51

Step03: 当文本内容输入完毕后，点击右上角的【去拍摄】按钮，就可以直接拍摄了，如图 1–52 所示。

图 1–52

Step04: 进入拍摄页面，台词会显示在屏幕上方。使用者可以自由拖动提词器板的位置或点击右上角的【缩放】按钮打开或缩小提词器板，如图 1–53 所示。

Step05: 使用者也可以点击下方的【面板】和【设置】按钮，对提词器中的文本进行修改，如图 1–54 所示。

图 1–53　　　　图 1–54

点击【面板】按钮，可返回创建台词页面，对台词进行修改。

点击【设置】按钮，可以调节提词器板中文本的字号、字体颜色及滚动速度等相关参数，如图 1–55 所示。

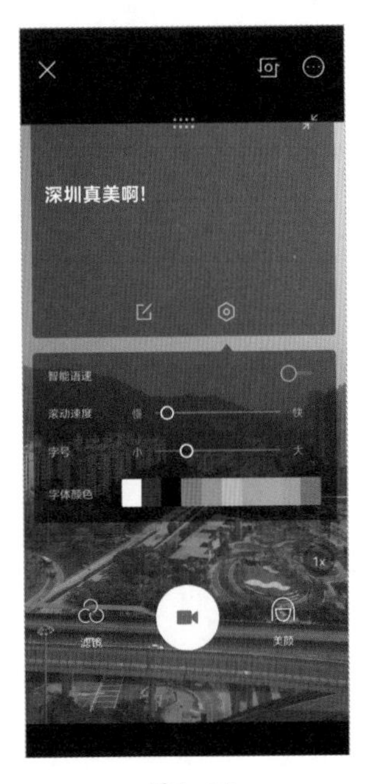

图 1–55

退出拍摄后，草稿会自动保存在【提词器】页面下方的【台词草稿】中。若想删除草稿可以按住草稿左滑，选择“删除”项，也可以将草稿内的内容全部清空，清空完毕后，返回【提词器】页面即可完成删除，如图1-56、图1-57所示。

图1-56

图1-57

关键技能 007 一键剪同款，提升剪辑效率

● 技能说明

当拍摄或录制好素材之后，就可以剪辑了。如果依靠自己制作视觉效果，需要花费一定的时间和精力去研究和尝试。剪映App的【一键成片】和【剪同款】功能，可以一键套用效果，不需要花费太多时间和精力。

● 应用实战

【一键成片】和【剪同款】这两个功能都非常方便，只需要选择好素材，套用模板后修改参数即可。具体操作步骤如下。

1. 一键剪辑第一种方法

Step01： 打开剪映App，在功能区找到【一键成片】并打开，如图1-58所示。

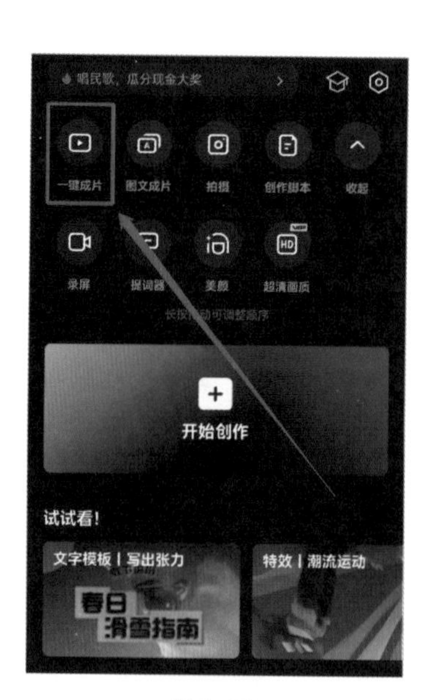

图1-58

Step02： 进入【一键成片】页面，选择想要剪辑的素材，然后点击【下一步】按钮去选择模板，如图1-59所示。

图 1-59

Step03：页面底部有多种模板，包括相应的效果、背景音乐、文字等，根据个人喜好选择即可。选择完毕后，在【预览区】预览视频效果，确认好所需要的视频效果后，点击页面右上角的【导出】按钮，设置视频分辨率后即可将最终视频导出或分享，如图 1-60、图 1-61 所示。

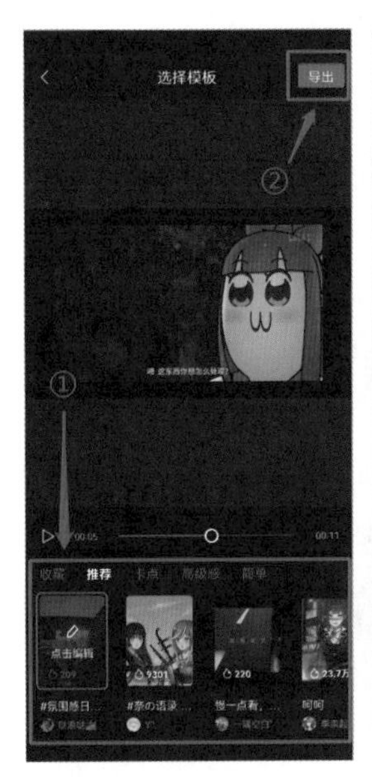

图 1-60

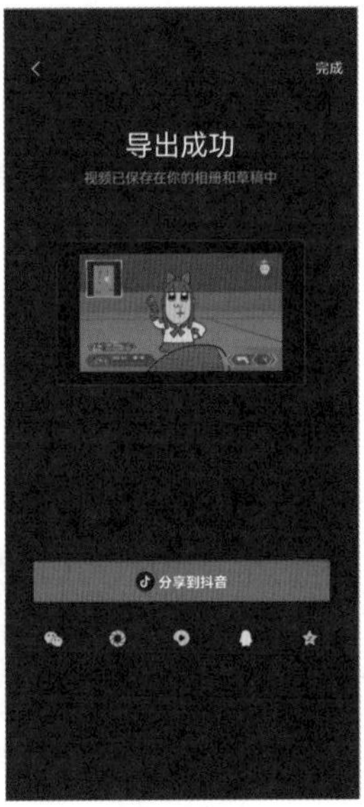

图 1-61

2. 一键剪辑第二种方法

Step01：打开剪映 App，在页面栏中找到【剪同款】，点击进入【剪同款】页面，会发现有多种实时热点剪辑模板，如图 1-62 所示。

图 1-62

Step02：根据个人喜好和要求选择相应模板并打开，点击页面右下方的【剪同款】按钮，就可以选择或拍摄想要剪辑的素材；点击页面右下角的【下一步】按钮，即可进入剪辑页面，如图 1-63、图 1-64 所示。

图 1-63

图 1-64

Step03：进入剪辑页面后，点击页面下方的【点击编辑】按钮，可以对视频素材进行【替换】【裁剪】【音量】等基础修改。完成修改后，点击右上角的【导出】按钮，设置视频分辨率后即可将最终视频导出或分享，如图1-65、图1-66所示。

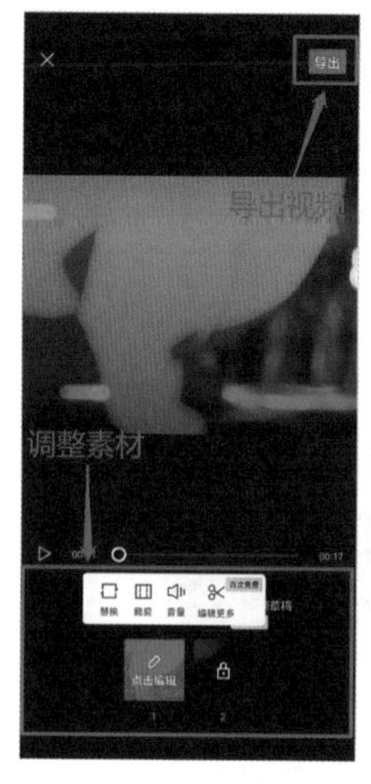

图 1-65

图 1-66

关键技能 008 设置视频比例和背景，最终标准要确定

● 技能说明

在我们使用【一键成片】功能或【剪同款】功能时，视频的画面比例和背景是设置好的，但是在我们自己剪辑创作时，视频的画面比例和背景是需要我们自己设置的。优先设置好视频的画面比例和背景，会为我们后续的剪辑工作省去很多麻烦。

● 应用实战

视频的画面比例和背景影响成片的效果。一般情况下，视频的画面比例只需要和视频分辨率比例保持一致即可；而背景可以用当前素材画面或图片素材进行填充。具体操作步骤如下。

Step01：在剪辑页面的【新建稿件区】创建一个新的视频稿件；选择想要剪辑的素材后，进入视频剪辑页面，在底部的工具栏中找到【比例】和【背景】按钮，如图1-67所示。

Step02：先点击【比例】按钮对视频的比例进行设置。视频比例是指预览区中视频画面长和宽的比例。在剪映App中，如果视频比例与素材比例相同，则素材会填充整个画面；如果视频比例与素材比例不同，则会将素材居中，素材周围则呈现黑色背景，如图1–68所示。

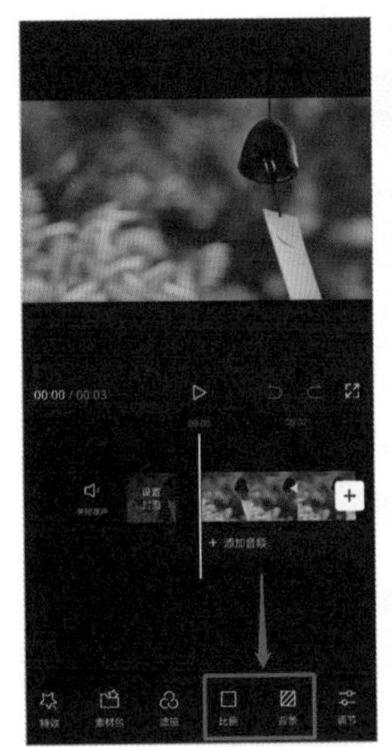
图1–67

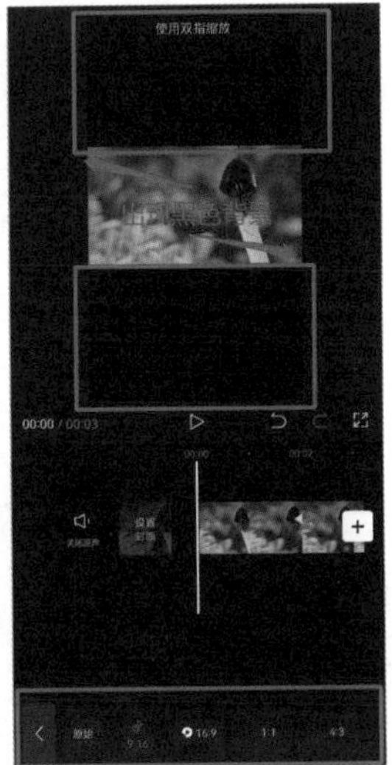
图1–68

Step03：设置完视频比例后，选择工具栏中的【背景】功能继续设置，其中包括【画布颜色】【画布模式】【画布模糊】三种功能。当素材因为比例设置、位置拖动等原因而出现黑色背景时，就可以通过【背景】功能进行替换，如图1–69所示。

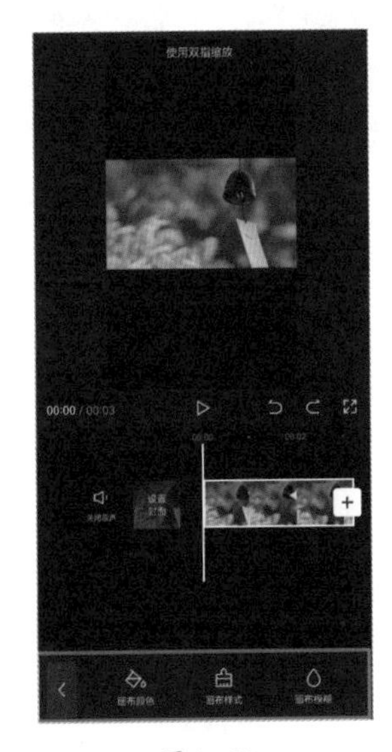
图1–69

画布颜色：可以将背景替换成其他颜色的纯色背景。除了剪映App提供的多种颜色，还可以用【吸色器】和【调色盘】选择自己想要的颜色，如图1–70所示。

画布模式：可以将背景替换成个性图片或贴图。除了剪映App提供的图片样式，还可以根据个人喜好添加图片，如图1–71所示。

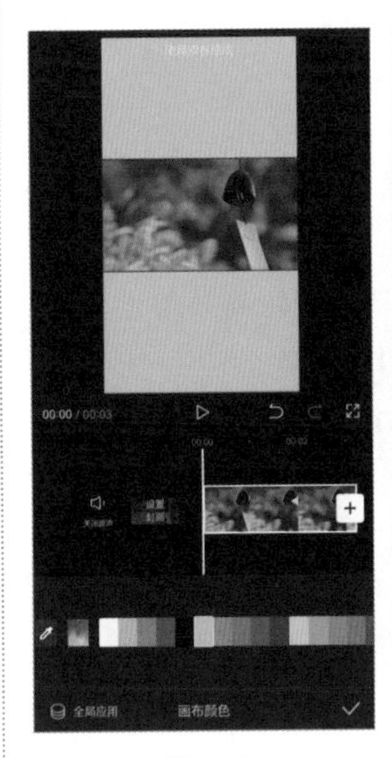
图1–70

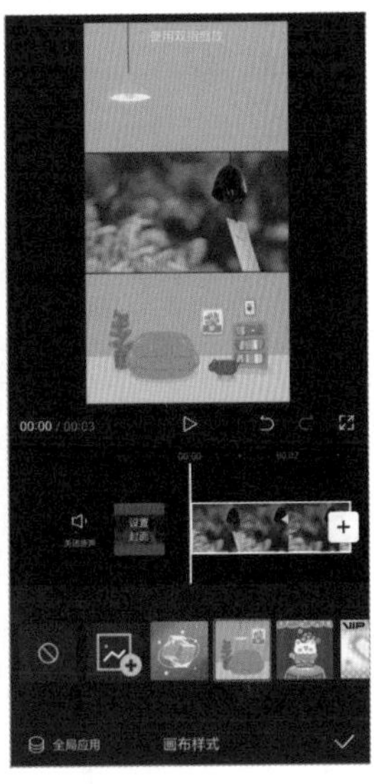
图1–71

画布模糊：可以将当前素材画面变模糊，并替换原有黑色背景。在该模式中可以选择背景的模糊程度，如图1–72所示。

图1–72

关键技能009 这样选择和设置，制作封面很简单

● 技能说明

一个优秀的视频需要一张吸睛的封面相配。以往视频和封面需要用不同的软件分开制作，在剪映App中，在剪辑视频的同时也可以快速完成封面的制作。

● 应用实战

在剪映App中，只需要提前准备好图片素材或是在视频中截取一帧画面，在视频剪辑页面就能进行封面的设置。具体操作步骤如下。

Step01： 在视频剪辑页面找到【设置封面】选项，如图1-73所示。

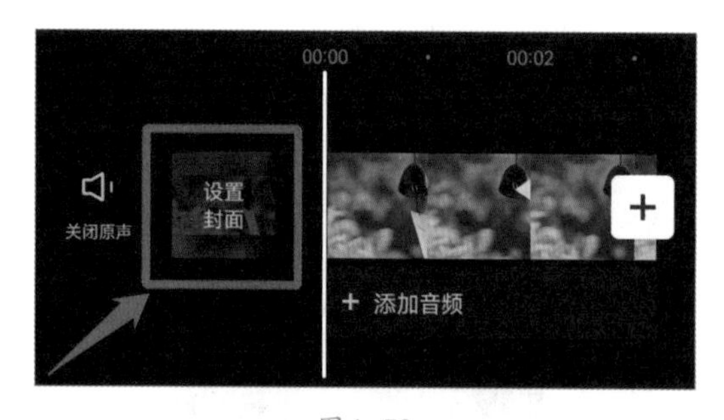

图1-73

Step02： 点击【设置封面】按钮，即可设置封面。有两种封面选择方式：一是在剪辑的视频素材中挑选其中一帧画面作为视频的封面，这种方式既快速又方便，封面和视频内容契合度高，但是自由度会受限；二是在相册中选择一张图片作为视频的封面，这种方式自由度高、选择范围广，但需要注意封面和视频内容的关联，以增强观看体验，如图1-74、图1-75所示。

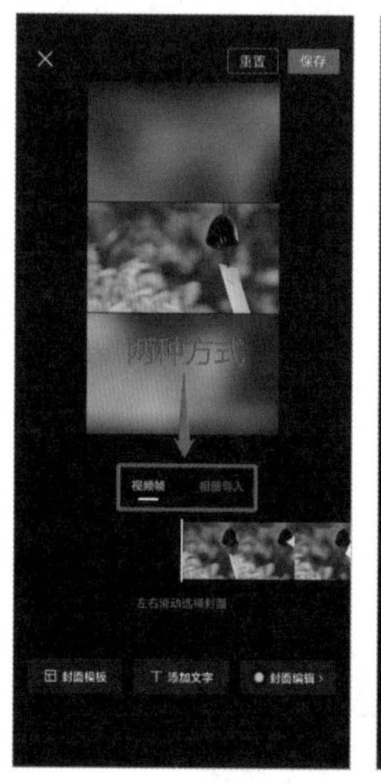

图1-74

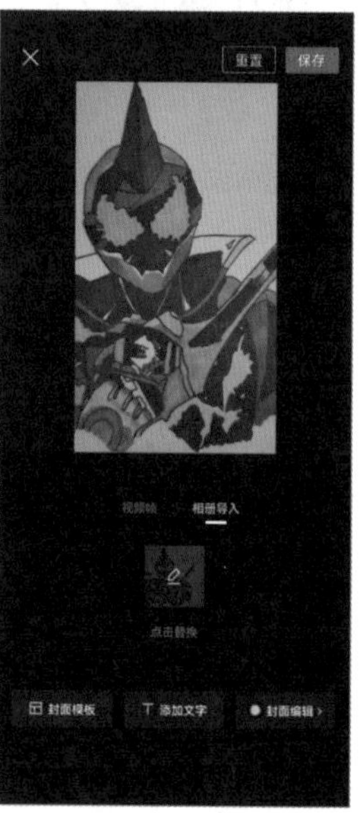

图1-75

Step03： 确认封面后，可以利用封面编辑页面下方的【封面模板】【添加文字】【封面编辑】功能进行完善。其中，【封面编辑】功能需要下载醒图App才可以使用，如图1-76所示。

【封面模板】功能：醒图App提供了一定数量的封面模板，在剪映App上也可直接使用，根据个人喜好选择即可。模板内已添加好滤镜、文字等内容，其中文字内容可以点击屏幕相关区域进行修改，如图1-77所示。

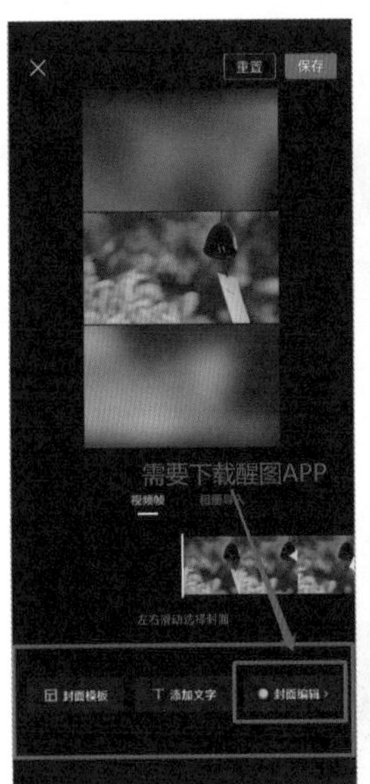

图 1-76　　图 1-77

【添加文字】功能：可以在基础封面上添加文字，并设置字体和字体样式；也可以在输入文字后直接使用花字或气泡，给文字添加个性化风格，然后点击确认键即可，如图 1-78 所示。

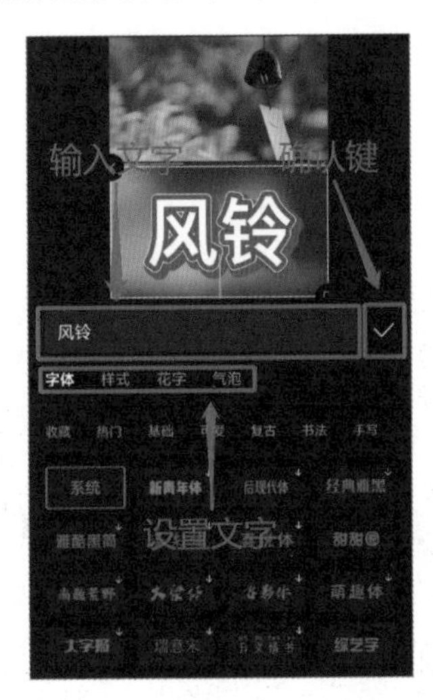

图 1-78

【封面编辑】功能：此功能需要下载醒图 App 才可以使用。在醒图 App 中完成封面的设置后，点击右上角【应用到剪映】按钮，即可返回剪映 App，如图 1-79 所示。

图 1-79

Step04：设置完成后，我们还需要点击页面右上角的【保存】按钮完成封面的保存，随后返回视频剪辑页面；如果对设计的封面不满意，也可以点击右上角的【重置】按钮，还原所有参数，从头开始设置，如图 1-80 所示。

图 1-80

关键技能 010 视频导出设置，决定视频最终呈现的样子

● 技能说明

基础工作完成之后，就可以导出剪辑好的视频。由于个人的需求不同，每个人导出视频的格式、大小、清晰度不同，所以理解每个导出参数的意义也是很重要的。

● 应用实战

视频剪辑完成后，在视频剪辑页面可以进行导出设置，设置完毕后直接导出即可。具体操作步骤如下。

Step01: 在视频剪辑页面右上角可以找到【导出】及【导出设置】选项，其中【导出设置】选项一般显示的是当前视频的分辨率，如图1-81所示。

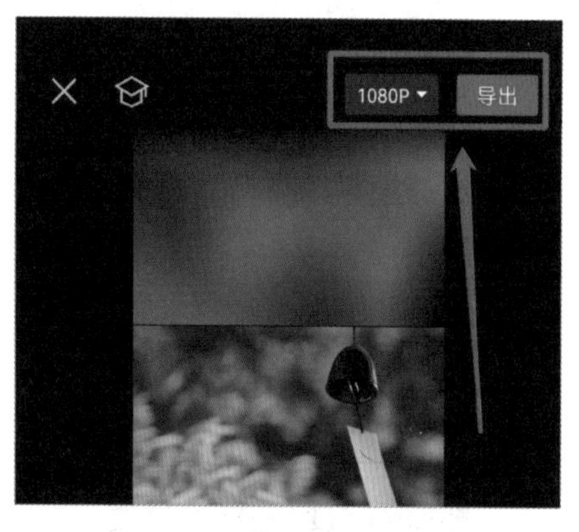

图 1-81

Step02: 点击【导出设置】按钮，会弹出关于视频相关设置的弹窗。根据个人需求，选择导出格式是视频（MP4）还是动态图（GIF），如图1-82所示。

图 1-82

如果选择导出格式为视频（MP4），则需要对视频的分辨率及帧率进行设置。建议将视频导出的分辨率与原视频素材保持一致，这样成片效果更好；如果将分辨率设置较高，视频清晰度并不会提升得很明显，导出的视频文件大小反而会受到影响。同理，导出视频的帧率保持与原视频素材帧率大小一致即可，如图1-83所示。

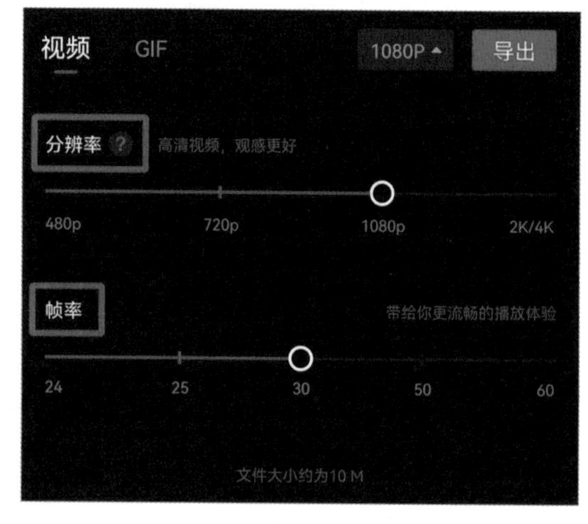

图 1-83

如果选择导出格式为动态图（GIF），只需要在弹窗中选择清晰度即可，如图1-84所示。

图 1-84

Step03：视频格式、清晰度等设置完成后，点击右上角【导出】按钮，等待视频导出完毕即可，如图1-85所示。

图 1-85

关键技能 011 草稿上传剪映云，稿件素材不丢失

● 技能说明

当视频导出完毕后，源文件会存放在剪映App的【本地草稿】中。除了【本地草稿】，剪映App还提供【剪映云】服务，可以将【本地草稿】中的源文件上传到云端服务器，就算更换手机、清空数据，在【剪映云】中的源文件也不会丢失或损坏。

● 应用实战

将稿件存储到剪映的云服务器，就能解决草稿丢失或误删的问题，具体操作步骤如下。

Step01：在剪映App的【本地草稿】中找到需要保存的源文件，如图1-86所示。

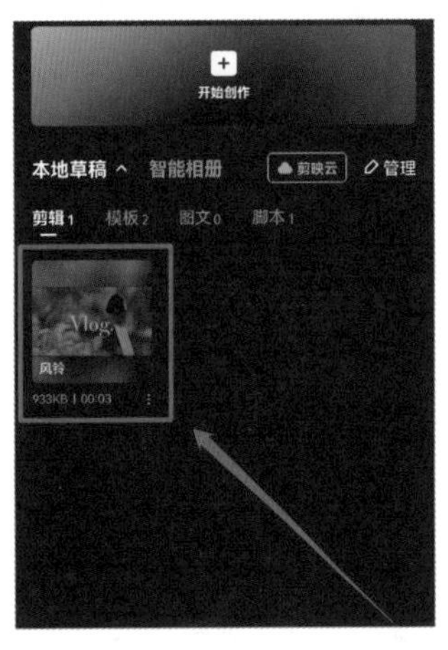

图 1-86

Step02：点击源文件右下方的■标志，会出现弹窗，点击弹窗中的【上传】按钮，如图1-87、图1-88所示。

图 1–87

图 1–88

Step03： 进入【上传到“我的云空间”】页面，点击下方【上传到此】按钮，将视频源文件保存在当前页面；或先点击【新建文件夹】按钮，创建文件夹进行分类，再点击【上传到此】按钮，将源文件保存在创建的文件夹中，如图1–89、图1–90所示。

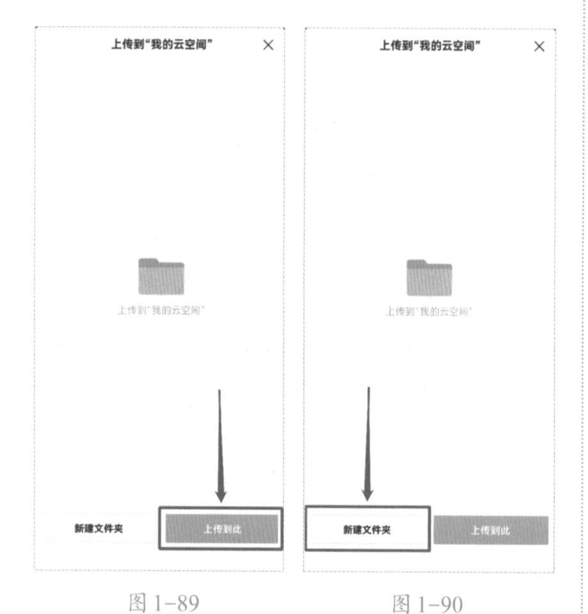

图 1–89　　图 1–90

Step04： 上传成功后，返回剪辑页面，这个时候点击草稿区右上方的【剪映云】按钮，进入剪映云空间查看保存的源文件，如图1–91、图1–92所示。

图 1–91　　图 1–92

第2章
素材收集与整理的13个关键技能

素材是剪辑视频的基础。根据视频种类的不同，除了视频素材，我们还需要准备图片素材、音乐素材、字幕素材等。在剪映App中，我们不仅可以导入自己准备的素材，也可以利用其自带的素材库，减少准备的时间，提高剪辑效率。本章将介绍剪映App中素材收集、使用和整理的功能。本章知识点框架如图2-1所示。

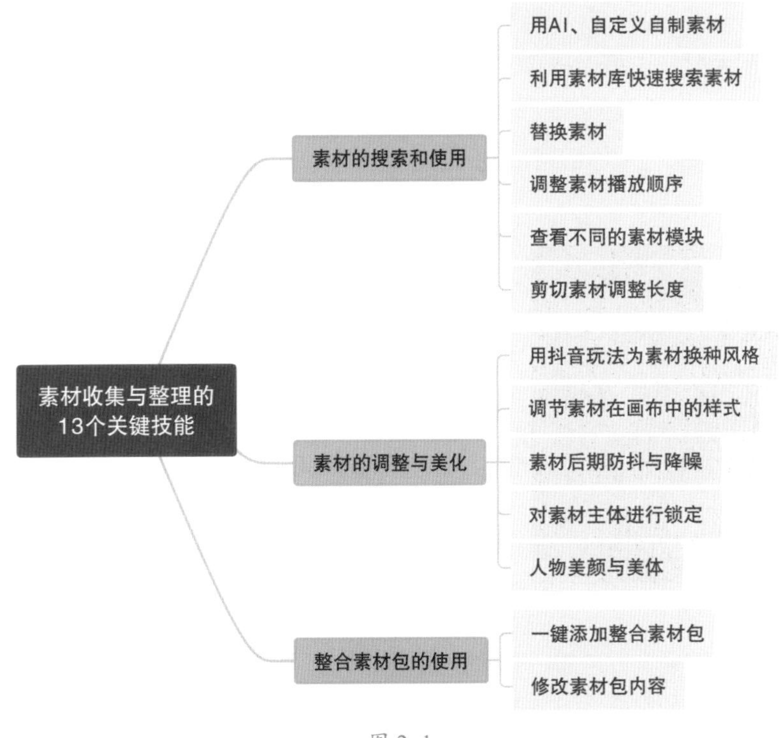

图 2-1

关键技能 012 输入文字自制素材，AI、自定义两不误

● 技能说明

在剪辑视频时，我们通常需要在互联网上寻找相关素材，有时候很难找到让我们满意的。剪映App中的【图文成片】功能，不仅可以通过输入的文字自动匹配合适的素材，还可以让用户自己选择素材，提高效率的同时，也保证了创作的自由度。

● 应用实战

剪映App中的【图文成片】功能不仅可以根据文案自动匹配素材，还可以选择三种方式直接进行添加，具体操作步骤如下。

Step01： 打开剪映App，在功能区找到【图文成片】并打开，如图2-2所示。

图2-2

Step02： 进入【图文成片】页面，在上方相应的空白栏中填写素材的标题和文本内容。标题可以选择不填，但素材对应的文本内容必须填写，如图2-3所示。

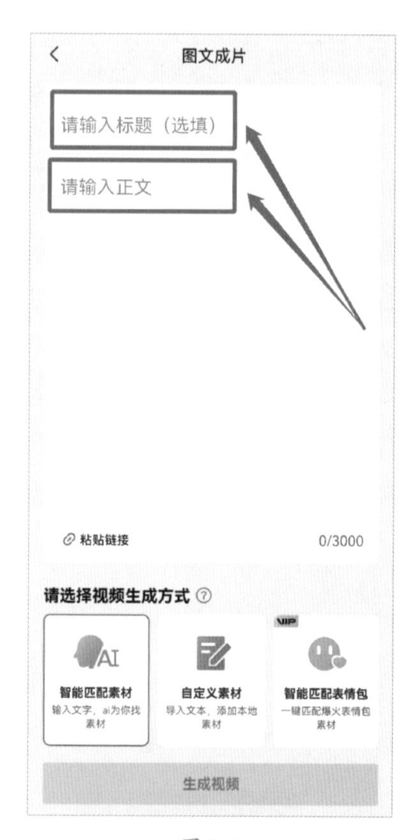

图2-3

Step03： 填写完标题和文本内容后，可以在下方的栏目中自由选择视频生成方式。如果没有准备合适的素材，可以选择【智能匹配素材】并点击【生成视频】按钮，剪映App会根据文本内容自动寻找、匹配素材，同时会匹配对应的文本朗读、背景音乐等基础素材。如果对自动匹配的素材不满意，可以通过工具栏进行修改，如图2-4、图2-5所示。

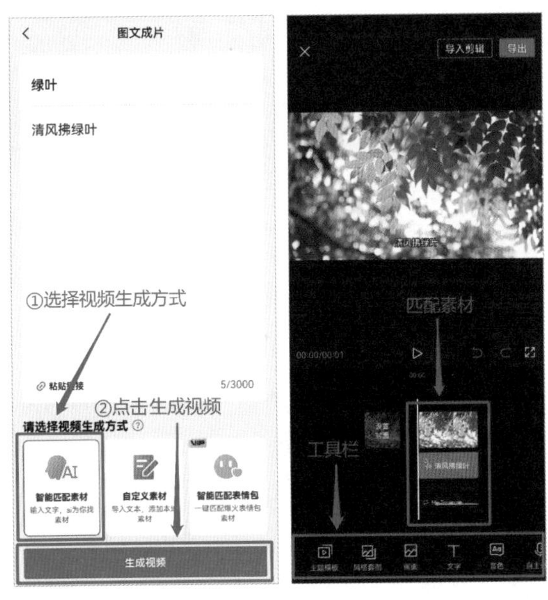

图 2-4　　图 2-5

Step04: 如果准备了素材，不需要智能匹配，可以选择【自定义素材】功能。填写好标题和文本内容后，即可点击【生成视频】按钮。此功能同样会自动匹配对应的文本朗读及背景音乐等基础素材，素材需自行添加，如图2-6、图2-7所示。

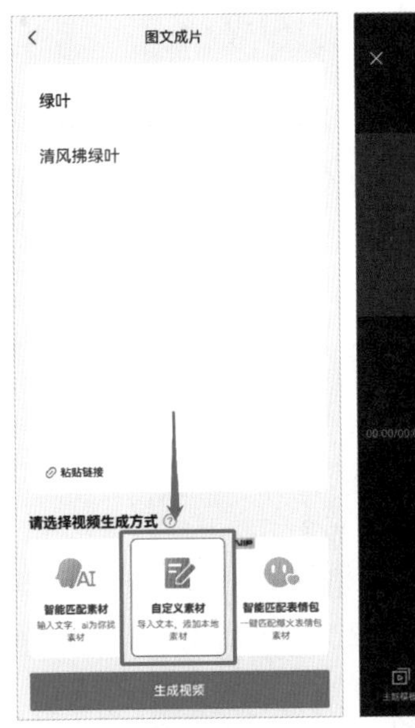

图 2-6　　图 2-7

Step05: 如果想使用【智能匹配表情包】功能，需要开通剪映App的会员。同样在填写标题和文本内容后，剪映App会智能匹配与文本内容相对应的表情包、文本朗诵及背景音乐等基础素材，如图2-8、图2-9所示。

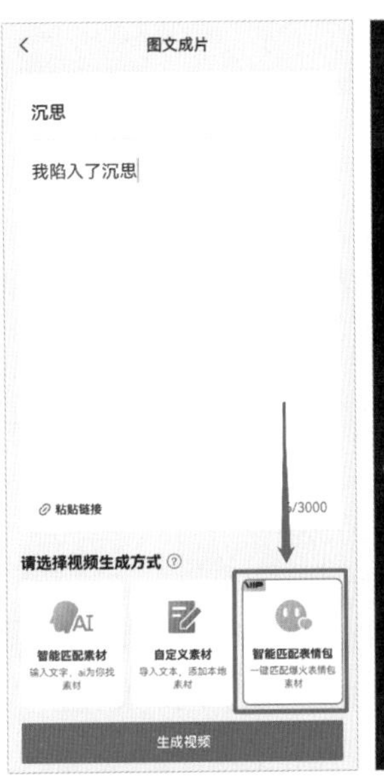

图 2-8　　图 2-9

高手点拨

对生成的视频进行修改

通过【图文成片】功能生成视频后，我们依然可以通过工具栏中的工具对视频进行简单修改。

（1）主题模板：更改当前视频的背景、字幕字体等。

（2）风格套图：提供多种风格的图组，用于替换当前素材。

（3）画面：可以使用自行准备的素材替换当前素材，也可以添加更多的素材。

（4）字幕、文字朗读和背景音乐也可以进行简单修改。

关键技能 013 快速查找所需素材，你想要的我都有

● 技能说明

剪映App的素材库非常庞大，可以根据多样的文本内容智能匹配视频或图片素材。在需要素材的时候，不妨从剪映App自带的素材库中搜索，提高查找的效率和质量。

● 应用实战

除了自己拍摄的素材，我们还可以利用剪映中的剪映云或素材库来查找合适的素材，具体操作步骤如下。

Step01：打开剪映App，点击新建稿件区的【开始创作】按钮，进入素材选择页面，如图2-10所示。

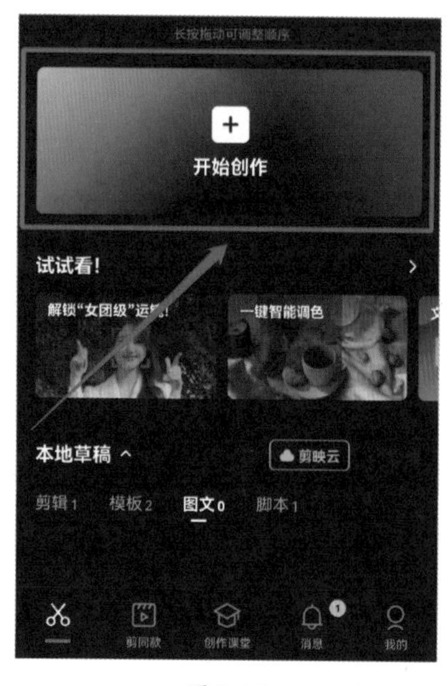

图 2-10

素材选择页面提供了三个区域的素材供我们选择，分别是【照片视频】【剪映云】【素材库】。

【照片视频】是指存储在手机中的视频素材、图片素材等，如图2-11所示。

图 2-11

【剪映云】是指存储在剪映云中的视频素材、图片素材等，需要使用者提前将素材上传至剪映云中，如图2-12所示。

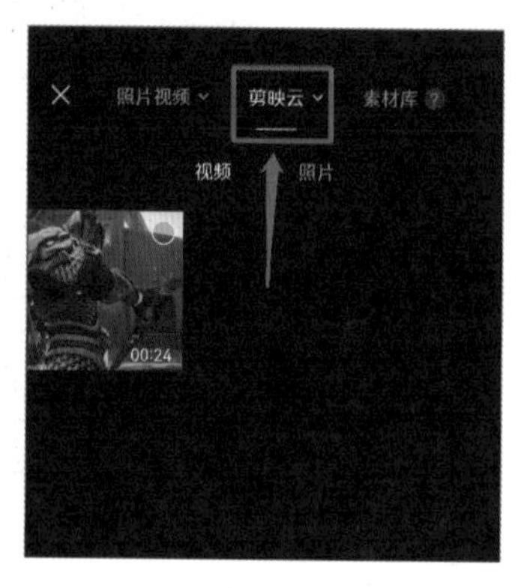

图 2-12

【素材库】是剪映App自带的，包含了大量热门视频素材，我们可以根据个人喜好选择并使用，如图2-13所示。

图2-13

Step02：除了推荐的热门视频素材，我们也可以在【素材库】页面上方的搜索栏中输入关键词，搜索相关的素材，如图2-14所示。

图2-14

高手点拨

素材的排版技巧

如果遇到需要一个镜头放置多个素材的情况，除了在剪辑页面进行排版，还可以在素材选择页面中点击【分屏排版】按钮，提前对多个素材进行简单的排版，提高后续剪辑的效率。

关键技能 014 素材错误？一键换回正确素材

● 技能说明

在视频剪辑过程中，有时会因为导入的素材过多而不慎选择了错误的素材。如果删掉原有素材再重新添加就需要重新排序，这样比较麻烦。遇到这种情况，我们可以在视频剪辑页面直接选择替换错误素材，这样就不需要重新排序了，更加方便快捷。

● 应用实战

【替换】功能不仅能替换错误的素材，也可以替换模板里的案例素材，具体操作步骤如下。

Step01：在视频剪辑页面点击【时间轴】上的视频素材，或者点击底部工具栏中的【剪辑】按钮，打开剪辑工具栏，如图2-15所示。

图 2-15

Step02: 在剪辑工具栏中找到【替换】按钮并点击，进入素材选择页面，如图2-16、图2-17所示。

图 2-16

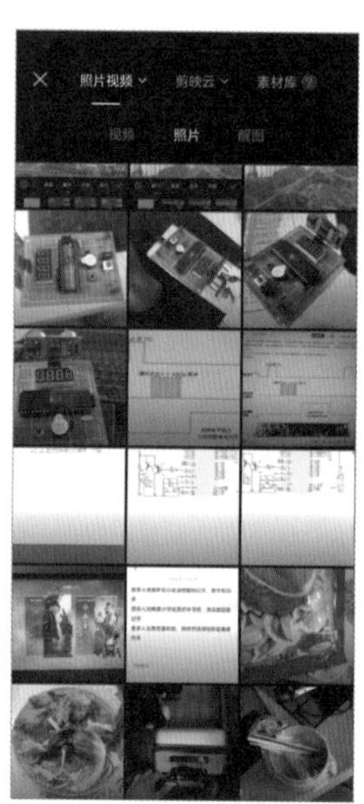

图 2-17

Step03: 选择合适的素材进行替换。需要注意，重新选择的素材的时长要大于或等于原素材的时长，如图2-18、图2-19所示。

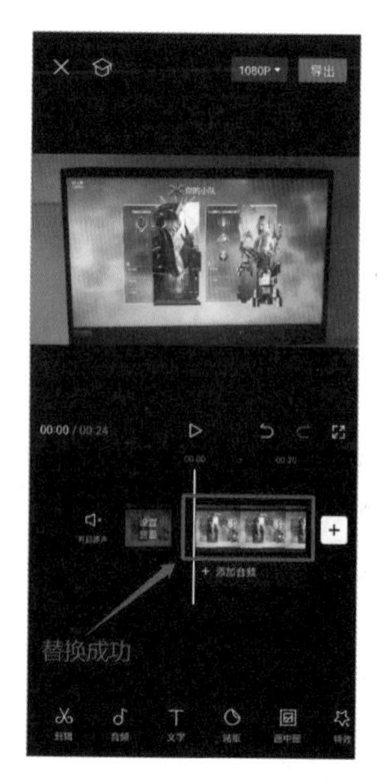

图 2-18

图 2-19

高手点拨

替换素材注意事项

（1）因为图片素材本身没有时间属性，所以视频素材替换成图片素材没有时间限制，可以直接替换，替换后的图片素材的时长等同于原素材的时长。

（2）在选择素材时，如果替换素材不符合时长要求，可以先在视频剪辑页面适当缩短原素材时长再进行替换。

关键技能 015　变换素材顺序，有序播放不串戏

● 技能说明

并不是将素材导入后就可以直接剪辑，我们需要先根据之前撰写的脚本或文案对素材进行排序，让素材出现在它应该出现的地方。

● 应用实战

在剪辑工作中，调整素材的顺序是常见的操作，有时候甚至要根据情况对素材的顺序进行多次修改。剪映App对这个功能进行了优化和简化，使用手机也能轻松调整每个素材的顺序，具体操作步骤如下。

Step01： 进入视频剪辑页面，先在【时间轴】中导入若干素材，素材与素材之间会出现一个【转场符】，如图2-20所示。

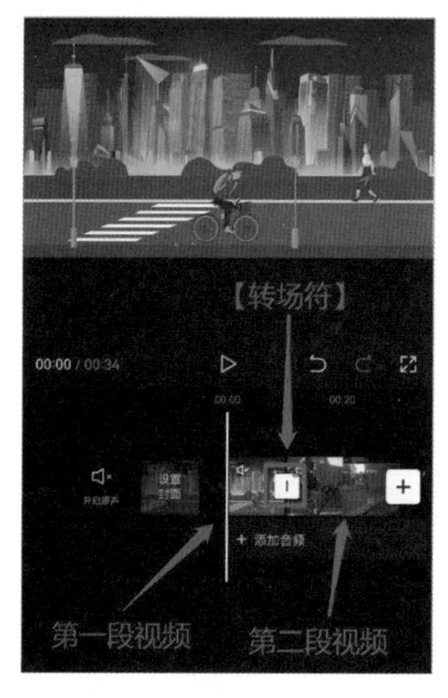

图 2-20

Step02： 将手指放在手机屏幕的相应位置上，摁住需要改变顺序的视频素材，被选中的素材在视觉效果上会收缩，【转场符】也会暂时消失，这时便可以随意拖动素材，如图2-21所示。

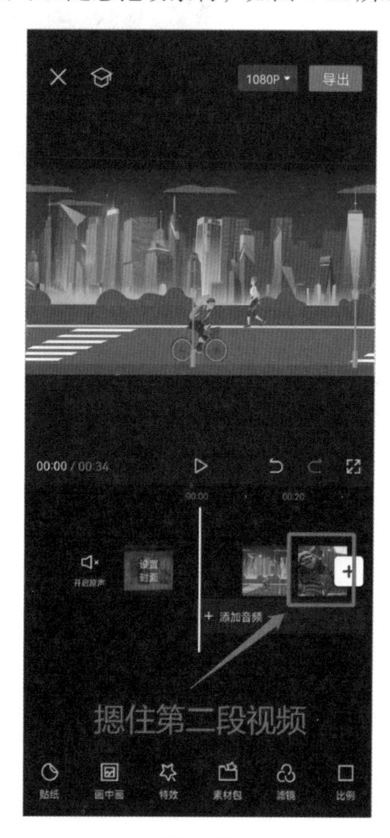

图 2-21

Step03： 保持摁压并且移动手指，将被选中的视频拖动到相应位置后，松开手指即可，此时素材的顺序改变，【转场符】重新出现，如图2-22、图2-23所示。

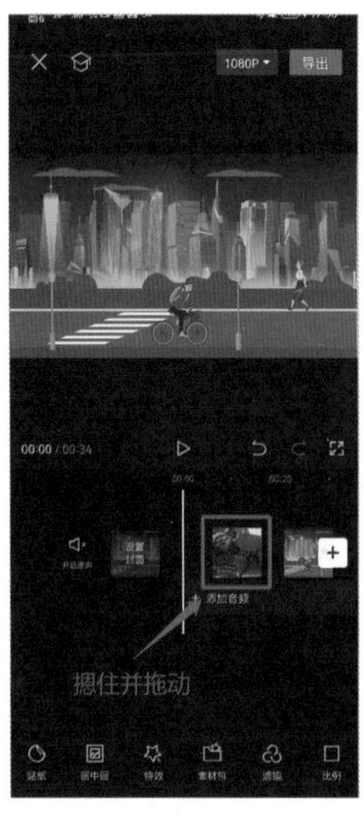

图 2-22

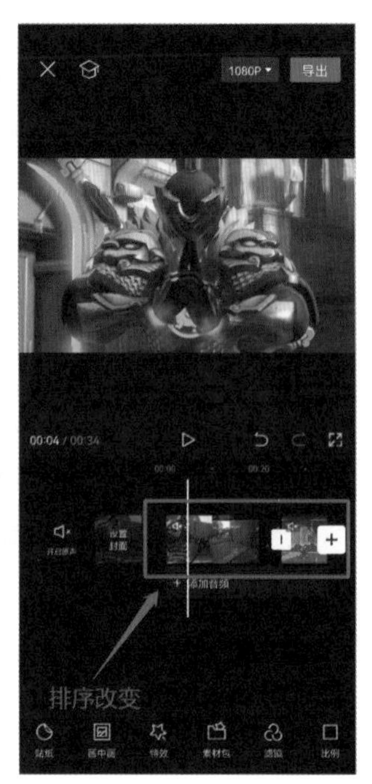

图 2-23

关键技能 016 查看不同的素材模块，术业有专攻

● 技能说明

在其他剪辑软件中，不同的素材通常是放置在一起的，除了放置在不同图层，本质上不做模块区分。剪映App为每种素材类型都准备了专门的模块，要查找其中一种素材，只需要去对应的模块即可，并且可以更直观地看到各个模块的持续时间和在时间轴上的位置。

● 应用实战

剪映App为了防止素材堆积，将各个素材都放置到不同的模块中，查找素材只需要到对应的模块即可，但是像【特效】功能模块并不会在工作界面中直接显示，在剪辑视频时需要对类似的模块进行检查，具体操作步骤如下。

Step01： 为视频添加好各种素材、效果后，可以看到除了视频素材、图片素材及音频素材，其他模块，如贴纸、字幕等都呈现不同颜色的细长条形，如图2-24所示。

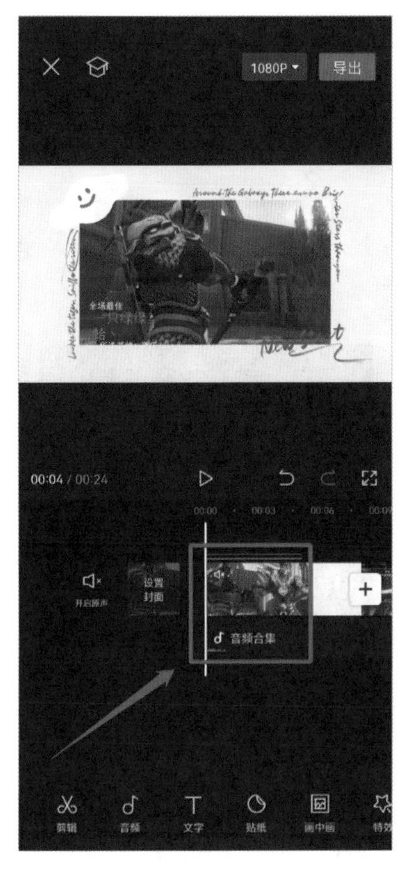

图 2-24

Step02：贴纸模块呈现橙黄色细长条形，文字模块呈现橙红色细长条形。虽然两个模块在颜色上有区分，但是【贴纸】和【文本】的属性是整合在一起的，并且共用同一个文本贴纸工具栏，在此工具栏内可以对选定的文本和贴纸直接进行修改，如图2-25、图2-26、图2-27所示。

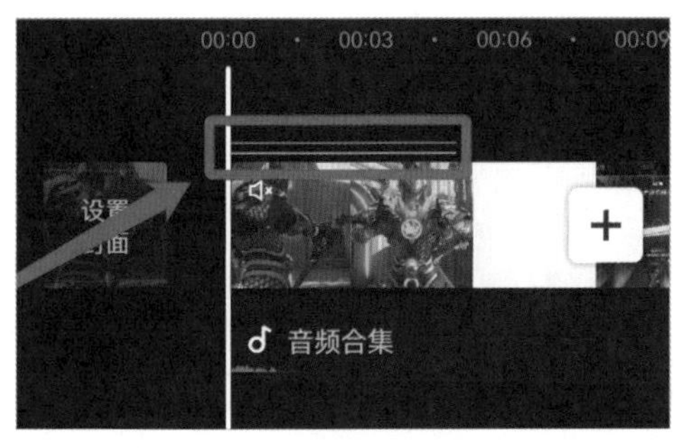

图 2-25

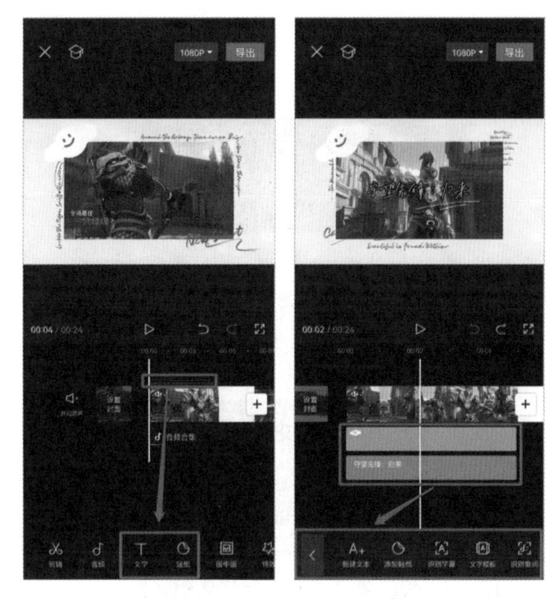

图 2-26　　图 2-27

Step03：点击视频剪辑页面中的【音频合集】或点击工具栏中的【音乐】按钮，即可进入音乐模块，一般呈现蓝色细长条形，为视频添加的音乐或音效都会被整合在【音频合集】中，如图2-28、图2-29所示。

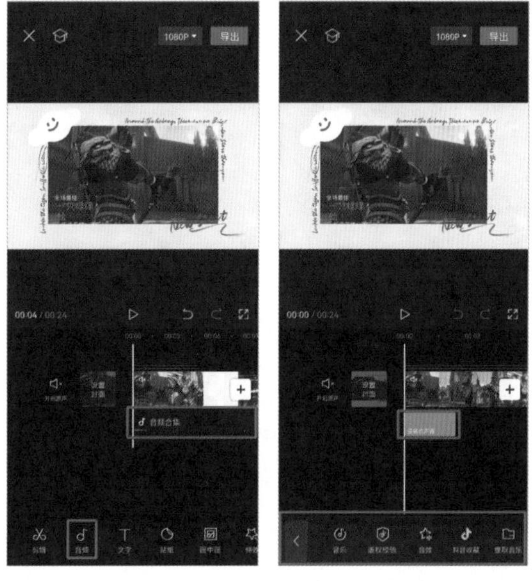

图 2-28　　图 2-29

Step04：特效模块一般不会以任何形状显示在视频剪辑页面中，需要点击工具栏中的【特效】按钮才能查看视频所加的特效，如图2-30、图2-31所示。

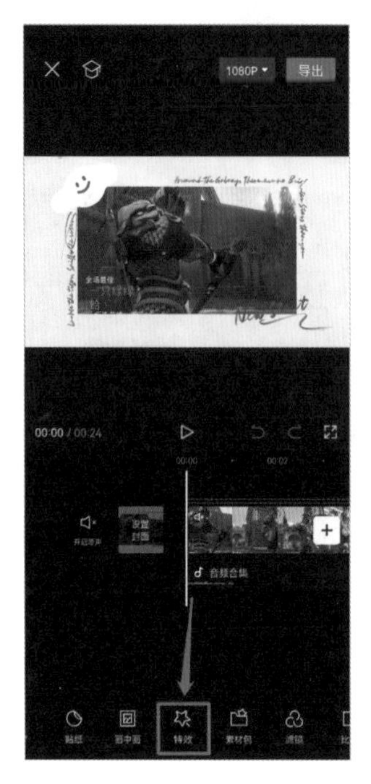

图 2-30

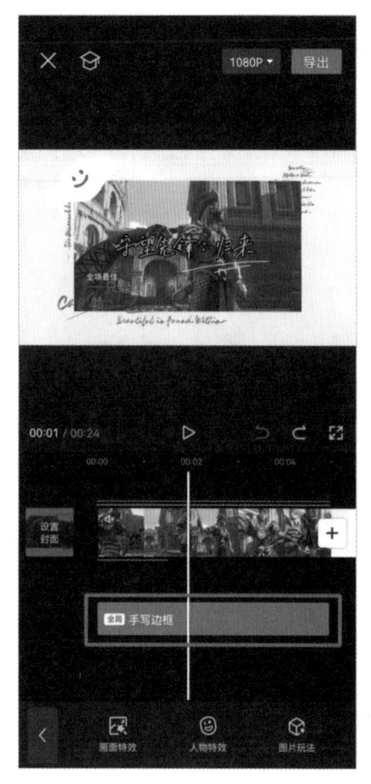

图 2-31

关键技能 017 熟用分割，取素材之精华

● 技能说明

当视频素材过长的时候，我们需要通过剪切控制视频时长；当视频素材中出现了无用镜头时，我们就需要剪切掉多余的镜头，保留重要信息。

● 应用实战

在手机上剪切视频有一个难点，那就是分割素材的时候，光标很难对准要分割的时间节点。如果使用【分割】功能，就可以将时间轴范围拉大，方便后续的操作，具体操作步骤如下。

Step01： 进入视频剪辑页面，点击【剪辑】按钮，或直接点击素材，打开剪辑工具栏，如图2-32所示。

图 2-32

Step02：先在剪辑工具栏中找到【分割】，然后将光标拖动到需要剪切的位置，点击【分割】按钮，即可将原视频素材剪切成两段，两段视频素材之间会出现转场符，如图2-33、图2-34所示。

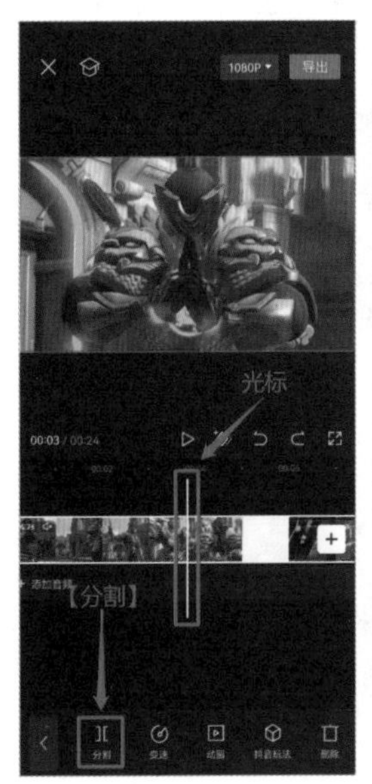

图 2-33

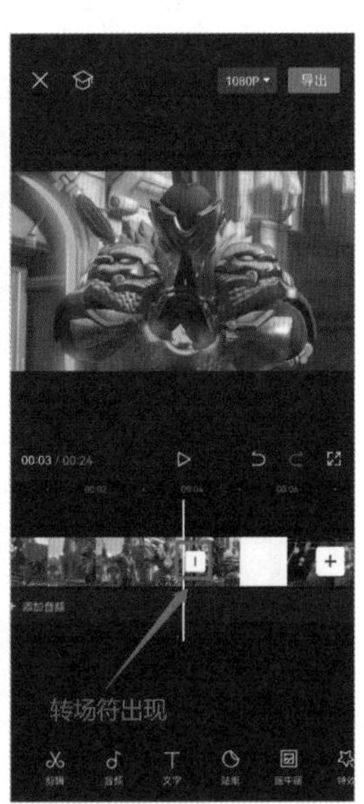

图 2-34

Step03：用第二步的方法可将原视频素材剪切成若干段，点击不需要的视频素材片段，在剪辑工具栏中点击【删除】按钮，即可删去视频素材片段，如图2-35、图2-36所示。

图 2-35

图 2-36

高手点拨

剪切素材的要点

（1）刚开始剪辑视频时，素材中的信息镜头，宁多勿少，可以根据镜头的具体情况进行排序，方便后续挑选。

（2）当视频中出现过多的相同镜头时（镜头冗余），可以适当剪切掉部分镜头。

（3）如果素材很长，可以在不损坏镜头表述的前提下进行剪切。如果素材较短，可以选择在合适的位置补充有效的信息镜头或空镜。如果长度合适但故事线混乱，则需要多次剪切并对剪切后的素材进行排序。

关键技能 018 多样的抖音玩法，给你的素材换种风格

● 技能说明

在剪辑视频时，我们不能保证所有的素材都是高品质的。利用剪映App中的【抖音玩法】，可以给视频素材和图片素材增加一定的效果和风格，让原本平庸的素材变得灵动吸睛。

● 应用实战

【抖音玩法】是剪映移动端特有的功能，里面有大量的【画面特效】【人物特效】等，可以给视频或图片素材直接嵌套特效模板，让素材不再单调，具体操作步骤如下。

Step01：点击已导入的视频素材、图片素材，或者点击工具栏中的【剪辑】按钮，打开剪辑工具栏，如图2-37所示。

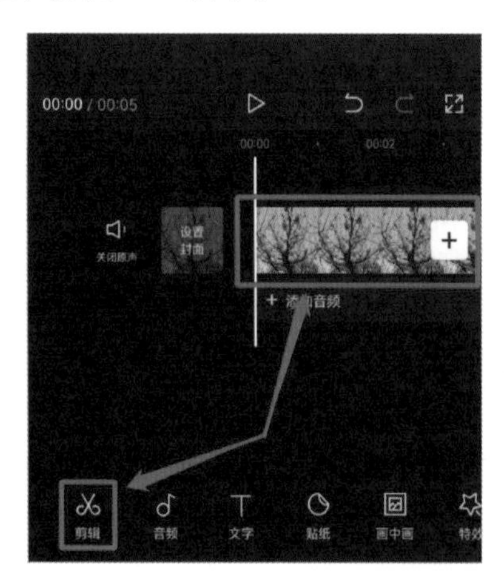

图 2-37

Step02：在剪辑工具栏中，找到并点击【抖音玩法】按钮，如图2-38所示。

图 2-38

Step03：打开【抖音玩法】后，根据个人喜好在弹窗中选择玩法效果，等待效果生成即可，如图2-39所示。

Step04：注意图片素材与视频素材的可选择范围不一样，有些玩法效果只对图片素材有效，如图2-40所示。

图 2-39

图 2-40

关键技能 019 旋转、镜像和裁剪，你的素材你做主

● 技能说明

有时候我们需要对素材的属性进行修改，让素材以一个合适的状态呈现。在剪映App中，我们不仅可以改变素材的位置属性，也可以改变素材的方向、大小等属性。

● 应用实战

【旋转】【镜像】【裁剪】功能会直接影响原始素材，使用前要先明确剪辑的思路，再根据需求对原始素材进行修改，具体操作步骤如下。

Step01: 打开剪辑工具栏，点击【编辑】按钮，如图2-41所示。

Step02:【编辑】功能分为【旋转】【镜像】【裁剪】三个小功能，如图2-42所示。

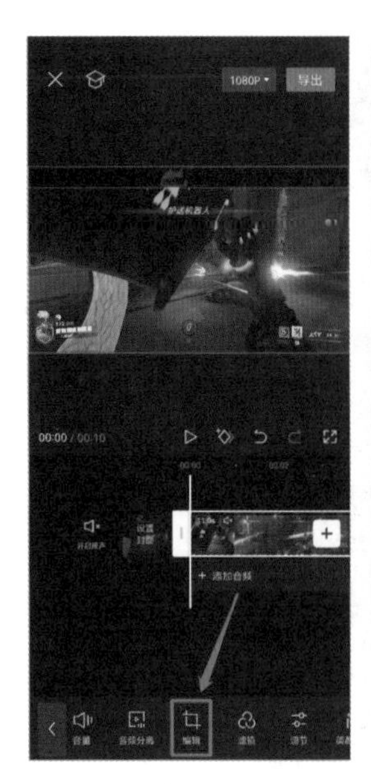

图 2-41

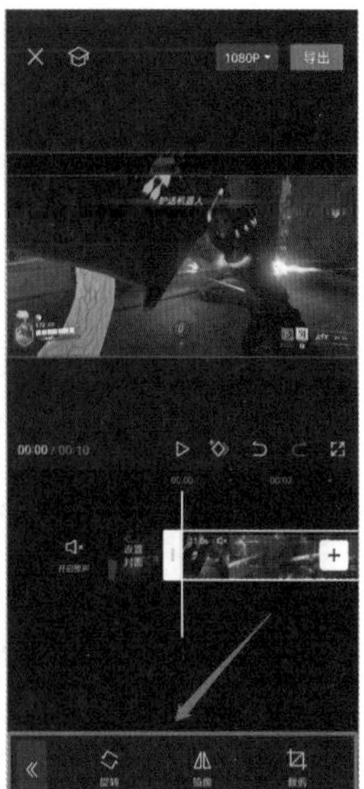

图 2-42

Step03：点击【旋转】按钮，视频素材将会按顺时针旋转90°，点击4次后，视频素材将会恢复原样。注意此功能只作用于当前视频素材，不会改变画布背景的比例，如图2-43所示。

Step04：点击【镜像】按钮，视频素材将会进行镜像翻转。点击2次后，视频素材将会恢复原样，如图2-44所示。

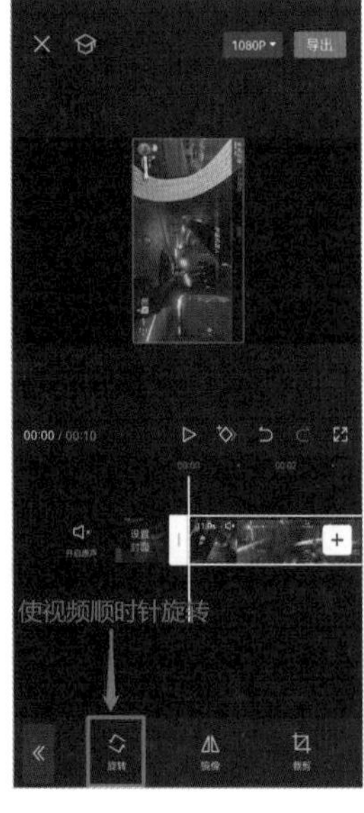

图 2-43

图 2-44

Step05：点击【裁剪】按钮，将进入裁剪页面，如图2-45、图2-46所示。

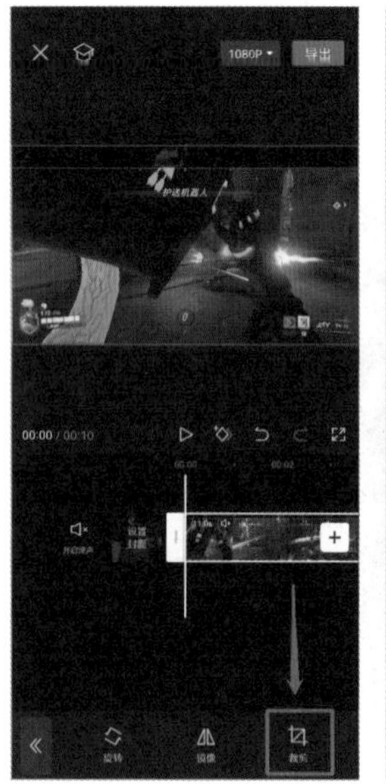

图 2-45

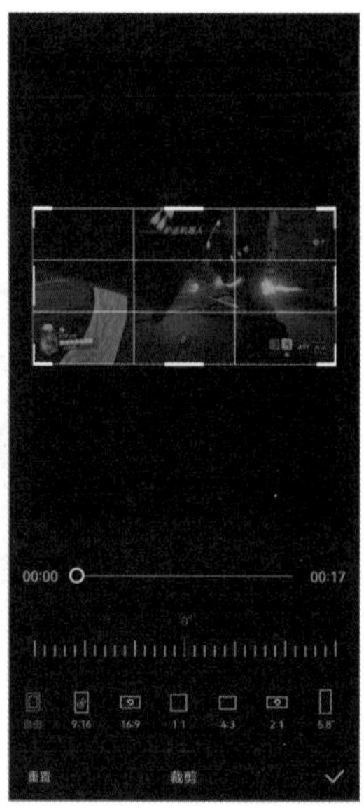

图 2-46

裁剪页面分为三个模块，分别是【时间轴】【旋转刻度】【裁剪范围】。

（1）【时间轴】和视频剪辑页面中的【时间轴】作用相差无几，拖动按钮即可预览当前时间的视频，如图2-47所示。

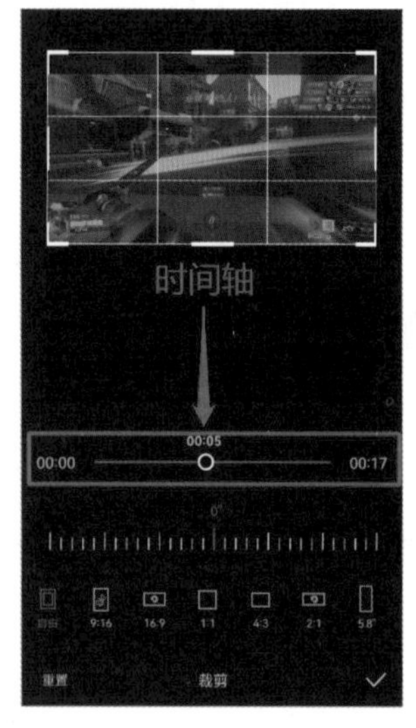

图 2-47

（2）通过拖动【旋转刻度】的刻度条，可

以改变视频素材在裁剪中旋转的角度。此功能只作用于视频素材，不作用于【裁剪指示器】，如图2-48所示。

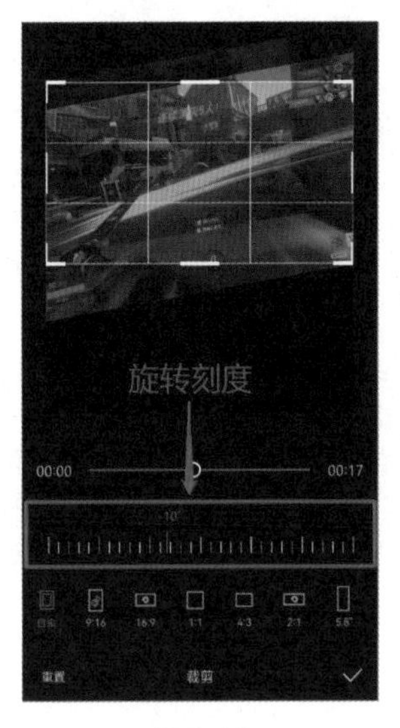

图2-48

（3）【裁剪范围】提供了多种裁剪比例，并支持自由裁剪，通过调整【裁剪指示器】的大小来截取其框选范围内的视频。最终裁剪效果以【裁剪指示器】包含的画面为准，如图2-49所示。

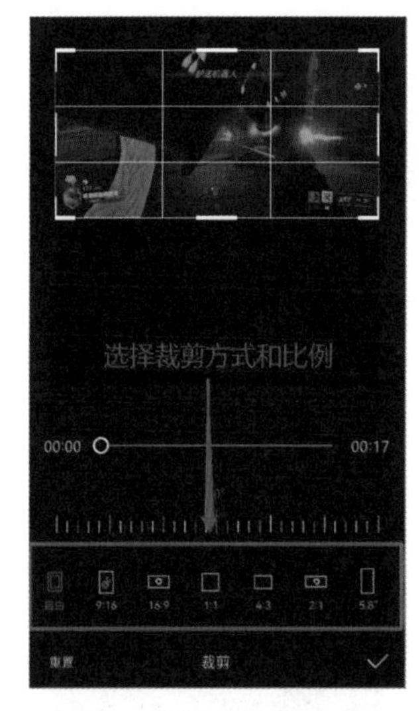

图2-49

高手点拨

裁剪素材技巧

（1）素材被裁剪后，画面比例会发生变化，如果想要裁剪后的素材填充屏幕，需要通过放大素材等方法实现。

（2）【镜像】会翻转当前素材，素材内的文字信息等也会跟着翻转，为了保证最后视频的观赏体验，需要注意【镜像】的使用场景。

关键技能 020　视频防抖和降噪，让你的素材更完美

● 技能说明

虽然用手机拍摄视频方便，但是也有一些缺点，比如拍摄时经常会遇到镜头晃动、周围声音嘈杂等情况，这时就需要后期进行防抖和降噪处理。

● 应用实战

【防抖】功能可以很好地作用于镜头摇晃的素材，使成片中的素材片段镜头趋于稳定；而【降噪】功能则可以尽量消除视频中的噪声，具体操作步骤如下。

Step01：导入一段有镜头抖动的素材，并在剪辑工具栏中点击【防抖】按钮，如图2-50所示。

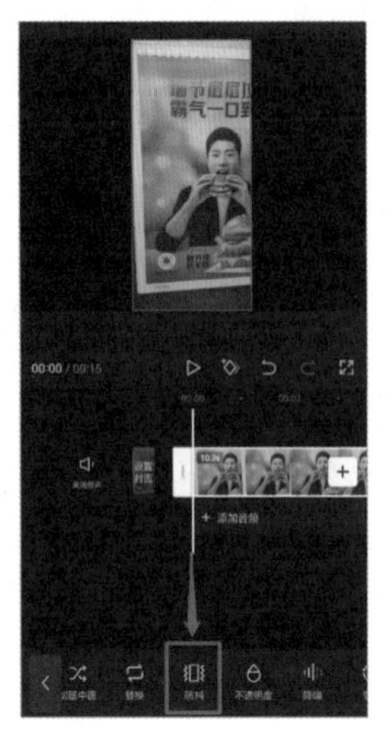

图 2-50

Step02：点击【防抖】按钮，会出现弹窗，在弹窗内可以通过滑动按钮选择防抖程度，选择后点击【确定】按钮即可。选择程度不同，画面最终呈现效果也有区别，如图2-51、图2-52、图2-53、图2-54所示。

图 2-51

图 2-52

图 2-53

图 2-54

Step03：在剪辑工具栏中点击【降噪】按钮，会出现弹窗，然后点击【降噪开关】按钮为视频去除噪声、保留音频原声，如图2-55、图2-56所示。

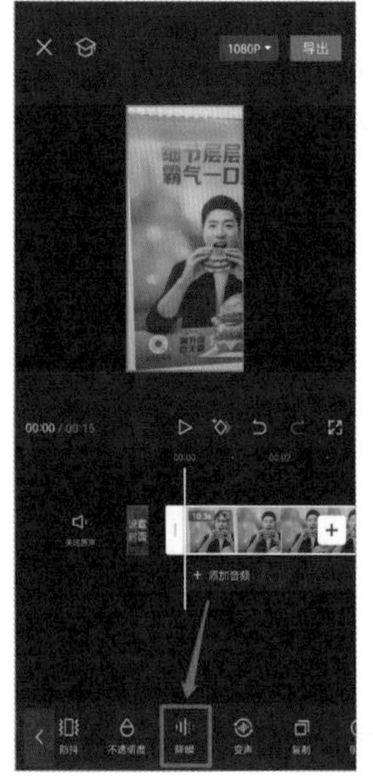

图 2-55

图 2-56

高手点拨

视频防抖原理

后期视频素材防抖的原理是在画面中设置参考点，然后通过软件自动计算，使这个点的像素始终保持在画面中某一位置不变，从而使整个画面稳定。为了保证像素位置不变，画面边缘可能会做一些裁剪。前期拍摄的视频画面越稳，画面裁剪就越少。这种方法基本可以达到和稳定器类似的稳定效果。虽然剪映App有防抖功能，但在拍摄过程时，仍需要注意控制画面的抖动幅度。

关键技能 021　快速定位素材主体，全体目光聚焦于你

● 技能说明

在拍摄人物时，人物的动作可能会偏离画面中心。在剪映App中，我们可以使用【主体锁定】功能将人物主体固定在画面中间，让拍摄主体更稳定，尤其适用于跳舞类型的视频。需要注意，此功能需要开通剪映会员才可以使用。

● 应用实战

使用【主体锁定】功能的具体操作步骤如下。

Step01：导入一段舞蹈视频，并在剪辑工具栏中选择【主体锁定】功能，如图2-57所示。

图 2-57

Step02：点击【主体锁定】按钮后，会弹出弹窗，在弹窗内可以选择锁定视频主体的头、身体和手。选择完毕后点击【开始】按钮，即可生成主体锁定效果，如图2-58和图2-59所示。

图 2-58

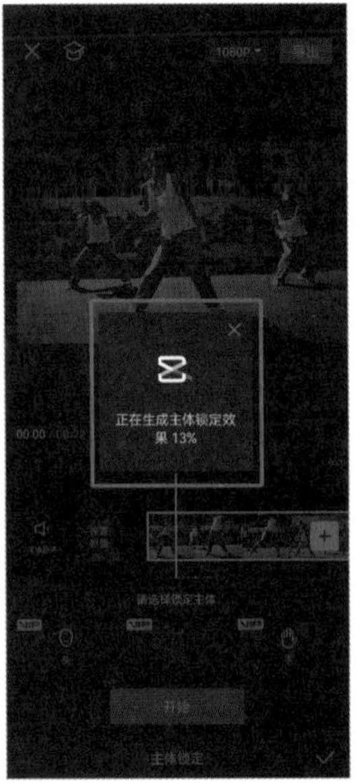

图 2-59

Step03：等待效果生成后，原视频素材在时间轴上呈现蓝色，同时弹窗中的选项会变化为【调节】【重新锁定】【清除效果】，如图2-60所示。

图 2-60

（1）调节：可调整锁定主体后的视频属性。通过调节【旋转强度】可以改变画面倾斜和晃动的幅度；通过调节【大小自适应】可以改变素材的大小；通过调节【保持主体大小不变】可以改变锁定主体的大小，如图2-61所示。

图 2-61

（2）重新锁定：清除当前素材的锁定效果，并且重新选择锁定主体。

（3）清除效果：清除当前素材的锁定效果，将素材恢复原样。

高手点拨

主体锁定技巧

（1）在对素材使用【主体锁定】功能前，需要注意素材中的人物主体尽量不被遮挡，否则后期软件无法识别。

（2）识别成功的主体会出现一个方框，当一个素材内识别出多个主体时，可以点击素材中的其中一个方框来进行锁定。

关键技能 022　运用美颜美体，你还可以更好看

● 技能说明

爱美之心，人皆有之。现在绝大多数的手机都自带美颜功能，市面上更是有各式各样的后期修图软件，使得照片美颜在我们的日常生活中变得司空见惯。然而，运用在视频中的美颜功能还不算特别多。剪映App就提供了【美颜美体】这一强大功能，不仅可以作用于照片，也可以作用于视频。

● 应用实战

剪映App提供的【美颜美体】功能很全面、很智能，让创作者能够更快捷地处理人像素材，具体操作步骤如下。

Step01：导入需要美颜的照片或视频，并在剪辑工具栏中选择【美颜美体】功能，如图2-62所示。

Step02：点击【美颜美体】按钮后，会弹出弹窗，在弹窗内可以选择【美颜】和【美体】功能。【美颜】包括【美颜】【美型】【美妆】【手动精修】等多项功能；【美体】包括【智能美体】和【手动美体】两项功能，如图2-63所示。

图 2-62

图 2-63

Step03：用【美颜】功能对面部进行简单的修饰。用【磨皮】【祛黑眼圈】等功能对面部皮肤进行打磨和美白，为后面的修图做准备。我们可以通过下方的滑动按钮来调节强度，如图2-64所示。

Step04：用【美型】功能可以对五官进行修饰，包括【面部】【眼部】【鼻子】【嘴巴】【眉毛】，如图2-65所示。

图2-64　　图2-65

Step05：用【美妆】功能进行后期化妆，可以直接在弹窗内选择妆容模板，也可以单独选择和调整【口红】【睫毛】【眼影】的样式，如图2-66所示。

图2-66

Step06：用【手动精修】功能对面部再次进行微调，通过滑动按钮调节强度后，用手指拖动来达到收缩和放大的效果。同时选择【五官保护】功能，这样对面部进行微调时就不会影响五官的比例。在修饰过程中还可以利用【放大镜】功能进行观察，如图2-67所示。

图2-67

Step07：如果素材中人物是半身出镜或全身出镜，则可以用【美体】对体态和身材进行修饰。如果选择【智能美体】，通过滑动按钮调整效果强弱，就可以直接对素材进行修饰，如图2-68所示。

Step08：使用【手动美体】功能时，需要拖动【范围选择器】选定效果修饰的范围，然后通过滑动按钮调节效果的强弱来进行修饰，如图2-69所示。

图 2-68

图 2-69

高手点拨

美颜美体需要适当使用

（1）在使用【美颜】时，需要注意把控效果的强弱。比如若将【磨皮】效果调太高，可能会导致部分鼻梁和鼻根消失，这样不仅不利于后续美型，也会使整体看起来不协调。

（2）使用【智能美体】和【手动美体】时也需要注意范围和数据的把控。【美体】功能会在一定程度上改变图片的形态，若范围和数据调节幅度太大，容易使图片扭曲变形。

关键技能 023　一键添加整合素材包，快速丰富视频内容

● 技能说明

在剪辑视频的过程中，我们需要一个主素材，也需要添加各种贴纸、字幕等，如果逐一搜索并添加这些素材会比较麻烦。剪映App中可以一键添加整合好的素材包。这些素材包内容丰富，包括贴纸和字幕等，甚至有一些素材包还搭配了音效，非常简单、快捷。

● 应用实战

整合素材包有一些文字效果和画面特效，当我们需要使用时，只需要将原整合包添加进来，再简单地进行修改即可。具体操作步骤如下。

Step01：导入一段视频，并在剪辑工具栏中选择【素材包】，如图2-70所示。

Step02：点击【素材包】按钮后会弹出弹窗，根据个人喜好在弹窗中选择素材包并点击【确定】按钮即可，如图2-71所示。

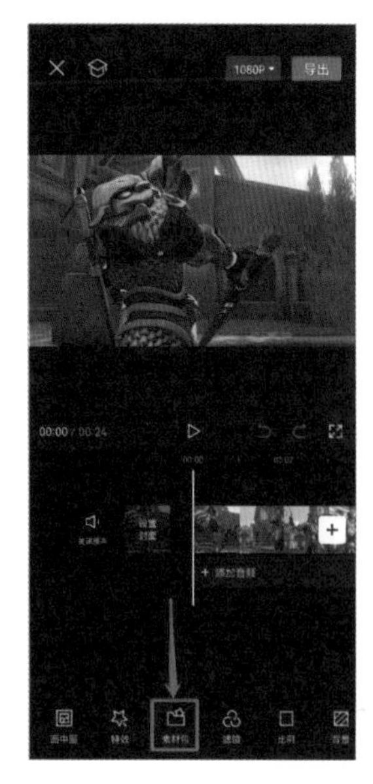

图 2-70

图 2-71

Step03： 点击【确定】后，选中时间轴上的整合包，通过手指在预览屏上拖动来改变整合包的位置，如图 2-72 所示。

Step04： 在剪辑工具栏中再次点击【素材包】，进入素材包模板，在此模板中可以对已添加素材包进行修改或点击【新增素材包】按钮，添加素材包，如图 2-73 所示。

图 2-72

图 2-73

关键技能 024 替换、打散素材包，根据需求再创作

● 技能说明

如何把原素材包里的内容更换成我们需要的内容呢？我们可以利用剪映 App 的【打散】功能，将素材包拆解后再创作。

● 应用实战

一般来说，我们添加素材包的时候只能对其中的某些元素进行简单修改。如果需要对素材包重新进行设计，需要先将素材包打散，再进行二次创作，具体操作步骤如下。

Step01： 在素材包模块中选择需要修改的素材包。点击页面中的【打散】按钮，将素材包拆散，页面会提示素材包内容已打散，如图 2-74 和图 2-75 所示。

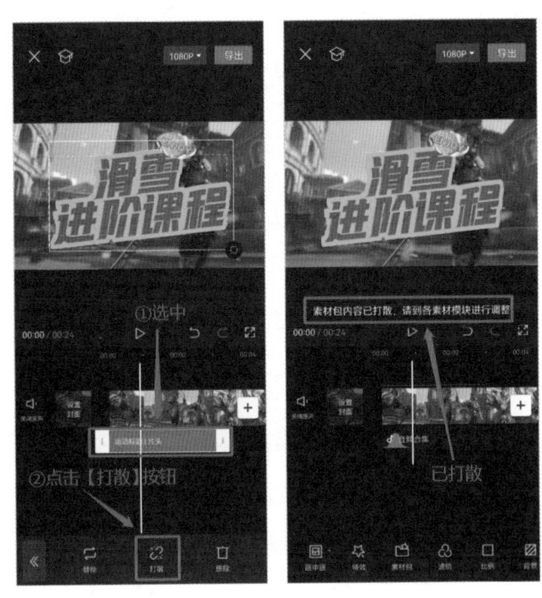

图 2-74　　图 2-75

Step02: 点击剪辑工具栏中的【文字】按钮，就可以对原素材包中的文字进行修改，如图 2-76 和图 2-77 所示。

图 2-76　　图 2-77

Step03: 如果想要更换素材包，可以在选择素材包时直接点击【替换】按钮，如图 2-78 和图 2-79 所示。

图 2-78

图 2-79

第3章 丰富视频效果的12个关键技能

随着自媒体行业的蓬勃发展，单一的视频画面已难以满足当下观众的多样化需求。为了在各大网站脱颖而出，发布者费尽心思地探索如何吸引观众的眼球，丰富视频效果便是一个行之有效的策略。剪映App不仅支持关键帧的添加，让使用者能够根据个人创意DIY独特的画面效果，还提供了大量精心设计的模板，为视频增添丰富的视觉效果。此外，剪映App还有多种功能和玩法，鼓励使用者充分发挥想象力，打造属于自己的个性化视频效果。本章知识点框架如图3-1所示。

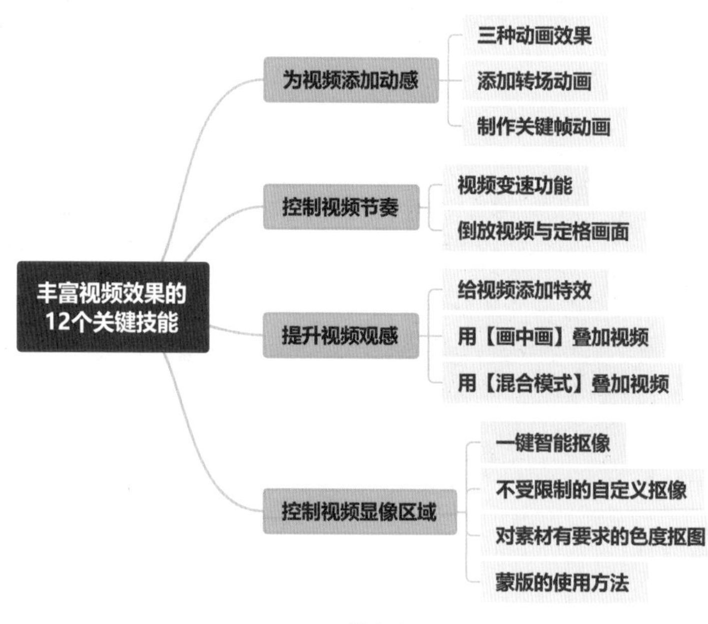

图3-1

关键技能 025 添加动画效果，设计视频的入场与出场

● 技能说明

如果视频素材不添加任何动画效果，预览时会显得素材突兀地出现和消失，影响观感。剪映App有多种视频入场与出场的动画效果，使得素材能够以流畅自然的方式出现和消失，为视频提供完美的过渡效果。

● 应用实战

具体操作步骤如下。

Step01：导入视频，在视频剪辑页面中点击需要添加动画的视频，或者点击工具栏中的【剪辑】按钮，如图3-2所示。

图 3-2

Step02：点击剪辑工具栏中的【动画】按钮打开弹窗。在弹窗中，可以选择【入场动画】【出场动画】【组合动画】，如图3-3、图3-4所示。

图 3-3

图 3-4

Step03：若单个视频素材时长较长，则推荐在【入场动画】和【出场动画】中各选一种动画效果进行添加，并通过下方滑动按钮调节动画的时长，如图3-5所示。

Step04：【组合动画】融合了【入场动画】和【出场动画】的效果，并在此基础上加了更多特效进行过渡。若单个视频素材时长较短，则推荐直接在【组合动画】中进行选择，并通过下方的滑动按钮来调节动画的时长，如图3-6所示。

图 3-5

图 3-6

高手点拨

添加动画效果的注意事项

（1）【入场动画】添加在视频最开始的位置，默认持续时长为0.5秒。

（2）【出场动画】添加在视频的结尾处，默认持续时长为0.5秒。

（3）若在没有添加其他两组动画效果的情况下，添加的【组合动画】的时长即为单个视频素材的时长；若在添加了其他两组动画效果的情况下，添加的【组合动画】的时长即为单个视频素材剩余的时长。

（4）【入场动画】和【出场动画】只有一个滑动按钮，即入点和出点被固定；而【组合动画】有两个滑动按钮，不仅可以调节持续时长，还可以调节动画效果的入点和出点位置。

关键技能 026 添加转场动画，视频间的过渡更加自然

● 技能说明

除了对单个视频素材添加出场和入场的动画效果，素材与素材之间的衔接也非常重要。我们可以通过前期的拍摄手法为视频做简单的转场，也可以根据视频的具体情况选择硬切处理。当然，我们也可以利用剪映App提供的功能，在素材与素材之间添加转场动画，使视频自然地衔接。

● 应用实战

比起使用【入场动画】和【出场动画】让视频素材衔接在一起，直接使用【转场符】更轻松、方便。具体操作步骤如下。

Step01：导入两段视频，然后在视频剪辑页面中找到两段视频之间的【转场符】，如图3-7所示。

Step02：点击【转场符】并打开弹窗，弹窗内有多种转场动画效果，根据个人喜好及视频素材具体情况进行选择，并通过下方滑动按钮调节和控制转场动画时长，如图3-8所示。

图 3-7

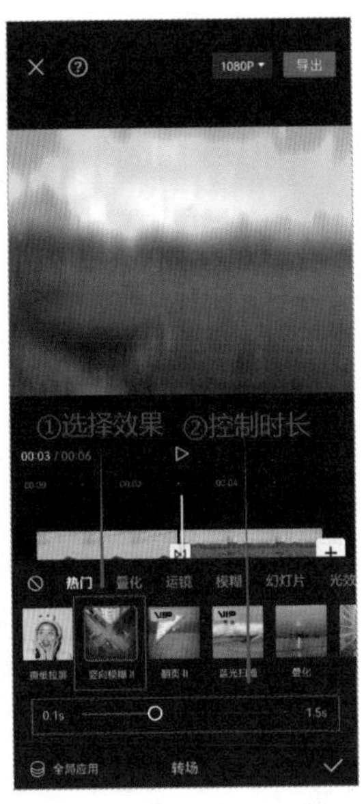

图 3-8

Step03: 如果导入多段视频，则会存在多个【转场符】，可以在每个视频之间的【转场符】中选择不同的转场效果进行添加，也可以点击弹窗左下角的【全局应用】按钮，将所有【转场符】中的动画都设置为当前选择的转场动画，如图3-9所示。

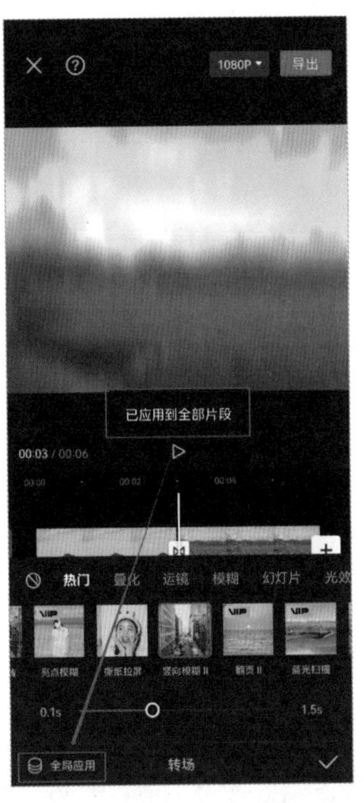

图 3-9

高手点拨

制作转场动画的其他方法

（1）为前后素材分别添加【入场动画】和【出场动画】，也可以达到流畅转场的效果。

（2）为视频素材中的【位置】【旋转】【大小】等属性添加关键帧，使视频具有动感，也可达到转场动画的效果。

关键技能 027 添加关键帧，你的视频想怎么动就怎么动

● 技能说明

在视频制作中，帧是一个非常重要的概念。每一帧、每一个时间节点都是一个独立的画面，【关键帧】是某一个特定的时间节点。通

过【关键帧】之间的联系，可以使视频产生动态效果。如果剪映App中找不到心仪的动画效果，就可以通过添加关键帧来设计自己喜欢的动画效果。

● 应用实战

依靠【关键帧】，我们可以制作别具一格的动画效果。具体操作步骤如下。

Step01: 导入若干段视频，选择其中一段视频素材，或者点击【剪辑】按钮，预览区域的右下角会出现【添加关键帧】按钮◇，点击就可以为当前时间节点添加【关键帧】，如图3-10、图3-11所示。

图3-10

图3-11

Step02: 将光标拖动到另一个时间节点，点击按钮再创建一个新【关键帧】，可以在新【关键帧】所处的时间节点改变当前素材的属性，如【位置】【大小】等，如图3-12所示。

Step03: 将光标拖动到第一个【关键帧】上，点击【播放】按钮预览视频，即可观看【关键帧】之间的动画效果，如图3-13所示。

图3-12

图3-13

高手点拨

添加关键帧须知

（1）若要修改视频的属性数值，需要将光标对准特定【关键帧】。当光标移动到【关键帧】上时，【关键帧】颜色会由白变红，且图标会变大，由此可以确定光标是否对准了当前【关键帧】。

（2）一般情况下，两个【关键帧】之间会依据视频属性数值的变化形成简单的动画。如果在两个【关键帧】之间、未添加【关键帧】的时间节点上，视频属性数值发生变动，软件则会在当前时间节点自动添加一个新的【关键帧】，动画效果也会随之改变。

关键技能 028　运用变速功能，给你的视频来点节奏感

● 技能说明

一般情况下，我们的视频素材都是以正常的1倍速进行播放和剪辑的。如果我们需要根据视频类型或音乐剪出有节奏感的视频，就要对视频进行变速处理，将视频的一部分节奏放慢，另一部分节奏加快。剪映App中的【变速】功能，不仅提供多种变速模板，还支持自定义变速，可以方便剪辑节奏感视频。

● 应用实战

我们可以通过【常规变速】和【曲线变速】来控制视频速率。具体操作步骤如下。

Step01：导入视频，点击需要变速的视频素材或者点击工具栏中的【剪辑】按钮。打开剪辑工具栏后，找到【变速】功能，如图3-14所示。

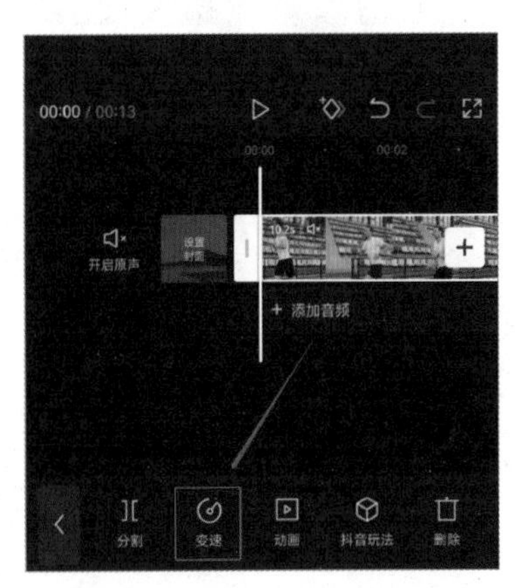

图 3-14

Step02：点击【变速】按钮，弹出弹窗，弹窗内有【常规变速】和【曲线变速】两项功能，如图3-15所示。

Step03：【常规变速】属于整体调控，通过弹窗中的滑动按钮直接调节视频整体的速率和时长，同时可以在弹窗左上角看到视频时长的变化，如图3-16所示。

图 3-15　　图 3-16

Step04：【曲线变速】属于节点调控，可以对特定视频片段进行速率的调整。需要先在【曲线变速】弹窗中选择任意模板或点击【自定】按钮，然后点击【点击编辑】按钮，即可进入编辑页面对变速曲线进行调整，如图3-17所示。

图 3-17

Step05: 在自定义页面中，圆点代表时间节点，可点击下方的【添加点】按钮添加一个新的变速节点；也可以选择指定的变速节点并点击下方的【删除点】按钮，删除当前的变速节点，如图3-18、图3-19所示。

图 3-18　　图 3-19

拖动变速节点可改变当前时间节点的属性。在左右位置上拖动，会使变速节点在时间轴上的位置发生改变；在上下位置上拖动，会使当前时间节点的视频素材的速率发生改变，其中往上拖动为加速，往下拖动为减速，如图3-20、图3-21所示。

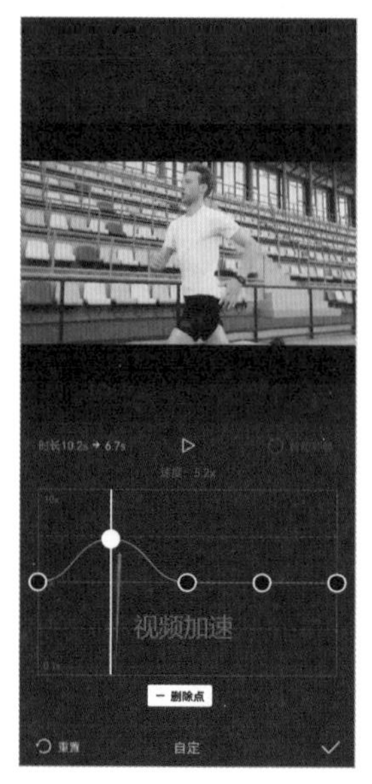

图 3-20　　图 3-21

Step06: 可以在【曲线变速】页面中选择已经设置好变速节点的模板，也可以点击【点击编辑】按钮对设置好的模板进行修改，如图3-22、图3-23所示。

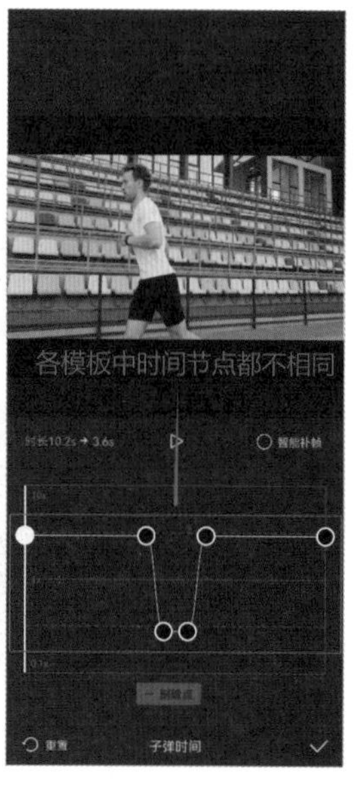

图 3-22　　图 3-23

高手点拨

视频变速注意

（1）无论是常规变速还是曲线变速，都可以在两者的弹窗右上角设置声音变调。当视频加速时，视频声调则越来越高；反之则越来越低。我们需要根据视频的需求来决定是否设置声音变调。

（2）同样，在常规变速和曲线变速的弹窗右上角都具有【智能补帧】功能，为了防止拉慢后的视频因帧数不够而引起闪烁，可以使用算法补加帧数。补帧后会对视频有一定影响，原素材速率拉得越慢影响越明显。我们需要注意速率调节的力度。

（3）在曲线变速中，开头和结尾的变速节点只能调节速率属性，无法调节时间属性，且无法删除。

（4）在曲线变速中，若调节其中一个变速节点，左右两边的变速节点也会受到一定的影响。变速的速率与当前所处时间节点的斜率有关，斜率越大，变速速度越快。

关键技能 029 倒放和定格，视频有更多可能性

● 技能说明

我们可以通过变速来控制视频的节奏，也可以通过倒放视频和定格关键画面来控制视频的节奏。剪映App具有【倒放】和【定格】功能，可以轻轻松松、一键设置视频的效果。

● 应用实战

【倒放】和【定格】都可以用来控制视频的节奏，具体操作步骤如下。

Step01: 导入视频，点击需要倒放的视频素材，或者点击工具栏中的【剪辑】按钮，打开剪辑工具栏后，找到【倒放】功能，如图3-24所示。

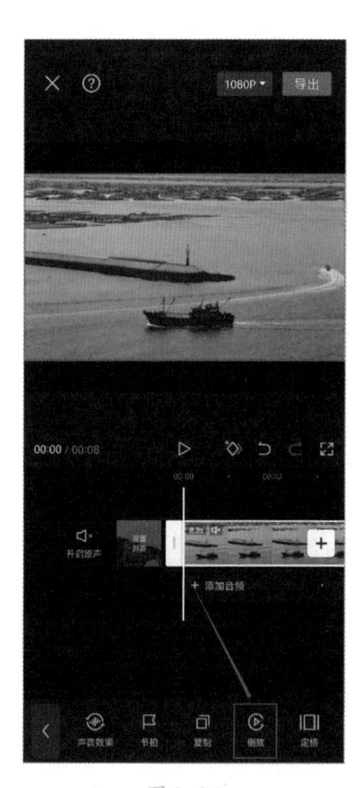

图 3-24

Step02：点击【倒放】按钮，等待系统自动加载完毕，如图3-25所示。

图 3-25

Step03：点击需要定格画面的视频素材，或者点击工具栏中的【剪辑】按钮，打开剪辑工具栏后，找到【定格】功能，如图3-26所示。

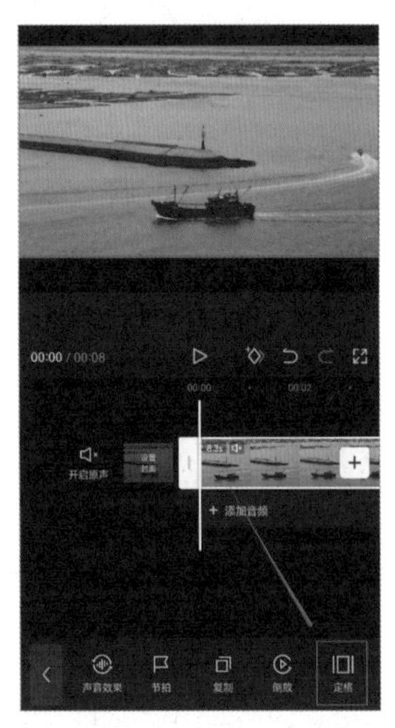

图 3-26

Step04：在时间轴上移动光标，将光标对准需要定格画面的时间节点，点击【定格】按钮，如图3-27所示。

图 3-27

Step05：点击【定格】按钮后，光标所在时间节点的画面将被剪切出来并定格，持续时间为3秒。被定格的画面可以看作一张图片素材，持续时间可调整，如图3-28所示。

图 3-28

关键技能 030　添加特效，用最简单的方法提升视频观感

● 技能说明

在视频已经拥有动画效果的基础上，我们仍然可以为视频添加一些特殊效果来进一步提升画面的动感和风格化。剪映App中的【特效】功能可以快速为视频添加多种特效，且支持调节参数，可以使视频更具风格化。

● 应用实战

给视频添加【特效】可以从三个不同的方向入手：一是针对整体画面；二是针对人物；三是针对图片素材。使用时需要注意使用场景和对象，具体操作步骤如下。

Step01：在工具栏中找到【特效】按钮并点击，会弹出新的弹窗。在弹窗中有【画面特效】【人物特效】【图片玩法】【AI特效】等功能，其中【图片玩法】在前面的章节中已经详细讲解过，此处不再赘述，如图3-29、图3-30所示。

Step02：点击【画面特效】按钮，在弹窗中会提供多种视频特效。根据个人喜好选择特效后，点击【调整参数】按钮对特效参数进行调整，如图3-31、图3-32所示。

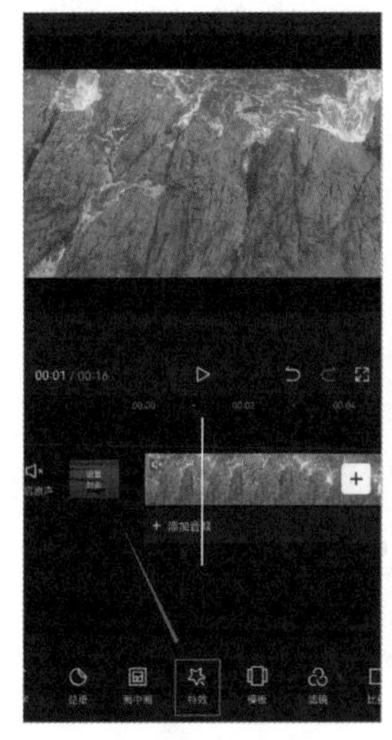

图 3-29

四种类型

图 3-30

图 3-31

图 3-32

Step03: 如果视频是以人物为主体，也可以选择【人物特效】功能，在点击【人物特效】按钮后会弹出新的弹窗，在弹窗内可以选择单个特效进行添加。选好特效后，点击【调整参数】按钮对特效参数进行调整即可，如图3-33、图3-34所示。

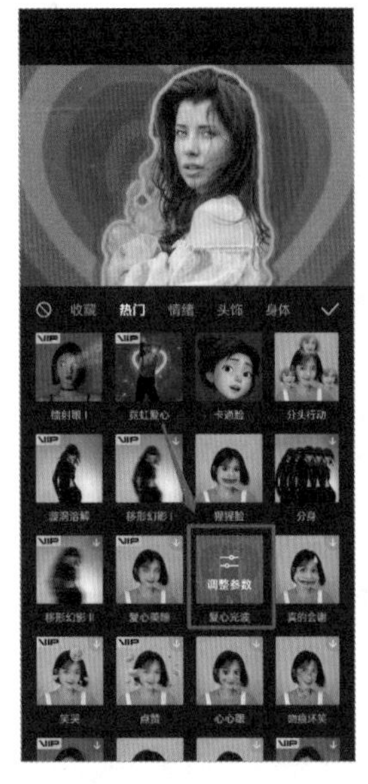

图 3-33

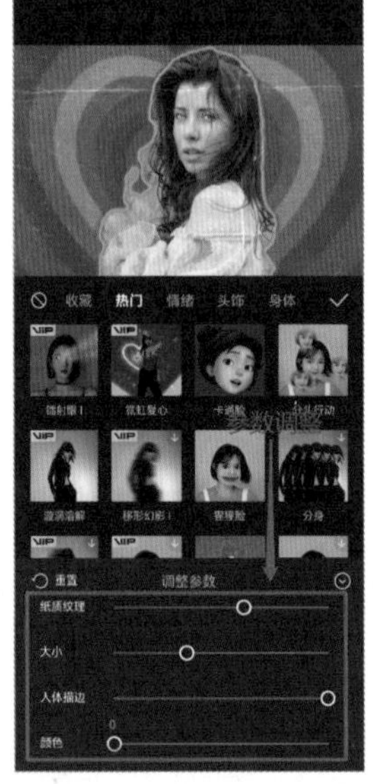

图 3-34

高手点拨

对特效进行管理

（1）在剪辑时添加的特效会统一放在特效模块中，如果要查看，则需要在工具栏中点击【特效】按钮。

（2）在特效模块中，可以对单个特效进行调整，也可以将选中的特效进行全局应用或替换特效等。

（3）多种特效之间有层级关系，特效在不同的层级展示出的效果不同，在使用时需要注意对各个特效的层级进行把控。

关键技能 031 转换画中画，让视频与视频叠加

● 技能说明

在使用剪映App进行剪辑视频时，我们注意到，添加的新视频或图片素材是自动放置在上一个素材的末尾，而不是叠加在一起的。然而，在剪辑过程中，我们有时会遇到需要在同一个画面中叠加多个素材的情况，此时就不能用平常添加素材的方式了。利用剪映App提供的【画中画】功能，可以轻松解决这个问题。

● 应用实战

在剪映App中，素材和素材叠加不是靠简单的图层关系，而是需要使用【画中画】功能。具体操作步骤如下。

Step01：在工具栏中找到【画中画】按钮并点击，添加新的视频素材或图片素材，如图3-35、图3-36所示。

图3-35　　图3-36

Step02：选择好添加的素材后会返回视频剪辑页，新添加的视频将不会接着主轨道视频的末尾，而是加入【画中画】模块中，重新生成一条轨道，如图3-37所示。

Step03：当退出【画中画】模块时，【画中画】模块会以红色细长条呈现，且在细长条开头会出现一个水滴形状的按钮，点击水滴形状的按钮即可快速返回【画中画】模块，如图3-38所示。

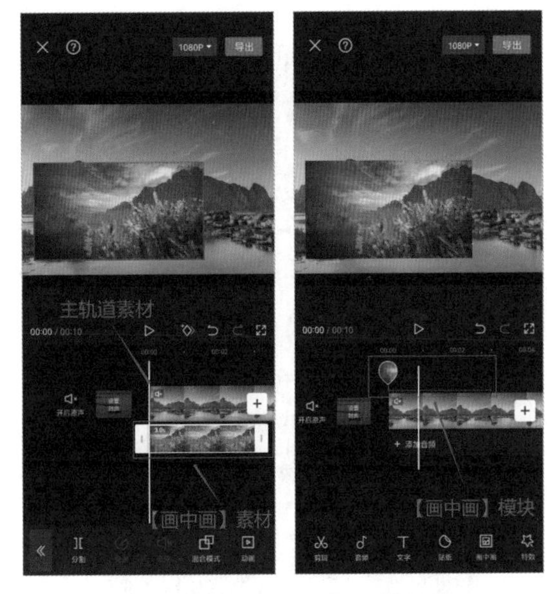

图3-37　　图3-38

关键技能 032 运用混合模式，视频的叠加也能玩出风格

● 技能说明

简单地说，混合模式就是在多层图层叠加的基础上，通过公式对比颜色或明亮度，将对象颜色与底层对象的颜色进行混合，以此来使

整体素材达到特殊的效果。在剪映App中，常将【混合模式】与【画中画】功能搭配使用。

● 应用实战

在剪映App中，一般要先添加【画中画】，再选择【混合模式】。具体操作步骤如下。

Step01：添加新的【画中画】，并点击添加的素材，在画中画工具栏中找到【混合模式】功能，如图3-39所示。

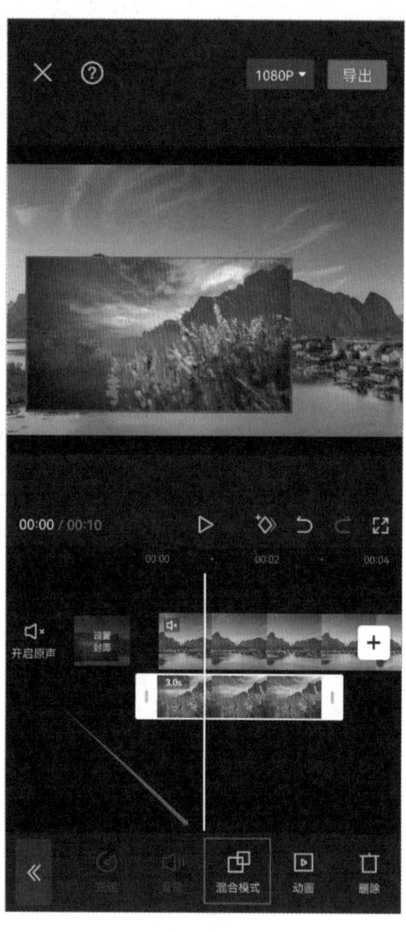

图3-39

Step02：点击【混合模式】按钮后会跳出弹窗，内含多种模式，根据个人喜好及素材具体情况选择即可，如图3-40所示。

Step03：选择模式后，可以通过底部的滑动按钮控制当前素材的【不透明度】，如图3-41所示。

图3-40

图3-41

高手点拨

常用混合模式介绍

（1）变暗：按照像素对比两个素材的颜色，对比出的最暗色作为最终的颜色。

（2）滤色：任何颜色和黑色执行滤色，原色不受影响；任何颜色和白色执行滤色，得到的是白色。其他颜色执行滤色后颜色会变浅。

（3）叠加：能让亮的部分更亮，暗的部分更暗。

（4）正片叠底：任何颜色和黑色执行得到的仍然是黑色；任何颜色和白色执行，则保持原来的颜色不变；其他颜色执行后颜色会变深。

（5）线性加深：查看各个颜色信息，通过降低亮度使主轨道的颜色变暗来反映【画中画】素材的颜色。

（6）颜色加深：查看各个颜色信息，通过增加对比度使主轨道的颜色变暗来反映【画中画】素材的颜色。

（7）颜色减淡：查看各个颜色信息，通过降低对比度使主轨道的颜色变亮来反映【画中画】素材的颜色。

关键技能 033　一键智能抠像，快速抠出人物主体

● 技能说明

抠图是图像处理中最常用的操作之一，随着技术的发展，这项操作也能运用在视频剪辑中，该功能是把图片或影像的某一部分从原始图片或影像中分离出来成为一个单独的图层，为后期的合成做准备。剪映App也提供了抠像功能，为了使用者的便利，软件还支持一键智能抠像，用户可以轻松实现快速、精准的抠图大大节省了用户的时间。

● 应用实战

相较于【蒙版】或【遮罩】抠图，【智能抠图】更简单、高效，只需点击功能按钮，AI就会自动识别主体并完成抠图。具体操作步骤如下。

Step01：导入素材，并在剪辑工具栏中找到【抠像】功能，如图3-42所示。

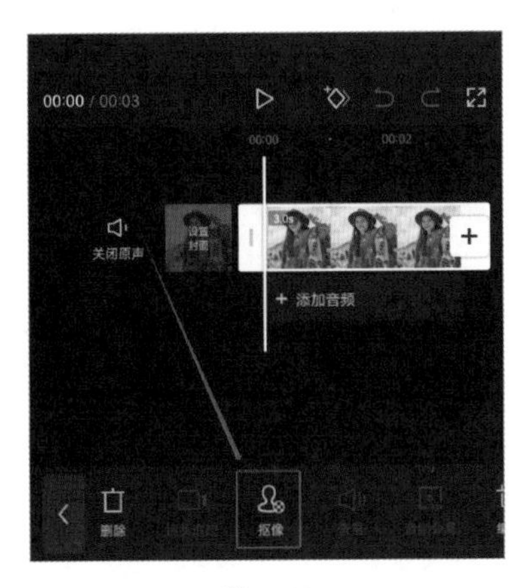

图 3-42

Step02：点击【抠像】按钮，在新的弹窗中选择【智能抠像】功能，等待软件智能抠像即可，如图3-43、图3-44所示。

图 3-43

图 3-44

Step03：抠像完成后，若不符合个人需求，可以在新的弹窗中选择【关闭抠像】功能，素材将会恢复到原本的状态，这时可以重新进行抠像，如图3-45所示。

Step04：选择【抠像描边】功能，可以为抠出的素材添加风格化。需要先在弹窗内选择描边类型，再对描边的风格进行修改即可，如图3-46、图3-47所示。

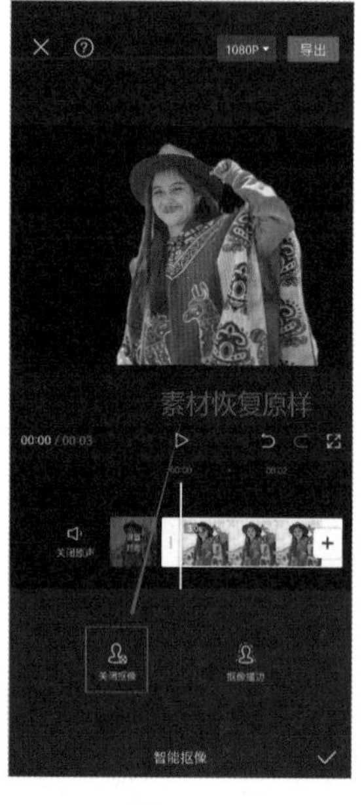

图 3-45

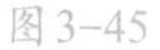

图 3-46

图 3-47

关键技能 034 自定义抠像，抠像主体由你决定

● 技能说明

虽然一键智能抠像非常方便，但是也牺牲了抠像的自由度。如果智能识别的主体和使用者所需抠出的主体不同，那么这项功能就失去了作用。剪映App也支持个人自定义抠像，并在此技术基础上对操作流程进行了相应简化，在不牺牲自由度的前提下，使自定义抠像变得简单、易上手。

● 应用实战

自定义抠像是我们使用得最多的抠像方法。具体操作步骤如下。

Step01：进入剪辑页面，在工具栏中找到【抠像】按钮并点击，在弹窗中选择【自定义抠像】，如图3-48所示。

Step02：在新的弹窗中选择【快速画笔】或【画笔】功能，对素材的抠像范围进行选取；用【擦除】功能可以对选取的范围进行擦除修改，可以通过弹窗底部的滑动按钮控制画笔的大小，如图3-49所示。

图 3-48

图 3-49

【快速画笔】和【智能抠像】功能有相似之处，可以快速指定我们想要的选择区域。【快速画笔】需要使用者用画笔涂抹出大概区域，然后软件会对涂抹区域的边缘进行识别，并生成完整的选区，如图3-50所示。

【画笔】与【快速画笔】不同，用【画笔】涂抹的区域就是最后生成的选区。【画笔】适合拿来抠除边缘模糊且不规则的素材，如图3-51所示。

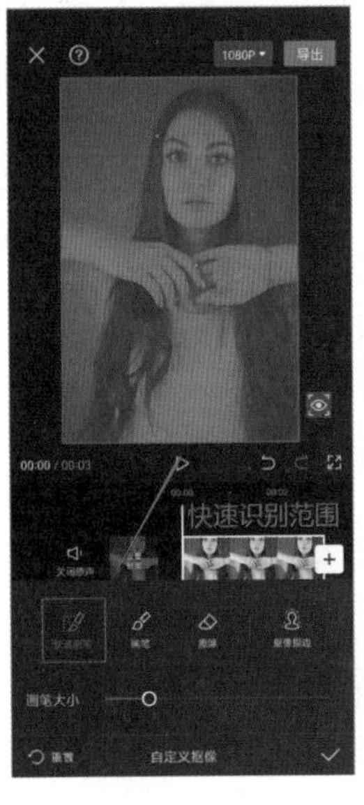

图 3-50

图 3-51

【擦除】就是橡皮擦。当用【快速画笔】或【画笔】时出现了涂抹区域溢出的情况，就需要用橡皮擦擦除，如图3-52所示。

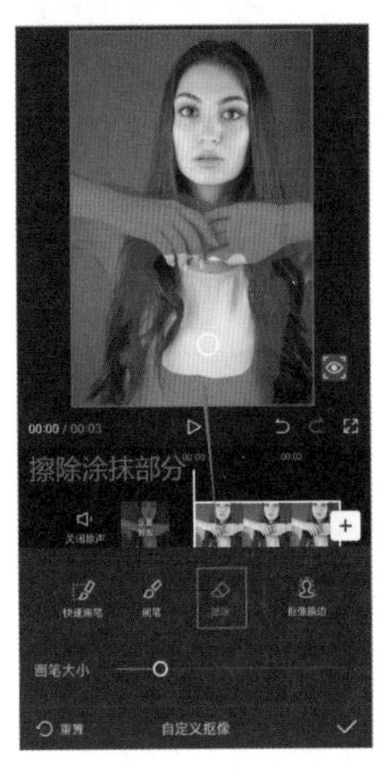

图 3-52

Step03：选定区域后，可以在预览区右下角点击【预览】标志，查看抠像的最终效果，如图3-53所示。

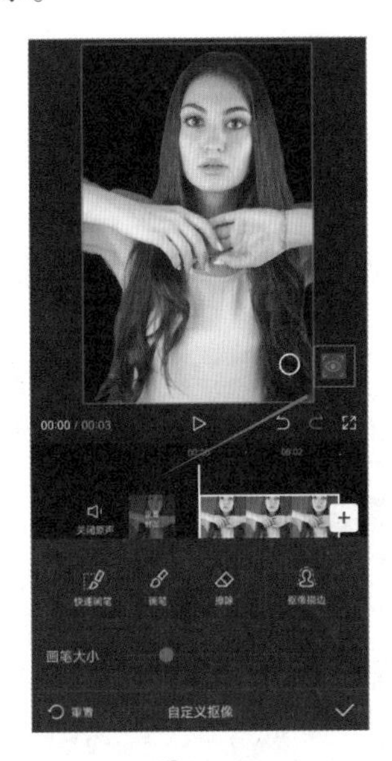

图 3-53

确定最终效果后，也可以使用【自定义抠像】中的【抠像描边】功能对主体进行描边。

关键技能 035 使用色度抠图，置换视频背景

● 技能说明

色度抠图就是将视频中的背景颜色转换为透明色，并且保留视频主体的一种操作。色度抠图的原理就是将素材中的颜色进行差异性比较，将某种颜色吸掉，让其直接转化为透明色。相较于前两种抠像方法，色度抠图更简单、准确，但对素材有一定的要求。

● 应用实战

色度抠图常用于电影、电视剧等自媒体形式的特效制作，工作方式是用取色器吸取某一颜色并将该颜色变为透明通道。具体操作步骤如下。

Step01：该功能需要选取导入纯色背景的素材，使用常见的绿幕素材进行演示，如图3–54所示。

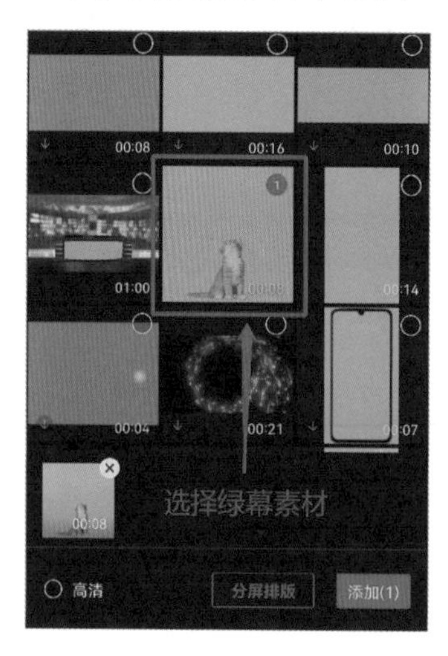

图 3–54

Step02：在工具栏中找到【抠像】按钮并点击，在弹窗中选择【色度抠图】功能，如图3–55所示。

Step03：使用【取色器】功能吸取需要抠除的颜色，如图3–56所示。

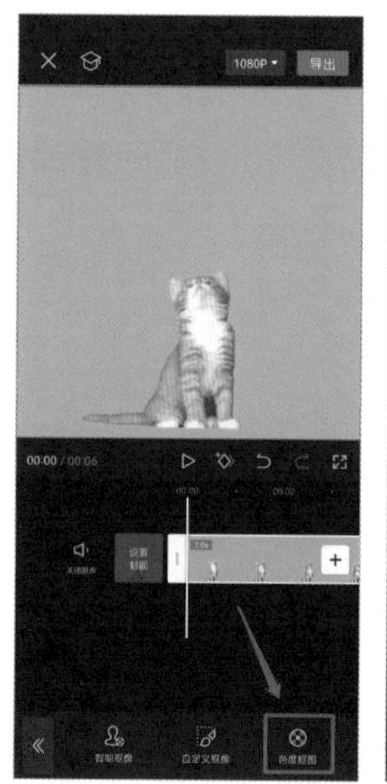

图 3–55

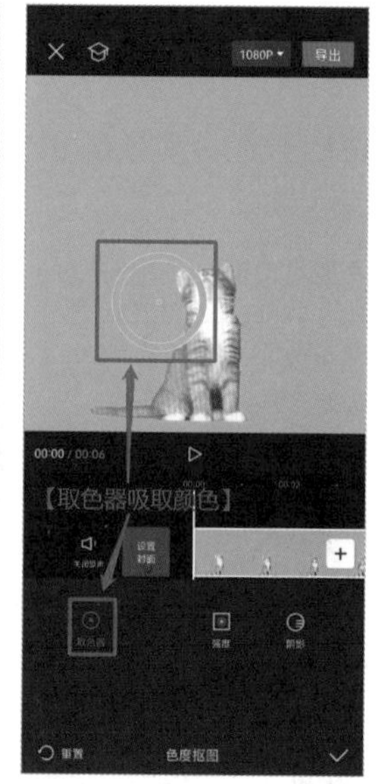

图 3–56

Step04：确定需要抠除的颜色后，点击【强度】按钮对抠除程度进行控制。抠除大概后，使用【阴影】功能对素材进行更细微的改动，如图3–57、图3–58所示。

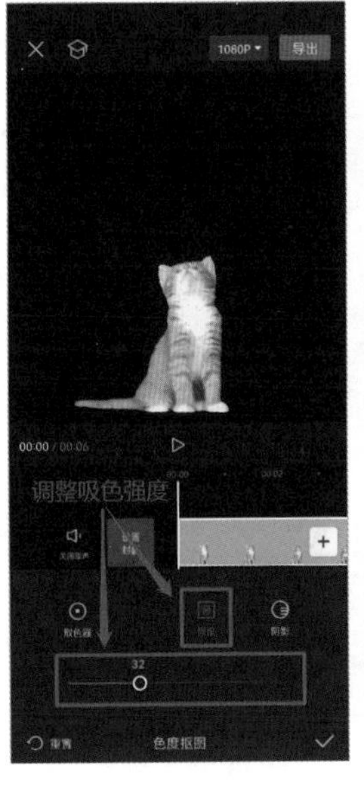

图 3-57

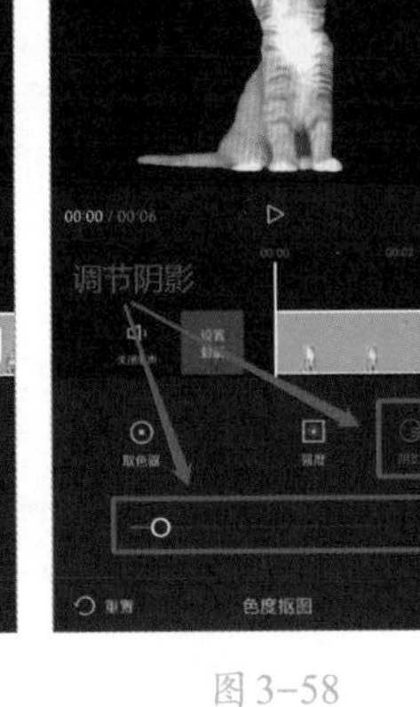

图 3-58

高手点拨

色度抠图须知

（1）色度抠图吸取的颜色一般为纯色，如果是多个颜色的背景，色度抠图的功能效果就会大打折扣。

（2）进行色度抠图的图片或视频要保留的部分，不能有要吸取去除的颜色成分，否则就会将保留部分中同样的颜色一起去除掉。

（3）纯色背景的素材都可以使用【色度抠图】功能，其中使用最多、效果最好的背景是绿色。绿色相较其他颜色更加明亮，在抠图后不容易产生黑边。

关键技能 036 玩转视频蒙版，控制视频的显像区域

● 技能说明

蒙版和抠像中的选区相似，蒙版是一种特殊的选区，但目的并不是对选区进行操作，而是保护选区不被操作。同时，不处于蒙版范围的地方则可以进行编辑与处理。在视频剪辑中，经常会遇到需要用蒙版的情况。

● 应用实战

蒙版在视频剪辑中也是一个很重要的功能，不仅能保护框选区域，如果运用得当，也能作为抠像的一种方法。具体操作步骤如下。

Step01：导入一段视频，并在剪辑工具栏中找到【蒙版】功能，如图 3-59 所示。

Step02：点击【蒙版】按钮，弹窗内有多个蒙版样式，根据个人喜好和素材具体需求选择即可，如图 3-60 所示。

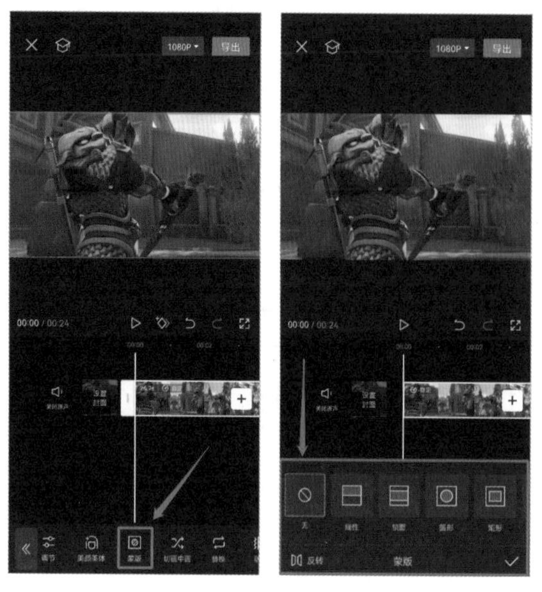

图 3-59　　图 3-60

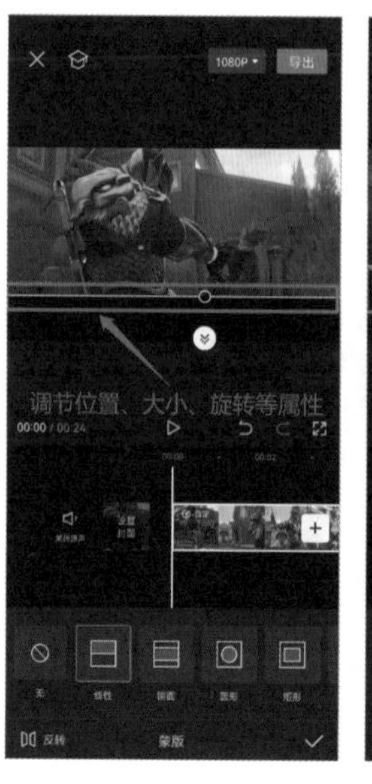

图 3-61

图 3-62

Step03: 选择蒙版样式后，通过预览屏中黄色的范围线控制蒙版的范围和位置，如图3-61所示。

也可以通过范围线下方的箭头标志控制蒙版的羽化程度。羽化能令选区内外衔接部分虚化，起到渐变的作用，从而达到自然衔接的效果，如图3-62所示。

高手点拨

蒙版和遮罩的区别

（1）蒙版的本质是一种路径，也是素材的一种属性，它依附于素材也作用于素材，并不作为一个单独的素材或层级使用。

（2）遮罩是遮挡、遮盖部分素材的内容，相当于一层窗口，一般是上对下的遮挡关系。遮罩不同于蒙版，它可以作为一个单独的素材或层级使用。

第4章 视频调色的9个关键技能

一般来说，要剪辑出一条引人入胜的视频，除了需要恰到好处的剪辑效果，对剪辑的素材进行调色也很重要。剪辑师通过视频调色可以使画面更具情感和风格，让观众感受到视频画面表达的情感。调色对视频有着非常重要的作用，有时甚至可以决定一条视频的风格。剪映App提供了多种工具进行调色，并对这些工具进行了一定程度的简化，在保持调色自由度和效果的情况下，让调色操作变得更简单、更易上手。本章知识点框架如图4-1所示。

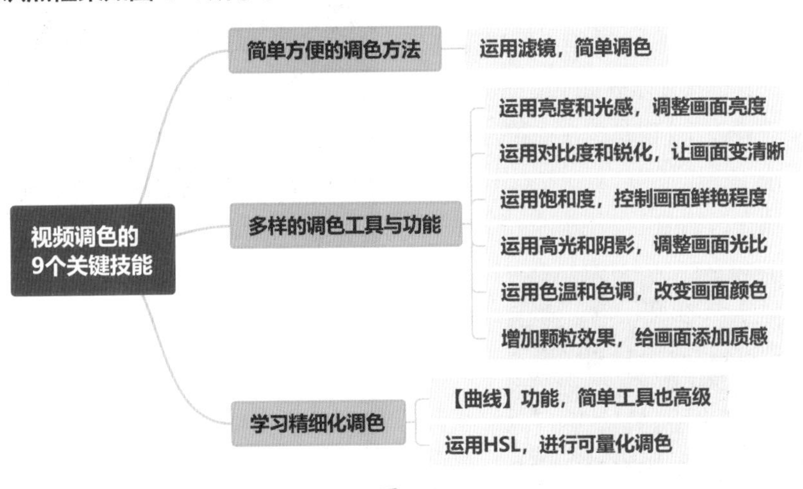

图4-1

关键技能 037 运用滤镜，小白也能简单调色

● 技能说明

视频调色是一个漫长的学习过程。在初学阶段，我们对画面各方面的控制并不是很精确，难以调出自己喜欢的风格。在这种情况下，我们可以使用剪映App自带的【滤镜】功能，内含多种调色模板，可以一键调出我们想要的风格。

● 应用实战

【滤镜】功能应用范围十分广泛，在手机相册、P图软件、视频剪辑软件中都有它的身影。在剪辑时适当地利用【滤镜】功能，可以提高制作视频的效率，具体操作步骤如下。

Step01： 导入视频或图片素材，在视频剪辑页面中点击需要添加滤镜的视频，或者点击工具栏中的【剪辑】按钮，如图4-2所示。

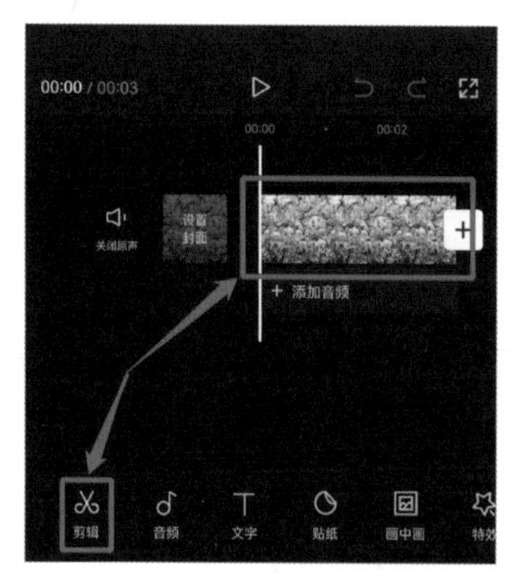

图 4-2

Step02： 点击【滤镜】按钮，或点击【调节】按钮，然后在弹窗中选择【滤镜】功能，如图4-3、图4-4所示。

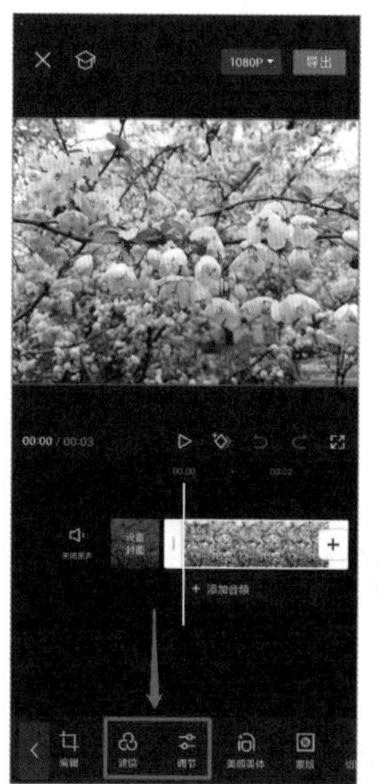

图 4-3

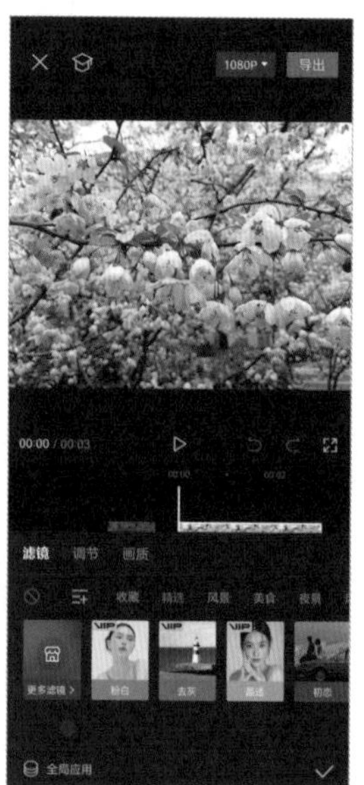

图 4-4

Step03： 进入新的弹窗后，根据视频的内容选择相应的分类效果进行添加，如图4-5、图4-6所示。

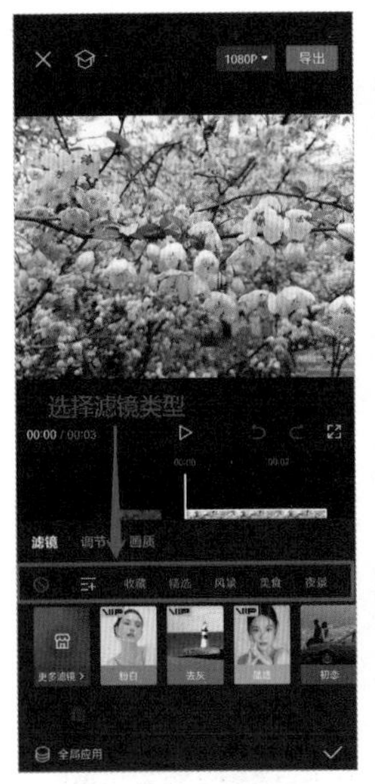

图 4–5

图 4–6

Step04：通过底部的滑动按钮对选中滤镜的效果程度进行控制。确定最终的效果后，可以点击画面左下方的【全局应用】按钮，将滤镜效果添加到视频模块的各个素材中，如图4–7所示。

高手点拨

关于滤镜的选择

（1）使用【滤镜】功能时，虽然分类中的滤镜可能针对特定内容物的效果更佳，但并不意味着必须严格根据内容物的类型来选择相应的滤镜。实际上，我们可以根据自己的审美和创作需求，大胆尝试并挑选我们认为效果最佳的滤镜。

（2）滤镜功能并不是万能的，在添加滤镜后，还是要根据图片素材中存在的问题进行针对性的调色。

图 4–7

关键技能 038　运用亮度 / 光感，调整画面明亮程度

● 技能说明

在拍摄素材时，会出现画面过暗或过亮的情况，这个时候就需要将画面的明暗调节到合适的程度。剪映App提供了【亮度】和【光感】功能，可以对视频画面进行加工和优化。

● 应用实战

调节明暗程度可以使得画面更明亮或更暗淡，使得画面更加清晰并具有吸引力，具体操作步骤如下。

Step01： 导入视频或图片素材后，在剪辑工具栏中点击【调节】按钮打开弹窗，选择其中的【调节】功能，如图4-8、图4-9所示。

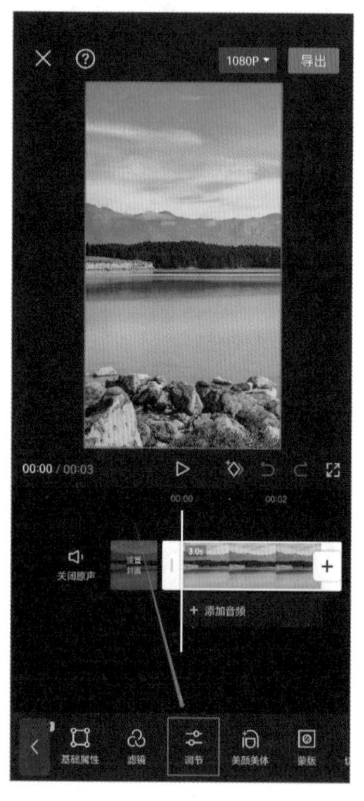

图 4-8

图 4-9

Step02： 在【调节】弹窗中选择【亮度】功能，通过底部的滑动按钮调节画面明暗程度即可，如图4-10、图4-11所示。

图 4-10　　图 4-11

Step03： 在【调节】弹窗中选择【光感】功能调节光感，也可以改变画面的明暗程度，通过底部的滑动按钮调节画面明暗程度即可，如图4-12、图4-13所示。

图 4-12　　图 4-13

高手点拨

亮度与光感的区别

亮度是指通过调整视频画面的亮度相关参数，使得画面更明亮或更暗淡。这个操作会改变整个画面的亮度水平，但不会改变画面的色彩。

光感是指通过调整视频画面的饱和度、亮度等参数，改变视频的整体色彩，使得画面更鲜艳或更柔和。

如果只想改变画面的明暗程度，选择【亮度】功能即可。虽然通过【光感】功能也能调节画面的明暗，但是会对画面的色彩产生影响，并不是最佳方案。在选择时，需要根据实际需要和素材的具体情况进行判断。

关键技能 039 运用对比度/锐化，调整画面的清晰度

● 技能说明

当拍摄照片或视频时，如果光线不足或过于强烈时，画面可能会变得模糊，其中的细节也会变得不够明显，在这种情况下，可以使用剪映App提供的【对比度】和【锐化】功能，增强画面的清晰度。

● 应用实战

在保证素材原有清晰度的情况下，可以通过【对比度】和【锐化】功能进一步增强素材细节，具体操作步骤如下。

Step01： 导入视频或图片素材后，在剪辑工具栏中点击【调节】按钮打开弹窗，选择其中的【对比度】功能，如图4-14所示。

图 4-14

Step02： 通过底部的滑动按钮调节对比度参数。通常来说，对比度越高，图像的清晰度就越高，如果图片过亮也可适当调低对比度，如图4-15所示。

Step03： 回到【调节】弹窗，选择【锐化】功能，通过底部的滑动按钮调节画面的锐化效果，加强画面中内容物的边缘和细节，如图4-16所示。

图 4-15

图 4-16

高手点拨

调整清晰度注意事项

（1）对比度一般是指画面中最暗和最亮的区域之间的强度差异。调节对比度参数会使画面中不同区域的色彩差异变得明显。在调整清晰度的过程中，需要通过【对比度】功能增强画面的细节和视觉效果，从而提高画面的清晰度。

（2）【锐化】功能可以增强画面的轮廓和细节，使内容物的边缘变得更锐利，从而增强清晰度，提高视觉效果。

（3）在使用【对比度】和【锐化】功能时，参数的调整要适度。如果过度调高对比度参数，会使画面中区域色彩差异变大，使画面看起来不自然；如果过度调高锐化参数，就会导致画面出现噪点或锯齿状边缘。在进行清晰度调整时，要根据具体情况和需求进行调整。

（4）如果原始画面非常模糊，通过对比度和锐化来提高清晰度的效果会受到限制。因为对比度和锐化的调整无法恢复丢失的细节。

关键技能 040 运用饱和度，控制画面的鲜艳程度

● 技能说明

除了画面的亮度和清晰度，画面颜色的丰富度也是我们在调色时需要考虑的要素之一。色彩丰富的画面看起来更鲜艳。通过剪映App

的【饱和度】功能调节饱和度参数，可以快速改变画面的颜色丰富度，使画面变得更生动、更吸引人。

● 应用实战

饱和度通常用于增加或减少图像的颜色强度和鲜艳度，从而改变图像的视觉效果和色彩氛围，具体操作步骤如下。

Step01： 导入视频或图片素材后，在剪辑工具栏中点击【调节】按钮打开弹窗，选择【饱和度】功能，如图4-17所示。

Step02： 如果要让画面的色彩变得鲜艳，就要将滑动按钮向右拖动，将饱和度参数调高，如图4-18所示。

图 4-17

图 4-18

Step03： 如果要让画面的色彩变淡，就要将滑动按钮向左拖动，将饱和度参数调低，降低画面色彩丰富度，直到画面变成灰白色，如图4-19所示。

图 4-19

高手点拨

调节画面饱和度须知

（1）饱和度一般是根据画面的风格和主题来进行调节。比如一些明亮、欢快风格的画面就需要提高饱和度，一些朦胧、幽暗风格的画面就需要降低饱和度。

（2）调整饱和度需要避免出现色块。同一颜色区域过于饱和时出现的视觉瑕疵就是色块，这对于画面质量和观感有很大的影响。

关键技能 041 运用高光/阴影，调整画面光比

● 技能说明

在摄影、影视等领域中，画面光比是十分重要的元素，它可以强化画面的层次感和纹理感，营造出艺术感。在剪映App中，【高光】和【阴影】功能是调整画面光比的有效方法，可以让画面更加均衡，突出画面的细节和视觉效果。

● 应用实战

在使用【高光】和【阴影】功能的过程中，需要注意保持画面自然和均衡的视觉效果。具体操作步骤如下。

Step01：导入视频或图片素材后，在剪辑工具栏中点击【调节】按钮打开弹窗，选择【高光】功能，如图4-20所示。

图 4-20

Step02：通过底部的滑动按钮来调节高光参数，改变画面中最亮区域的亮度，使画面整体变亮，数值越高则越亮，如图4-21、图4-22所示。

图 4-21

图 4-22

Step03：在【调节】弹窗中选择【阴影】功能，如图4-23所示。

图 4-23

Step04： 通过底部的滑动按钮来调节阴影参数，改变画面中最暗区域的亮度，使画面整体变暗，数值越低则越暗，如图4-24、图4-25所示。

图4-24　　图4-25

高手点拨

高光与阴影

（1）高光通常指画面中最亮的区域，通常具有一定的反射能力和光泽感。通过调节高光，可以控制画面的亮度和清晰度，使色彩更为鲜艳，增加画面的明亮感和清晰度，有助于突出画面的主体。

（2）阴影指画面中最暗的部分，通常具有高度的对比度。通过调节阴影，可以改变画面的明暗比例，增加画面层次感和纹理感，突出画面的阴暗部分，有助于创造出具有独特氛围的画面。

关键技能 042　运用色温/色调，改变画面颜色

● 技能说明

在照片或视频中，色彩可以改变影片的氛围和感觉，从而更好地传达影片的情感和意图。运用色温和色彩，可以更好地表现所需要的氛围和情感。通过剪映App中的【色温】和【色调】功能，我们可以控制画面的颜色参数，让画面更具吸引力。

● 应用实战

在调色过程中，对色温和色调的把控很重要，如果调整过度可能会破坏画面的效果。具体操作步骤如下。

Step01： 导入视频或图片素材后，在剪辑工具栏中点击【调节】按钮打开弹窗，选择【色温】功能，如图4-26所示。

Step02： 通过底部的滑动按钮来调整画面的

色温参数。如果需要营造温馨、舒适的氛围，可以将滑动按钮向右滑动，随着数值逐渐变大，画面会逐渐变成暖色，如图4-27所示。

图4-26

图4-27

如果要营造静默、冷酷的氛围，可以将滑动按钮向左滑动，随着数值逐渐变小，画面会逐渐变成冷色，如图4-28所示。

图4-28

Step03： 在【调节】弹窗中选择【色调】功能，如图4-29所示。

图4-29

Step04： 通过底部的滑动按钮可以调整画面的色调参数。剪映App中对色调的调整主要针对绿色色调及红色色调。当滑动按钮向右滑动时，画面会整体偏红；当滑动按钮向左滑动时，画面会整体偏绿，如图4-30、图4-31所示。

图4-30

图4-31

关键技能 043 增加颗粒效果，给画面添加质感

● 技能说明

我们可以给画面增添一些简单的效果，让画面别具质感。在剪映App中，我们可以给画面添加颗粒、暗角等效果，使画面风格趋近于复古的风格。

● 应用实战

颗粒效果是指在原本清晰的画面中添加一定密度的颗粒和噪点，从视觉上看具有磨砂质感，使画面变得更加具体，具体操作步骤如下。

Step01：导入视频或图片素材后，在剪辑工具栏中点击【调节】按钮打开弹窗，选择【颗粒】功能，如图4-32所示。

图 4-32

Step02：通过底部滑动按钮来调节画面中颗粒的分布密度，数值越大，颗粒越密集，视觉上看数量越多，如图4-33所示。

Step03：添加了颗粒效果后，我们还可以使用【暗角】和【褪色】功能继续营造复古风格。在【调节】弹窗中选择【暗角】功能，如图4-34所示。

图 4-33

图 4-34

Step04：暗角类似于从画面四角延伸出的阴影效果，通过底部滑动按钮来控制暗角的颜色和范围。当滑动按钮向右滑动时，暗角呈现黑色，并且逐渐延伸至整个画面；当滑动按钮向左滑动时，暗角呈现白色，并且逐渐延伸至整个画面。如果要营造复古风格，建议将滑动按钮向

右滑动至合适参数位置，如图4-35、图4-36所示。

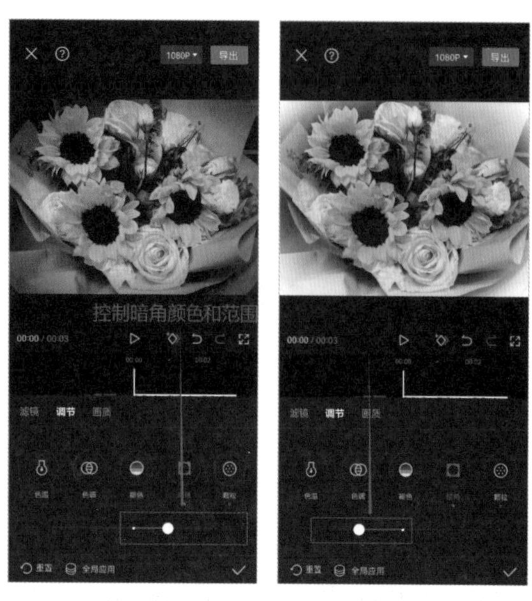

图 4-35　　图 4-36

Step05：在【调节】弹窗中选择【褪色】功能，如图4-37所示。

图 4-37

Step06：通过底部滑动按钮来调节褪色的程度，数值越大，褪色程度越大，画面颜色越淡，视觉上像有一层雾气。如果需要营造复古风格，则需要将褪色参数调至合适的参数，使画面变得朦胧，如图4-38所示。

图 4-38

高手点拨

关于颗粒效果和风格须知

（1）颗粒效果是在画面中添加一定的颗粒和噪点，在调节参数时需要根据实际情况进行调节，如果一味调高很可能会严重破坏原始画面的质感。

（2）当我们将【暗角】功能的数值调至最大或最小时，画面中间会留下一片椭圆形的空白区域。这一功能除了可以用来营造风格，还可以用来聚焦效果。

（3）【褪色】功能和【饱和度】功能虽然都会使色彩变淡，但【褪色】功能更倾向于在画面中添加一层白色的窗纱，淡化程度有限，视觉上会变得朦胧；而【饱和度】功能则是从本质上改变色彩的丰富度。

关键技能 044 万能的曲线，简单工具也很高级

● 技能说明

如果想要学习调色，那么掌握调色曲线是绕不开的关键技能。通过掌握剪映App中的【曲线】功能，我们可以完成对亮度、对比度及画面颜色的调节。

● 应用实战

【曲线】功能分为两个部分：一是调节亮度；二是调节颜色通道。具体操作步骤如下。

Step01：导入视频或图片素材后，在剪辑工具栏中点击【调节】按钮打开弹窗，选择【曲线】功能，如图4-39所示。

图 4-39

Step02：【曲线】功能的调节界面是一个坐标轴，X轴是由画面中暗部到亮部的像素点按顺序排列而成的，而Y轴代表亮度参数。根据X轴的坐标和画面亮部、暗部的关系，我们可以将该坐标轴分为暗部、中间部和亮部，如图4-40所示。

Step03：点击坐标轴中的线段，在点击位置添加一个坐标点，通过调节坐标点的位置来改变三个部分的亮度关系。比如在中间部添加一个坐标点并将坐标点往上拖动，则处于中间部的像素点的亮度参数会提高，如图4-41所示。

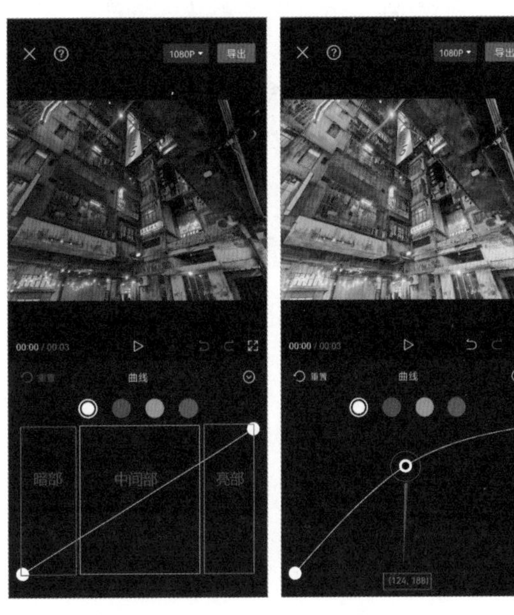

图 4-40　　图 4-41

Step04：需要注意，添加的坐标点与其左右

两边的坐标点之间会相互影响。添加并调节中间部的坐标点，则暗部和亮部在曲线上的参数也会被改变，所以画面整体偏亮，这时，我们就需要给暗部和亮部各添加一个坐标点，使暗部和亮部的亮度参数保持原样不变，这样就能单独改变中间部的亮度，如图4-42所示。

图 4-42

Step05： 在坐标轴上可以添加多个点，对多个坐标点进行控制，就能更精细地更改各个像素点的亮度参数，如图4-43所示。

Step06： 除了亮部通道，【曲线】功能还有红色通道、绿色通道和蓝色通道，这三个通道统称为颜色通道，我们可以通过改变不同颜色通道中的曲线参数来改变画面的颜色，如图4-44所示。

图 4-43　　图 4-44

Step07： 在红色通道中，向上拖动坐标点代表增加红色，向下拖动坐标点代表增加青色，如图4-45、图4-46所示。

图 4-45　　图 4-46

在绿色通道中，向上拖动坐标点代表增加绿色，向下拖动坐标点代表增加品红色，如图4-47、图4-48所示。

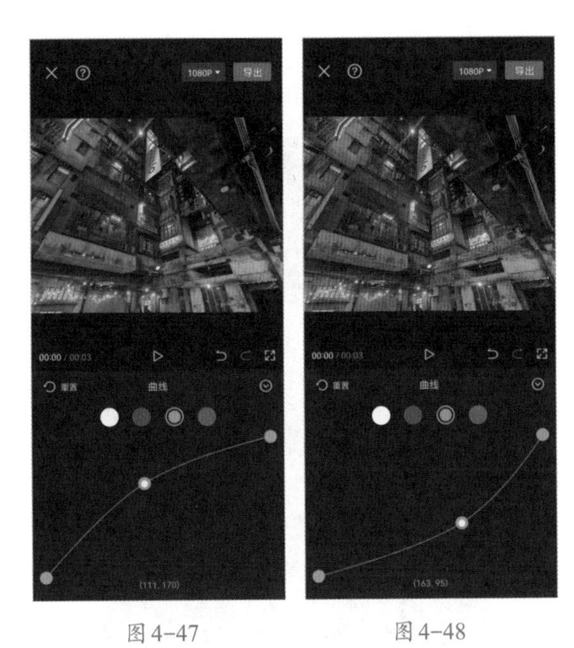

图 4-47　　图 4-48

在蓝色通道中，向上拖动坐标点代表增加蓝色，向下拖动坐标点代表增加黄色，如图 4-49、图 4-50 所示。

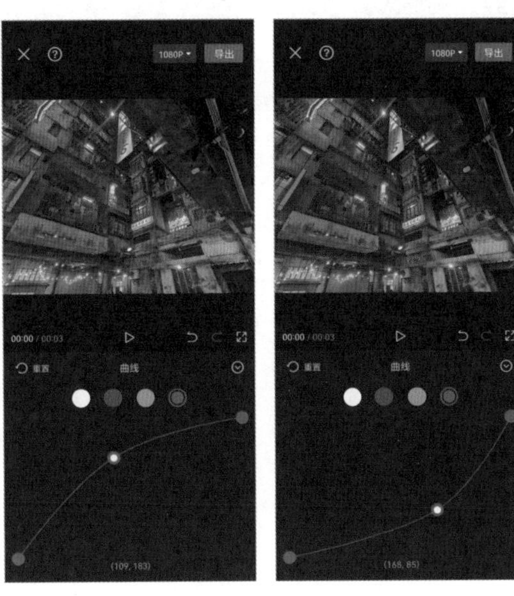

图 4-49　　图 4-50

关键技能 045　运用HSL，进行可量化调色

● 技能说明

【色调】和【色温】功能是针对整体画面的，适合用于营造整体画面氛围。HSL 调色则是针对一类具体的颜色进行调整，不会改变画面中的其他颜色。

● 应用实战

【HSL】功能可以控制选中颜色的色相、饱和度等参数，实现精细化调控。具体操作步骤如下。

Step01：导入视频或图片素材后，在剪辑工具栏中点击【调节】按钮打开弹窗，选择【HSL】功能，如图 4-51 所示。

Step02：在【HSL】界面中有 8 种类型的颜色，选中某种类型的颜色就可以对该颜色的参数进行调节，如图 4-52 所示。

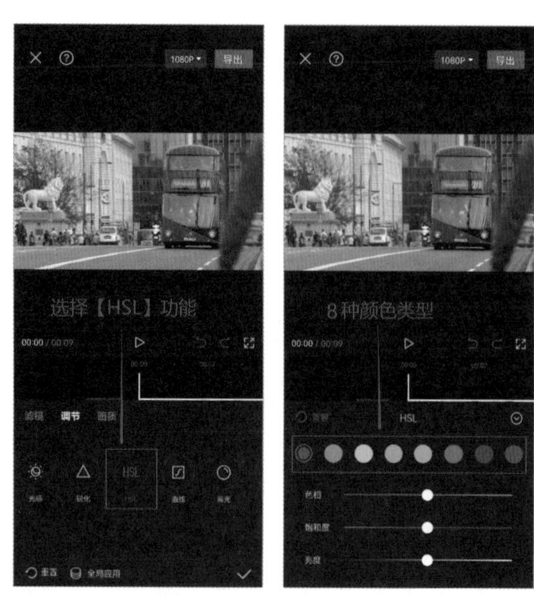

图 4-51　　图 4-52

Step03： 如果想改变视频中红色部分的颜色，就先选中【HSL】页面中的红色类型，然后拖动【色相】一栏的滑动按钮进行调节即可，如图4-53所示。

图 4-53

Step04： 也可以通过滑动按钮来单独改变画面中红色部分的饱和度和亮度，如图4-54所示。

图 4-54

高手点拨

调色工具的选取技巧

（1）学习了众多调色功能后，我们需要知道，调色的操作并不是依靠某一个功能就能完成的，比如【HSL】功能只能针对某一种颜色进行调整，如果要改变整个画面，那么使用【色温】【色调】【曲线】功能会比使用【HSL】功能更方便，效果更好。

（2）调色工具需要根据个人需求和素材的具体情况来搭配使用。在调节过程中，要注意画面颜色的协调感和自然感，确保画面的观赏效果。

第5章 音频处理的10个关键技能

一条完整的视频不只有画面，还包括音频。时不时插入的搞笑配音，或者一段好听的背景音乐，都能起到吸引观众的作用，所以，学习添加和处理音频对一名剪辑师来说至关重要。添加的音频可以增强视频的感情基调，给观众带来听觉体验；对音频的处理则为视频的质量提供了强有力的支持，它能够保证声音的质量，也能让视频更加生动有趣，改善观众的听觉体验。剪映App不仅自带了丰富的音频和音效素材库，也有多种功能可以对音频素材和音效素材进行处理与修改。本章知识点框架如图5-1所示。

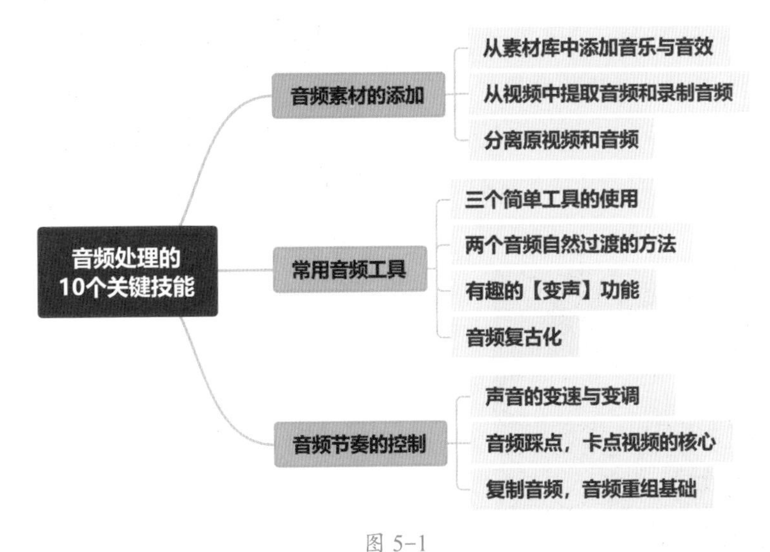

图 5-1

关键技能 046 添加音乐和音效，让视频不再枯燥

● 技能说明

有些视频素材可能原本没有声音，或者声音音量过小，或者背景音过于嘈杂，那这个时候就不能只对视频的画面进行修改，还需要为这个视频重新添加音频或相关的音效。剪映App为我们提供了一个丰富的音频素材库，其中包含多种多样的音频素材。它还会根据热门趋势自主推荐音频，大大节省了我们在海量素材中搜索的时间。

● 应用实战

音频和音效也是视频效果的一部分，学习如何在剪映App中添加音频和音效，有助于提高观众的听觉体验。具体操作步骤如下。

Step01：在视频剪辑页面，点击时间轴下方的【+添加音频】按钮，或者点击工具栏中的【音频】按钮，如图5-2所示。

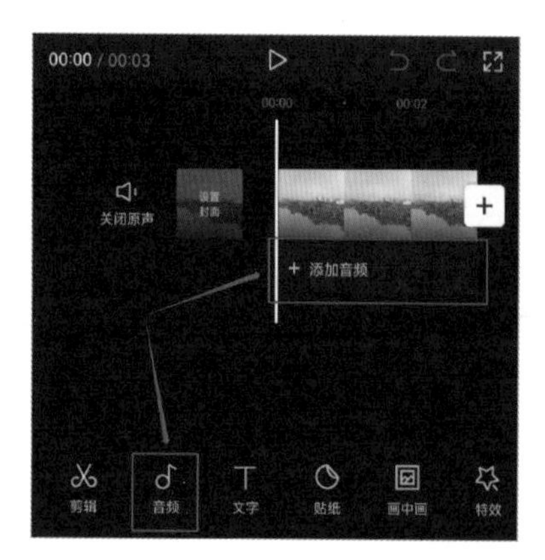

图 5-2

Step02：在音频功能栏中点击【音乐】按钮，添加音频或背景音乐，如图5-3所示。

Step03：点击【音乐】按钮后，进入剪映App的音频素材库，如图5-4所示。

图 5-3

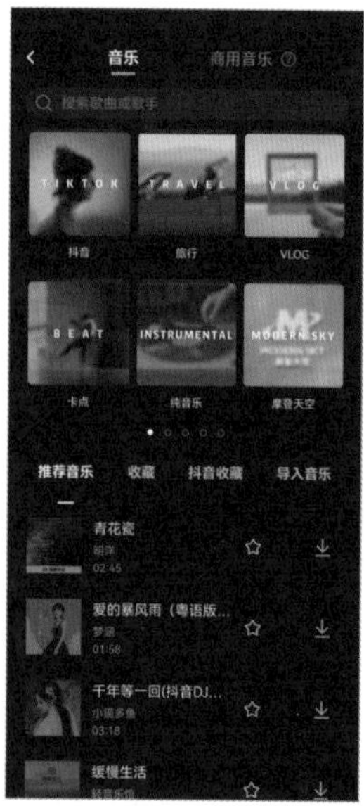

图 5-4

素材库的上半部分是音乐风格分类，我们可以根据视频内容和个人需求，在分类中寻找适合的音频素材，如图5-5、图5-6所示。

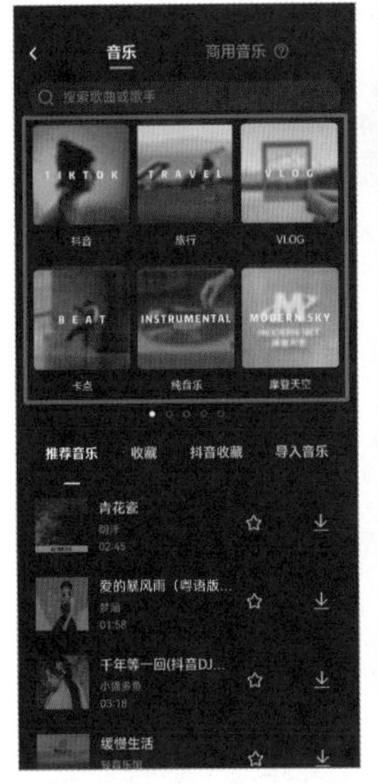

图 5-5

图 5-6

素材库的下半部分则是目前较为热门的音频素材，以及用户自己收藏的音频素材，如图5-7、图5-8所示。

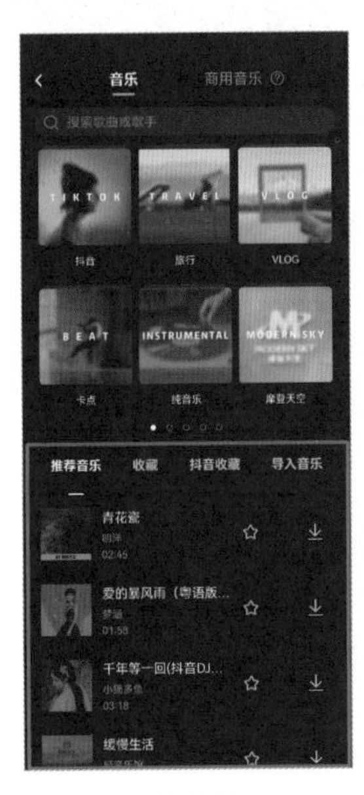

图 5-7

图 5-8

Step04：点击感兴趣的音频文件，可以下载试听及收藏。如果找到了满意的音频文件，则可以点击【使用】按钮添加到时间轴中，如图5-9、图5-10所示。

图 5-9

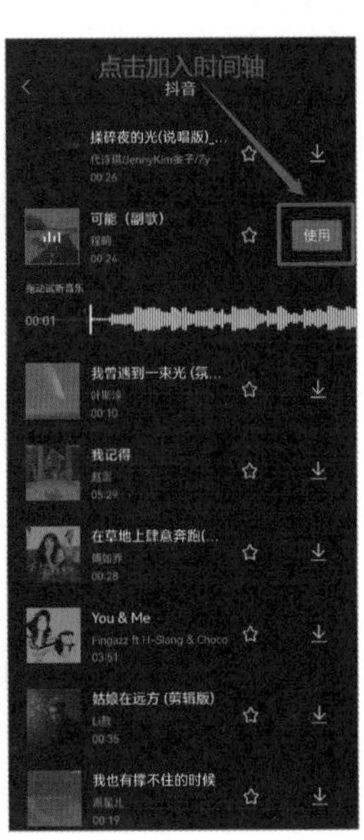

图 5-10

Step05：如果要添加音效，则可以在音频功能栏中点击【音效】按钮，如图5-11所示。

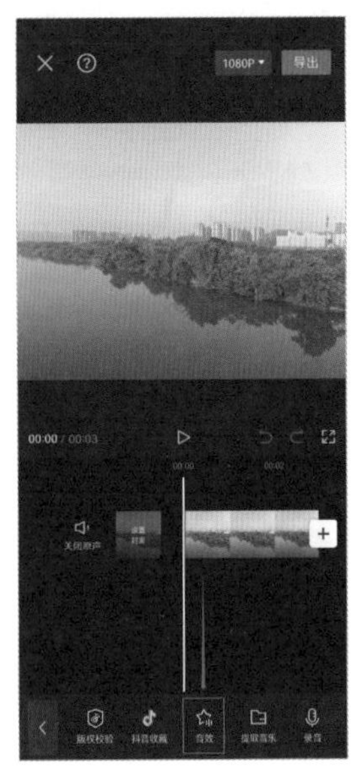

图 5-11

Step06：点击【音效】按钮后，会出现新的音效弹窗页面，也就是剪映App的音效素材库。弹窗页面的上方是音效的分类，可以根据视频素材内容和个人需求，在分类中选择适合的音效素材，如图5-12、图5-13所示。

图5-12

图5-13

Step07：同音频素材一样，点击感兴趣的音效文件，可以下载试听与收藏。如果找到了满意的音效文件，则可以点击【使用】按钮添加到时间轴中，如图5-14、图5-15所示。

高手点拨

添加音乐的其他途径

在音频素材库中，除了选择剪映素材库自带的音频文件，也可以通过以下三种方式导入音乐。

（1）链接下载：复制抖音或其他平台的视频、音频链接并粘贴到剪映，对音乐进行下载。

（2）提取音乐：提取视频中的音乐，此方法需要准备好相关的视频文件。

（3）本地音乐：将手机中存储的音频文件导入剪映中，包括从音乐平台下载的音频文件、手机录音等。

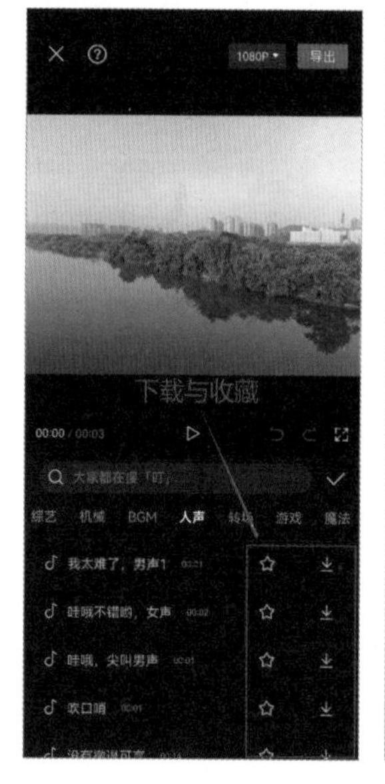

图5-14

图5-15

关键技能 047 运用“提取音乐”和“录音”，获取自己想要的声音

● 技能说明

除了在剪映App自带的素材库中寻找音频，我们还可以通过【提取音乐】功能来获取某条视频中的音频，或者通过【录音】功能录制并处理自己的声音，然后添加到视频中。

● 应用实战

【提取音乐】是获取自己喜欢的音频的另一种方法，即便只有视频素材也可以将音频提取出来；而【录音】则可以录制并处理声音，更加自由。具体操作步骤如下。

Step01：在视频剪辑页面中点击时间轴下方的【+添加音频】按钮，或者点击工具栏中的【音频】按钮。如果需要提取视频中的音频，则在音频功能栏中选择【提取音乐】功能，如图5-16所示。

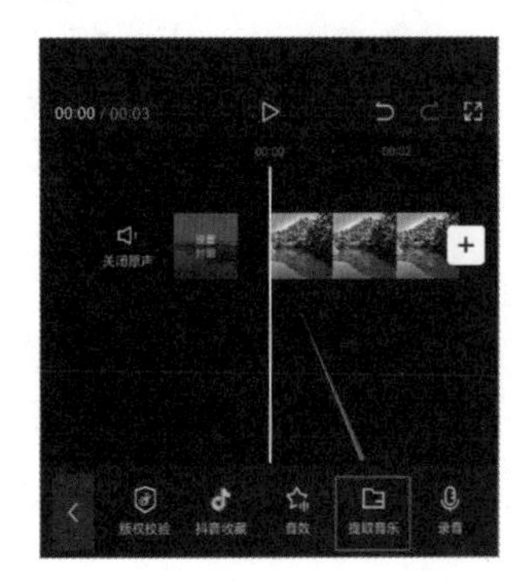

图 5-16

Step02：选择【提取音乐】功能后，会进入本地视频存储页面，如图5-17、图5-18所示。

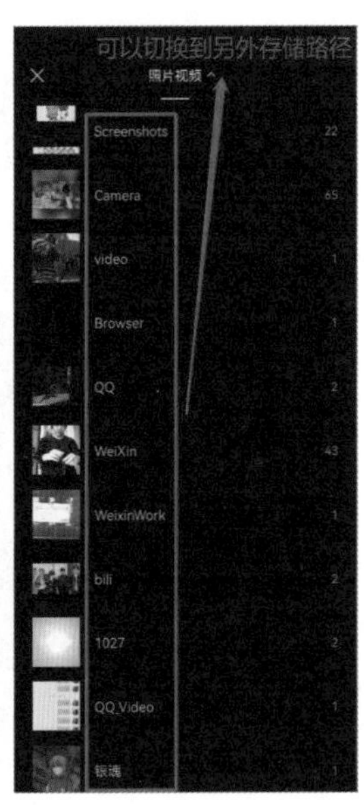

图 5-17　　图 5-18

Step03：选择需要提取音乐的视频，并点击下方的【仅导入视频的声音】按钮，即可将视频中的音乐提取到时间轴中，如图5-19、图5-20所示。

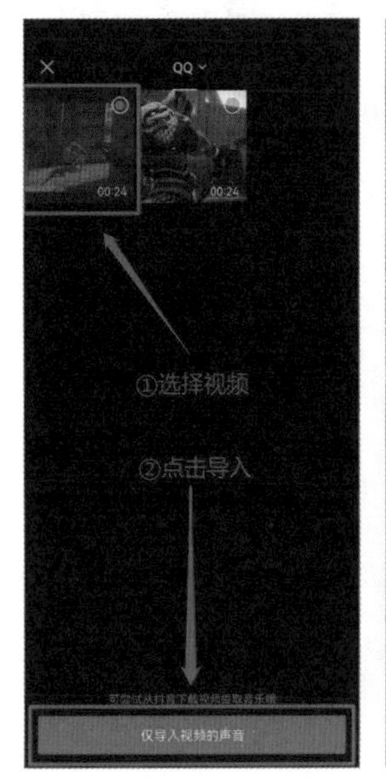

图 5-19　　图 5-20

Step04：如果需要进行录音，则可以在音频功能栏中选择【录音】功能，如图5-21所示。

图 5-21

Step05：选择【录音】功能后，进入录音弹窗，点击弹窗中心的麦克风标志即可进行录音，在录音过程中再次点麦克风标志则停止录音，如图5-22、图5-23所示。

图 5-22

图 5-23

录制好音频素材后，可以对录制的音频素材进行回删和变声操作。

【回删】功能会删除录制好的音频素材，如图5-24、图5-25所示。

图 5-24

图 5-25

【声音效果】功能可以选择某一种声音风格进行变化，如图5-26、图5-27所示。

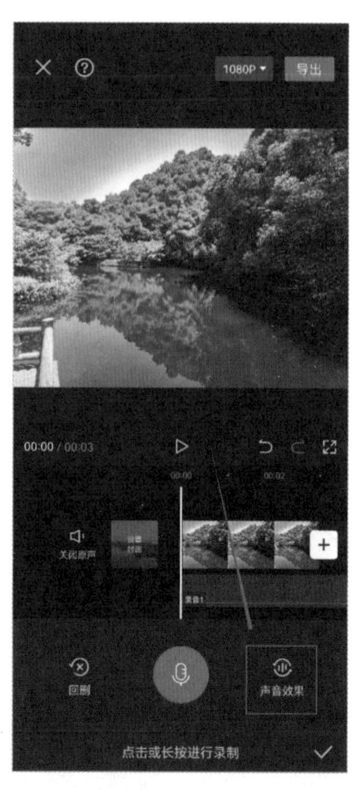

图 5-26

图 5-27

关键技能 048 运用“音频分离”，分离原视频和音频

● 技能说明

一般来说，一条完整视频的画面和音频是绑定在一起的，对视频进行剪切或移动的同时，音频也会被剪切或移动。剪映App提供了【音频分离】功能，可以在剪辑视频时把原音频分离出来，对音频进行修改。

● 应用实战

【音频分离】功能可以将视频与音频分离，使得视频和音频独立化，在修改其中一个时，不会影响到另外一个。具体操作步骤如下。

Step01: 导入视频素材后，选中相关视频素材，在剪辑工具栏中选择【音频分离】功能，如图5-28所示。

图 5-28

Step02: 点击【音频分离】按钮，会自动将视频中的音频提取出来，并显示【分离成功】的字样，如图5-29所示。

图 5-29

Step03: 在音频分离后，也可以选择视频素材，在剪辑工具栏找到【音频还原】功能，点击【音频还原】按钮会还原视频原有的音频，并显示【已还原音频】的字样，如图5-30、图5-31所示。

图 5-30

图 5-31

高手点拨

音频还原须知

（1）【还原音频】功能只针对视频，即被分离出的音频不会重新与视频绑定，该功能本质上是给视频再添加一个原音频与视频绑定，所以在还原音频后，还需要根据个人需求选择是否将分离出的音频删除。

（2）除了利用【还原音频】功能，还能通过预览区的【撤回】按钮撤回分离操作。一般来说，如果误触【音频分离】按钮导致视频与音频分离，用【撤回】功能就可以还原；如果已经对音频进行了处理，又想将音频还原，则推荐使用【还原音频】功能。

关键技能 049 三个简单工具，快速处理音频素材

● 技能说明

无论是在素材库中精心挑选音频素材，还是从视频中直接提取音频素材，在剪辑时添加的音频素材都需要进行简单处理。如果音频时长超过了视频时长，就需要对音频进行删减；如果音频的声音太大或太小，就需要对音量进行调整，特别是要把控好背景音乐与原视频声音之间的平衡。

● 应用实战

对音频素材的基础处理主要是通过【音量】【分割】【删除】功能实现的，具体操作步骤如下。

Step01： 添加若干段音频素材后，选中其中一段音频素材，在音频工具栏中选择【音量】功能，如图5-32所示。

Step02： 拖动底部的滑动按钮调节该音频素材的音量大小，属性数值范围是0～1000，调节到合适的数值即可，如图5-33所示。

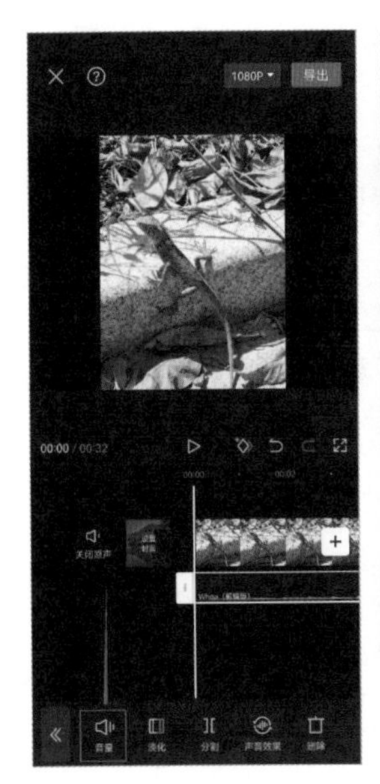

图 5-32

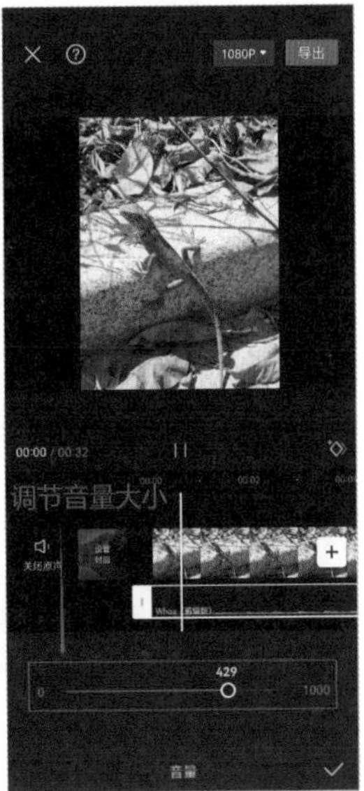

图 5-33

Step03： 如果音频素材的时长超过了视频素材的时长，那么就会出现视频播完了但音频还在继续播放的情况。这个时候就要对音频进行分割和删除操作，如图 5-34 所示。

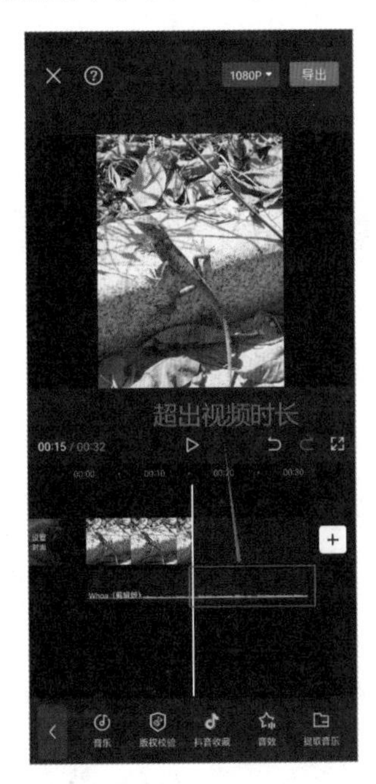

图 5-34

Step04： 首先将音频素材与视频素材对齐，然后将光标拖动到视频结束的位置，选中相应音频素材，在音频工具栏中选择【分割】按钮并点击，音频素材就会从光标处分割开来，如图 5-35、图 5-36 所示。

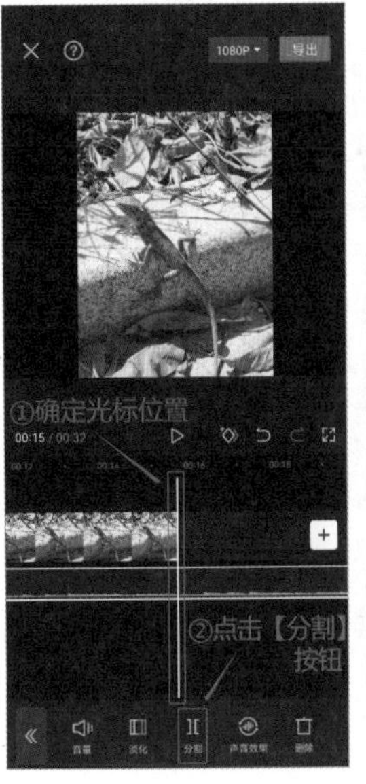

图 5-35

图 5-36

Step05： 选中被分割后的多出时长的音频素材，在音频工具栏中点击【删除】按钮，多出的音频素材就会被删除，如图 5-37、图 5-38 所示。

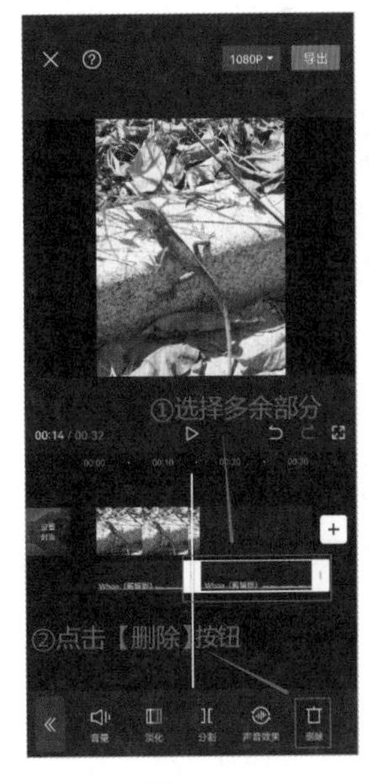

图 5-37

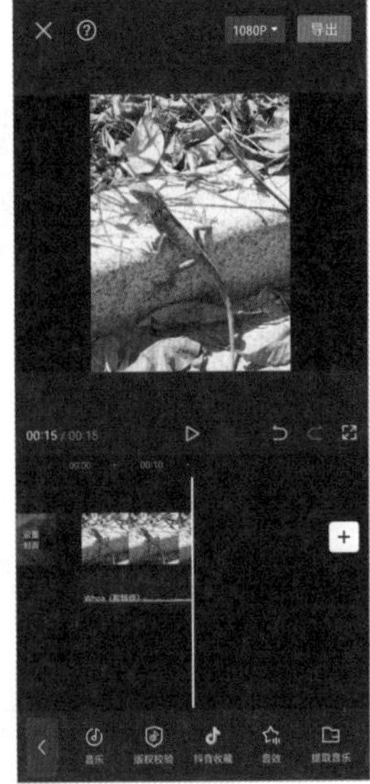

图 5-38

高手点拨

视频时长的长板效应

在剪映APP中，最终导出的视频时长是由视频素材与音频素材的时长共同决定的。具体来说，系统会取两者中最长的时长作为最终视频的时长。

当视频和音频的时长不匹配时，可能会产生两种情况：一是视频素材时长超过音频素材，这会导致在视频播放结束前，背景音乐提前停止，造成画面与音乐的不协调；二是音频素材时长超过视频素材，这种情况下，视频画面播放完毕后，背景音乐仍会继续播放，而在没有画面支持的剩余时间里，屏幕将呈现为黑屏状态。

在编辑音频时，我们需特别注意音频与视频时长的协调，确保画面与音频能够完美同步，呈现最佳的视频作品。

关键技能 050 两个简单方法，轻松做出音频过渡

● 技能说明

在视频剪辑过程中，若视频时长较长或内容风格有所转变，我们可能会需要同时运用多段背景音乐以实现流畅衔接。然而，每段背景音乐的结尾和开头的时长各不相同，这就需要我们精心处理音频素材，确保两段音频之间的过渡自然、和谐，从而营造出更加舒适的观看体验。

● 应用实战

音频过渡就是让前一段音频素材的结尾声音由大变小直至消失，让后一段音频素材的开头声音由小变大直到合适的数值，具体操作步骤如下。

1. 利用剪映App自带的淡化功能

Step01：选中前一段音频素材，在音频工具栏中选择【淡化】功能，如图5-39所示。

Step02：点击【淡化】按钮进入新的弹窗页面。【淡化】功能包含【淡入时长】和【淡出时长】两个属性。【淡入时长】作用于音频开头，【淡出时长】作用于音频结尾，通过拖动相应的滑动按钮，可以改变淡入和淡出的时长，如图5-40所示。

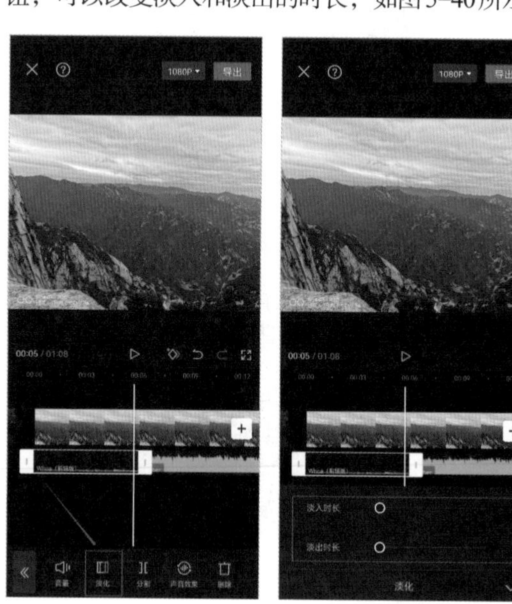

图 5-39　　图 5-40

Step03：要让两个音频素材之间自然过渡，就

需要调整前一段音频素材的【淡出时长】属性，调整后一段音频素材的【淡入时长】属性，将相应属性调到合适的数值，如图5-41、图5-42所示。

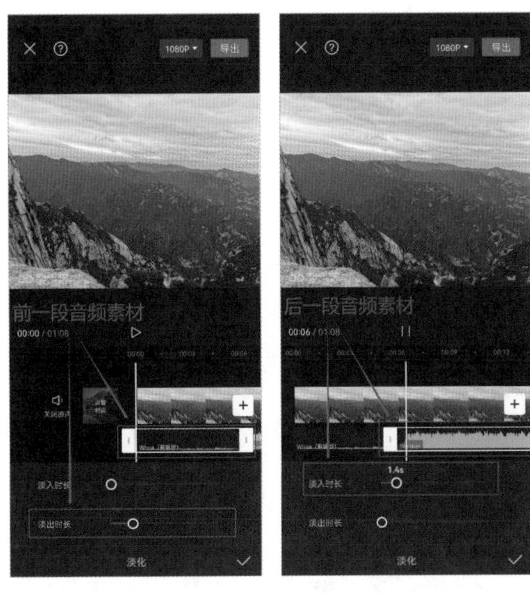

图5-41　　图5-42

2. 利用关键帧让音频自然过渡

Step01： 选中前一段音频素材，在结尾合适的位置打上两个关键帧，如图5-43所示。

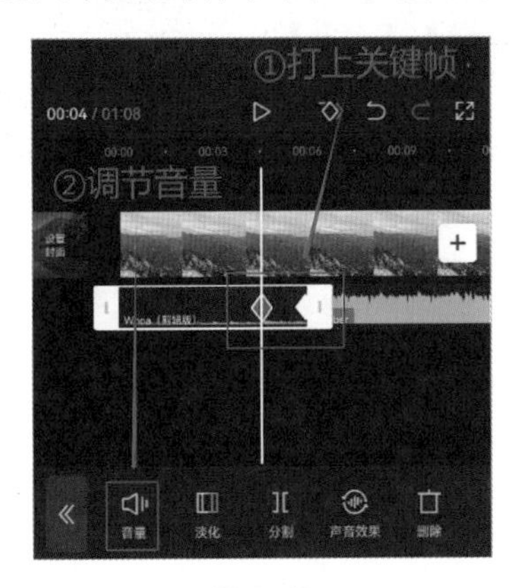

图5-43

Step02： 打好关键帧后就需要改变音频素材的音量属性。第一个关键帧不需要改动，将光标拖至第二个关键帧处，将音量属性调整为0，如图5-44所示。

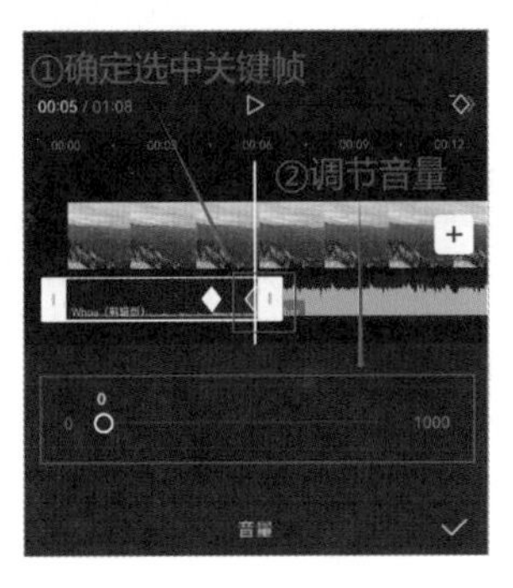

图5-44

Step03： 第二段音频素材处理与第一段音频素材处理相似，在合适的位置打上两个关键帧，其中第二个关键帧不需要调整属性参数，只需要将第一个关键帧的音量属性调整为0即可，如图5-45、图5-46所示。

图5-45　　图5-46

高手点拨

音频过渡须知

有些音频素材在结尾处可能会有一段较长的留白，即没有任何声音，如果不对原音频素材进行分割，淡化过渡的效果就会变差。所以在进行淡化处理前，需要检查音频素材前后的留白时间，如果留白时间过长就需要利用分割将留白时间分割并删除。

关键技能 051 有趣的工具，音频一键变声

● 技能说明

有些时候，我们希望给音频素材增添一些趣味性和搞笑元素，或者是让我们的录音呈现不同的说话风格，这时，我们就可以用剪映 App 中的【变声】功能对音频素材进行处理。

● 应用实战

【变声】功能不仅可以更改音频素材的风格，还可以对所选风格进行细致调节，具体操作步骤如下。

Step01：导入音频素材并选中，在音频工具栏中选择【变声】功能，如图 5-47 所示。

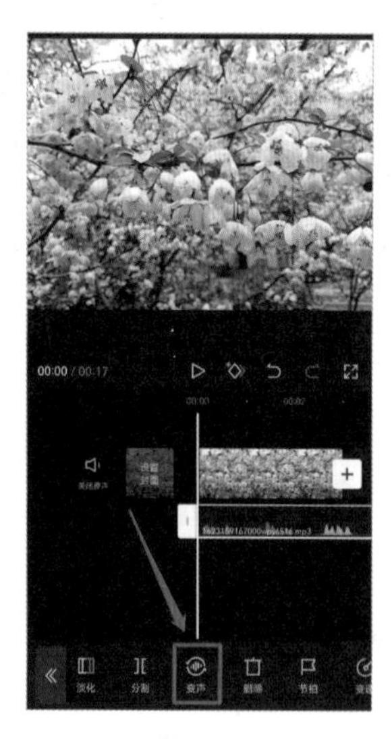

图 5-47

Step02：点击【变声】按钮，打开弹窗，有【基础】【搞笑】【合成器】【复古】四种风格，如图 5-48 所示。

Step03：选择喜欢的风格进行变换即可。所有变声风格都可以通过滑动按钮来改变属性数值，如图 5-49 所示。

图 5-48

图 5-49

高手点拨

变声的用法

虽然【变声】功能可以为音频素材增添趣味和创意，但对于讲解类视频来说，确保吐字清晰是非常有必要的，所以在使用【变声】功能时要尽量保证音频素材的清晰程度。

当然，我们也可以用【变声】功能对某一段音频进行消音处理，这个时候就不需要保证音频素材的清晰程度了。

关键技能 052 音频复古化，变声工具的另一种运用

● 技能说明

我们还可以利用【变声】工具中的【扩音器】【低保真】【黑胶】风格对背景音乐进行复古化处理，将现代化音频风格变得具有复古感。

● 应用实战

若想让背景音乐呈现复古效果，可以通过降低音频质量，或是给音频素材加入一些噪声和咔哒声来实现。具体操作步骤如下。

Step01：导入音频素材并选中，在音频工具栏中选择【变声】功能，并找到其中的【复古】风格，如图 5-50 所示。

图 5-50

Step02：选择【低保真】风格，将音频素材进行低保真处理，这样播放原音频素材时会出现一定程度的失真效果。通过底部的滑动按钮来控制失真的强弱程度，如图 5-51 所示。

Step03：也可以选择【黑胶】风格，将音频素材进行黑胶风格处理，这样播放原音频素材时会出现一定的噪声，并且音频整体变为低音，听起来比较沉闷。通过底部的滑动按钮来控制低音的强弱程度及噪点的多少，如图 5-52 所示。

图 5-51

图 5-52

高手点拨

复古分类中的【扩音器】功能

【扩音器】功能更偏向于改善音频的效果，可以用于增强音频的音量和音质，从而使音频素材变得清晰、明亮。

在剪辑过程中，如果遇到了音频音质不理想，或者音量过小、声音模糊的情况，就可以用【扩音器】功能进行处理，以获得更好的听觉体验。

关键技能 053 精准调节速度，声音的变速与变调

● 技能说明

视频可以进行变速调节，同样地，音频素材也可以。在剪映App中，可以对音频素材单独进行可量化变速，通过数值进行精准调控，并且可以自由选择音频是否变调。

● 应用实战

音频【变速】功能应用广泛，不仅可以用于修改音频的长度，还可以通过变速来调整音高，具体操作步骤如下。

Step01： 导入音频素材并选中，在音频工具栏中选择【变速】功能，如图5-53所示。

Step02： 点击【变速】按钮，进入新的弹窗页面，然后调整音频的速度，如图5-54所示。

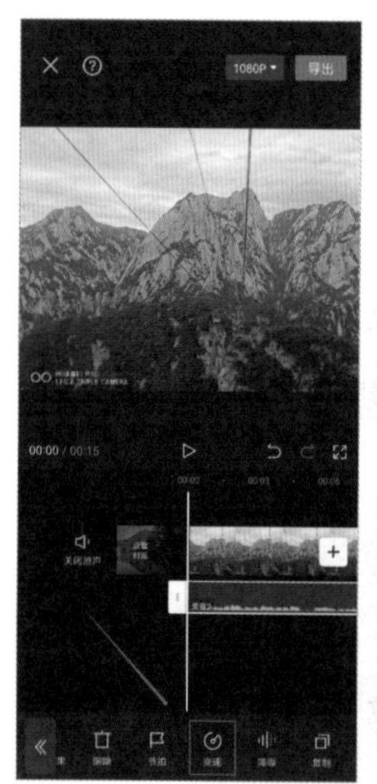

图 5-53

图 5-54

Step03： 通过拖动底部的滑动按钮，可以改变音频的播放速率，数值范围是0.1x ~ 100x。

随着音频播放速率的改变，音高也会改变，加快速度会使音调升高，放慢速度会使音调降低。我们可以通过勾选弹窗左下角的【声音变调】选项来确定是否改变音频的音调，如图 5-55、图 5-56 所示。

图 5-55

图 5-56

关键技能 054 设置音频踩点，卡点视频的核心

● 技能说明

在视频平台上，我们经常能欣赏到他人精心制作的高燃混剪或卡点剪辑作品。这类视频之所以能够如此吸引人，其中一个关键要素是它们能够根据背景音乐的鼓点节奏来切换画面，实现完美的卡点效果。为了达到这样的效果，需要选择适合的背景音乐，在正式剪辑视频之前，我们还需要先对背景音乐的鼓点进行标记，以便后续能够轻松进行卡点剪辑。剪映 App 不仅提供了给音频打上标记的功能，还支持一键卡点操作，大大节省了我们在剪辑准备阶段的时间。

● 应用实战

音频踩点是制作卡点视频的核心基础，通过精准把握节奏点，能够带给观众极强的节奏感，使他们迅速融入视频的氛围中。这种精确的踩点处理不仅提升了视频的观赏性，更使观众的听觉体验得到质的飞跃，为他们带来前所未有的沉浸感。具体操作步骤如下。

Step01： 导入音频素材并选中，在音频工具栏中选择【节拍】功能，如图 5-57 所示。

Step02： 点击【节拍】按钮，进入新的弹窗页面，可以选择【手动踩点】或【自动踩点】，如图5-58所示。

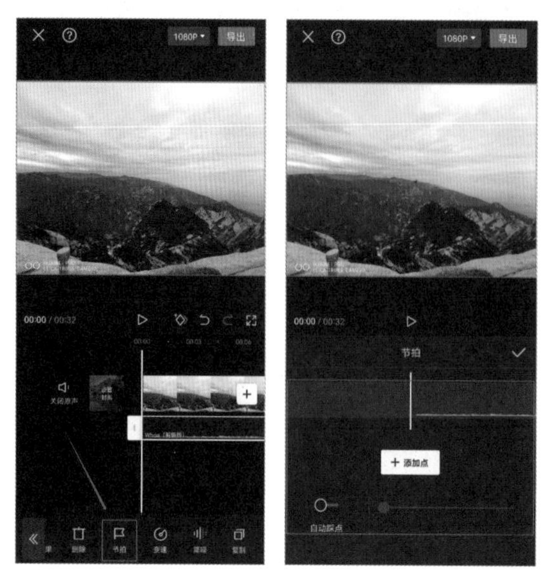

图5-57　　图5-58

Step03： 如果需要手动踩点，则需要先将光标拖至音频鼓点处或重音处，然后点击【添加点】按钮，可以在光标处添加标记点，如图5-59、图5-60所示。

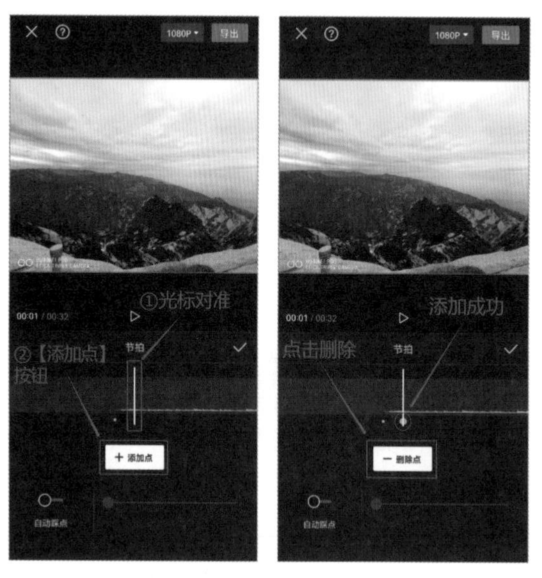

图5-59　　图5-60

Step04： 如果需要自动踩点，则在弹窗左下角选择【自动踩点】功能，等待加载完成即可，如图5-61所示。

图5-61

【自动踩点】功能提供了不同的踩点方案，这些方案的区别在于对节奏快慢的选择。根据不同的选择，踩出的节奏点疏密程度会有所不同。疏密的节奏点能够营造出不同的视觉效果和听觉感受，可以根据个人需求和视频风格来选择合适的踩点方案，以达到最佳的剪辑效果，如图5-62、图5-63所示。

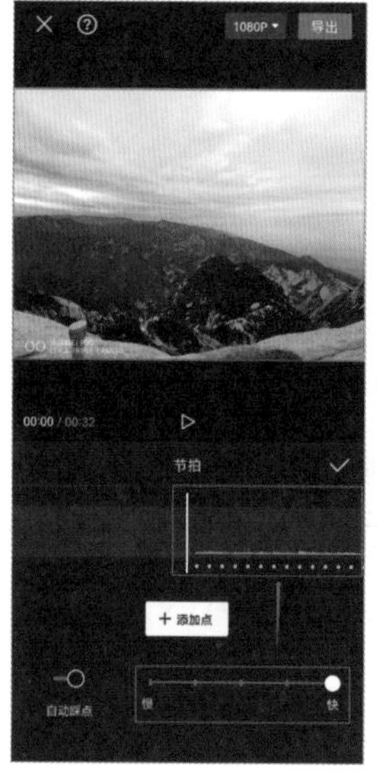

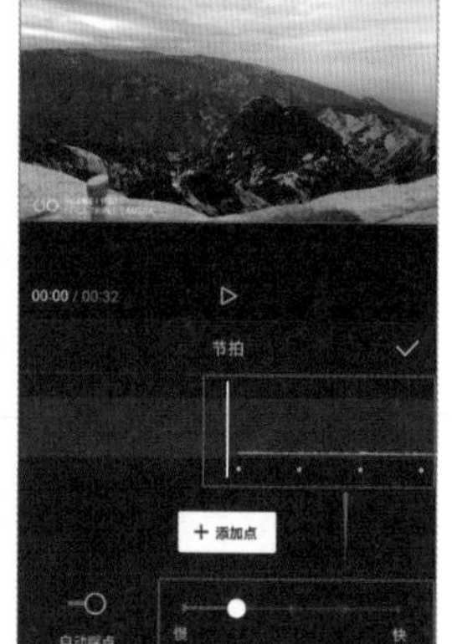

图5-62　　图5-63

高手点拨

卡点视频的精髓

（1）音乐的选择：卡点视频中的音乐非常关键，它可以提高整体的画面质量和节奏感，所以在剪辑前就需要考虑音乐与画面的契合度。

（2）视频剪辑：卡点视频对视频素材的节奏感和画面跳跃感有一定的要求，我们在剪辑时不仅要考虑节奏感，也要考虑画面的流畅度和整体的连贯性。

（3）情感表达：视频的核心是抒发个人内心的情感，通过画面和音乐传达我们的想法和感受。在卡点视频中，我们要善于利用音乐、画面等素材的组合，通过有节奏感的视频，展现剪辑师强烈的情感，使观众能够产生共鸣，感受到视频传递的情感力量。

关键技能 055　快速复制音频，音频重组的基础

● 技能说明

在剪辑一段长视频时，可能需要多次利用同一个音效素材，而每次都去寻找和添加音效素材就太浪费时间了。剪映App自带音频复制功能，可以快速复制音效素材，提高剪辑效率。

● 应用实战

复制音频素材，其操作方法与复制视频类似，先将需要多次用到的素材进行复制，再将其放到正确的时间轴位置即可。音频重组则是复制一段音频素材后，将两段素材的头和尾进行剪辑，使其达到连续播放的效果，具体操作步骤如下。

Step01： 导入音频素材并选中，在音频工具栏中选择【复制】功能，如图5-64所示。

图 5-64

Step02： 点击【复制】按钮，就会在原音频素材后边生成原音频的复制品，如图 5-65 所示。

Step03： 长按并拖动复制的音频素材可以改变顺序和在时间轴上的位置，同时，也可以正常地进行音频处理，如图 5-66 所示。

图 5-65

图 5-66

Step04： 按照音频重组的思路，我们需要找到两段素材头尾之间的相似部分，比如相似的旋律、相似的歌词等，如图 5-67 所示。

最后，将两段素材拼接到一起，拼接后需要试听，尽量做到过渡流畅、无瑕疵，如图 5-68 所示。

图 5-67

图 5-68

第6章 文字和贴纸应用的9个关键技能

无论是在电影、电视剧还是在短视频中，字幕都是不可或缺的元素。特别是在我们自己拍摄的视频中，常常会遇到录制声音小、环境嘈杂等，导致观众的听觉体验变得糟糕，这时，除了对音频进行降噪处理，添加字幕也是非常有必要的，它能通过视觉的方式让观众获取当前视频的信息，弥补听觉上的不足。除了字幕，综艺类的节目还会特意在画面中添加关键信息的文本、文本框及一些灵动的贴纸，从而达到丰富画面效果、提高观看体验的目的。本章知识点框架如图6-1所示。

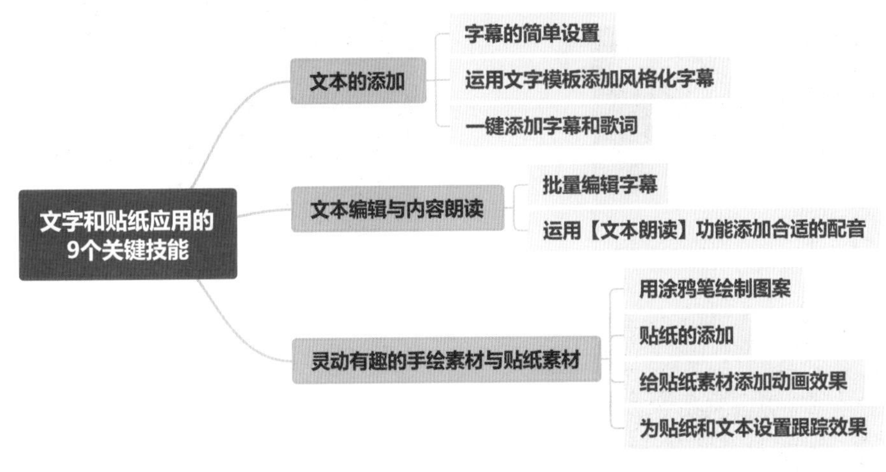

图6-1

关键技能 056 字体、颜色和样式，字幕的简单设置

● 技能说明

在添加字幕时，我们需要考虑字幕的字体、颜色及样式。在不同的情况下，字幕的样式也会有所改变。

● 应用实战

添加字幕其实就是添加文本，在确定添加的文本内容后，需要对文本的位置、样式等属性进行调整。具体操作步骤如下。

Step01：进入视频剪辑页面，点击工具栏中的【文字】按钮，如图6-2所示。

图 6-2

Step02：点击文字工具栏中的【新建文本】按钮，在输入框中输入文本内容即可，如图6-3、图6-4所示。

图 6-3

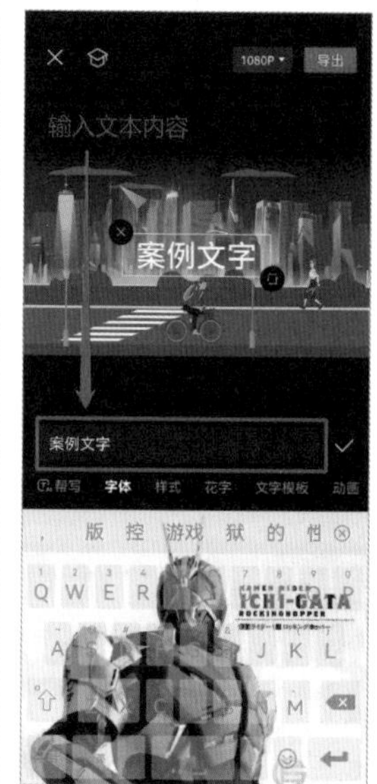

图 6-4

Step03：输入文本后，可以选择输入框下面的【字体】【样式】【花字】等选项对文本进行修改，如图6-5所示。

在【字体】选项中可以修改文本的字体，如果视频需要商用，则要注意字体的版权问题，如图6-6所示。

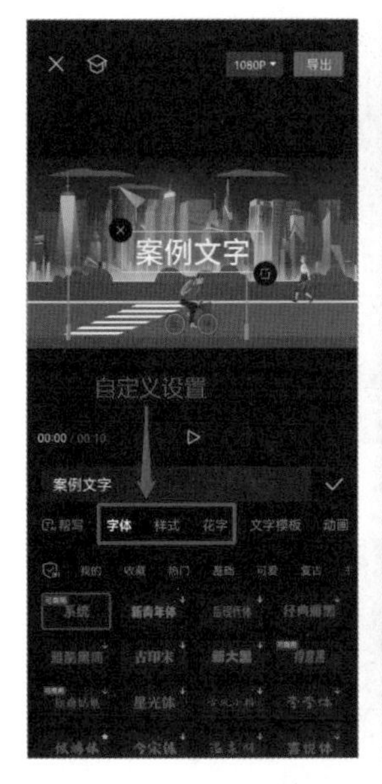

图 6-5

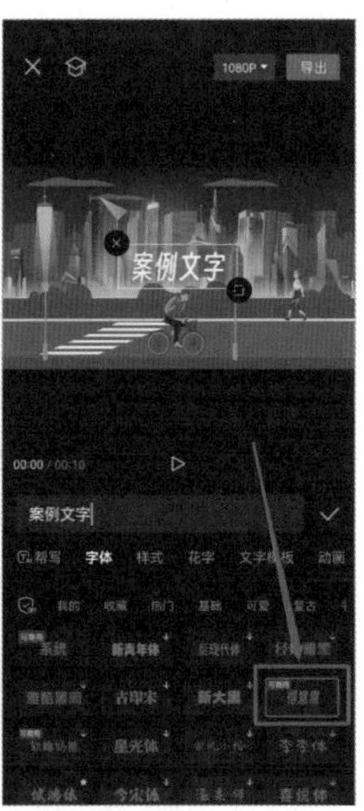

图 6-6

在【样式】选项中可以修改文本的颜色、字号和不透明度，也可以给字体添加描边、阴影等效果，如图6-7所示。

在【花字】选项中可以直接选择修改好的文本样式，根据个人喜好选择分类及效果即可，如图6-8所示。

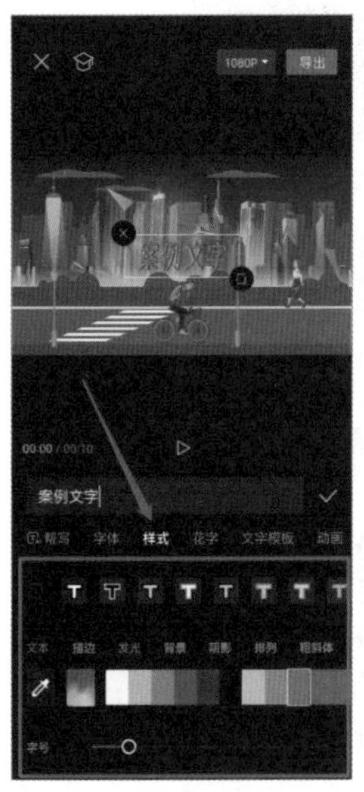

图 6-7

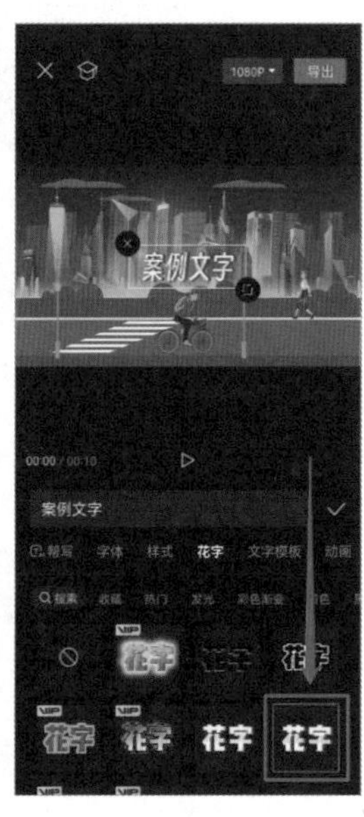

图 6-8

设置后，点击【对勾】按钮确定，添加修改后的文本即可，如图6-9所示。

Step04：选中对应文本后，预览区中的文本会在周围显示四个按钮，分别是【删除】【文本修改】【复制】【旋转】按钮，如图6-10所示。

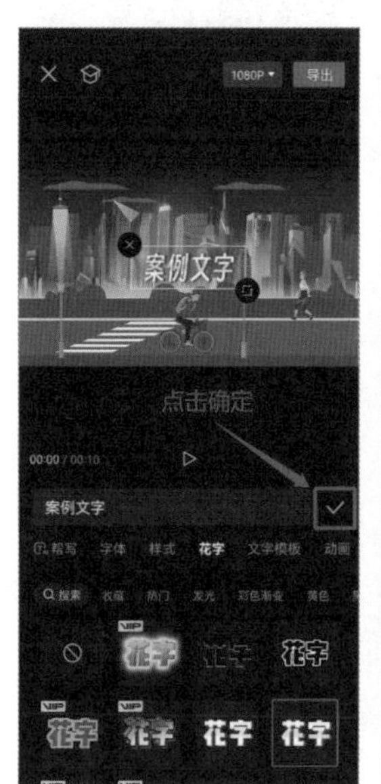

图 6-9

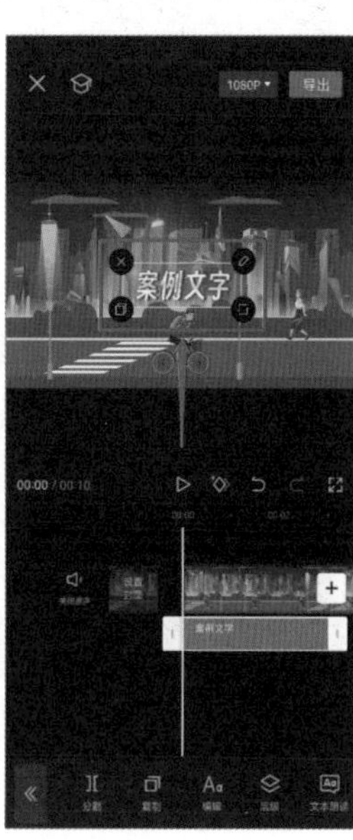

图 6-10

点击【删除】按钮会将选中的文本删除，如图6-11、图6-12所示。

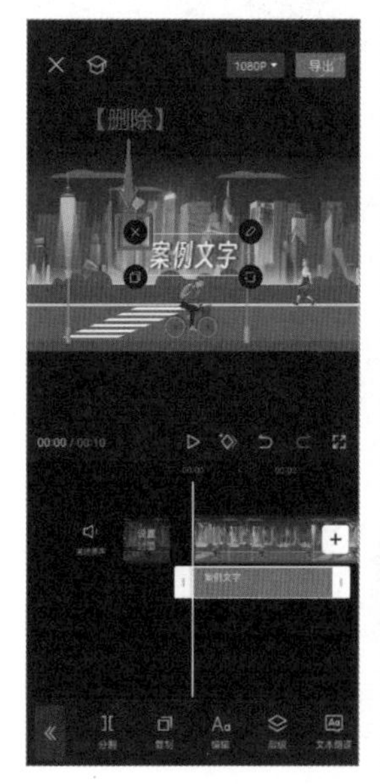

图 6-11

图 6-12

点击【复制】按钮会在选中文本的时间轴

下方再创建一个与选中文本相同的复制件，如图6-13、图6-14所示。

图6-13

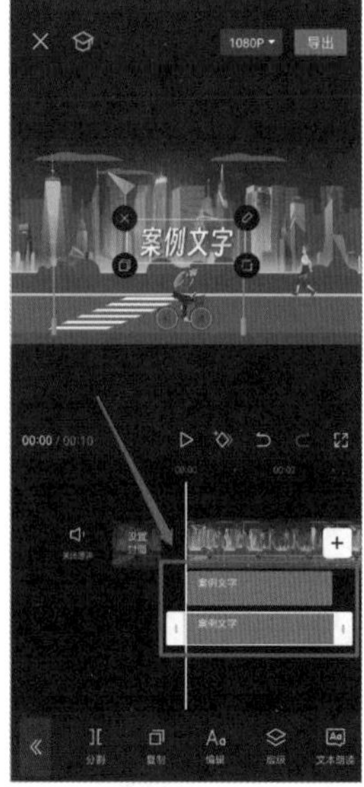

图6-14

点击【文本修改】按钮可以回到文本编辑弹窗，对文本的字体和样式等属性进行修改，如图6-15、图6-16所示。

图6-15

图6-16

长按【旋转】按钮可以对文本进行旋转，如图6-17、图6-18所示。

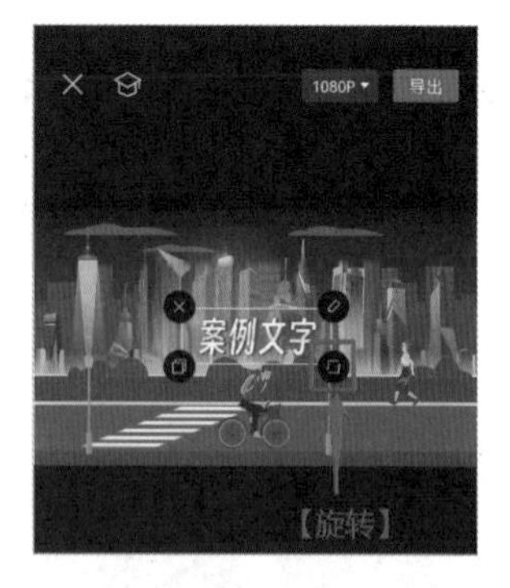

图6-17

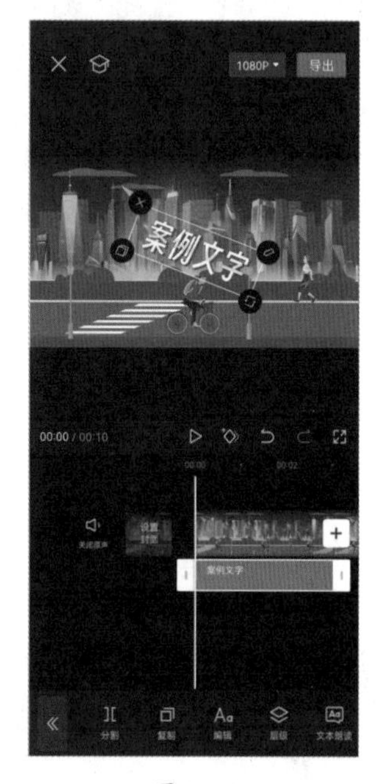

图6-18

高手点拨

添加字幕的技巧

添加字幕时需要注意文本颜色与背景颜色的搭配，如果两者颜色相近，那么文本内容就会变得模糊不清。

在这种情况下，有两种直接修改的方法：第一种是直接更改文字的颜色，让文字颜色与背景颜色有所不同。如果要求文字颜色始终保持同一种颜色，那么就可以用第二种方法，即在原来的文字上添加一层描边效果，让文字与背景中间有不同的颜色进行分隔，强化文字的可视性。

关键技能 057 运用文字模板，添加各种风格化字幕

● 技能说明

我们可以手动设置文本的样式，也可以通过【文字模板】来添加文字。这些文字模板不仅包含预设的文本内容，还配备了精心设计的特殊动画效果。我们在合适的时机选用这些模板，不仅能迅速完成文本的添加与修改，还能为文字增添丰富的动态效果，使其更加引人入胜，给观众带来眼前一亮的视觉体验。

● 应用实战

相比于字幕的添加，【文字模板】更适合强调视频当前的关键信息，或者单纯丰富文字动效，提高视频观赏性和趣味性，具体操作步骤如下。

Step01： 进入视频剪辑页面，点击工具栏中的【文字】按钮，在文字工具栏中选择【文字模板】功能，如图6-19所示。

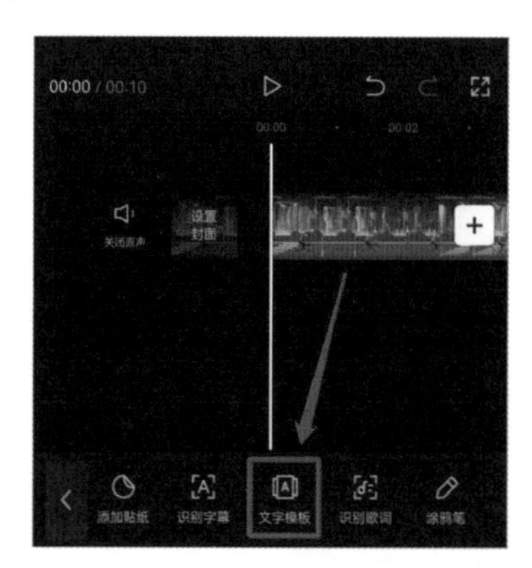

图 6-19

Step02： 点击【文字模板】按钮并打开新的弹窗，可以根据个人喜好和具体需求，在弹窗中寻找对应的分类并确定合适的模板，如图6-20、图6-21所示。

图 6-20

图 6-21

Step03： 选择对应的模板后，点击模板中对应的文本框，可以对选中文本框内的文本内容进行修改，如图6-22、图6-23所示。

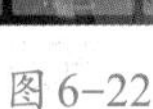

图 6-22

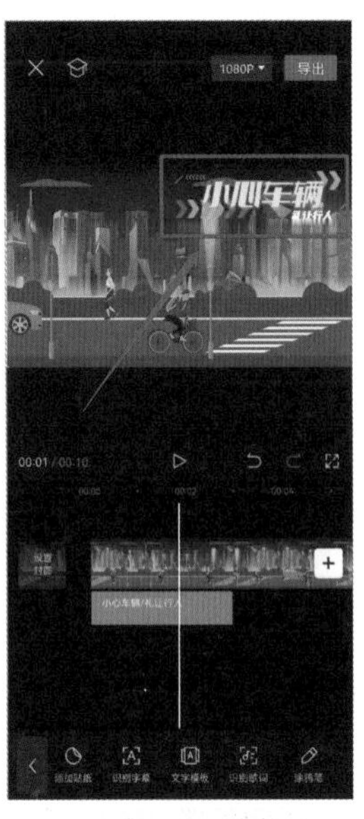

图 6-23

高手点拨

【文字模板】功能须知

（1）【文字模板】功能中的很多文本内容不是在一个文本框内的，修改模板前需要确定文本框的数量及对应的内容，再对文本内容进行修改。

（2）模板内的文字也是可以进行字体和样式的设计，在输入框中更改好文本内容后，可以直接在弹窗内选择【字体】【样式】功能，根据自己的喜好进行设置。

关键技能 058 一键添加字幕和歌词，轻松解放双手

● 技能说明

在剪辑视频时，我们经常会遇到视频时长较长且需要全程添加字幕的情况。此时，如果逐条添加并设置会很麻烦，工作效率也非常低。剪映App提供了一键添加字幕和歌词的功能，可以根据录音、视频及音乐进行识别并快速生成字幕，大大节省了添加字幕的时间。

● 应用实战

一键添加字幕和歌词的功能不仅应用广泛，而且很便捷。在添加成功后，我们仍然需要检查，确保每条字幕对应相关视频内容，具体操作步骤如下。

1. 一键添加字幕

Step01： 进入视频剪辑页面，点击工具栏中的【文字】按钮；在文字工具栏中选择【识别字幕】功能，如图6-24所示。

Step02： 在进行字幕识别之前，需要先进行设置。在【识别类型】设置中，如果有录音音频，可以选择【全部】功能对字幕进行提取；如果只需要提取视频内的字幕，选择【仅视频】即可，如图6-25所示。

图 6-24

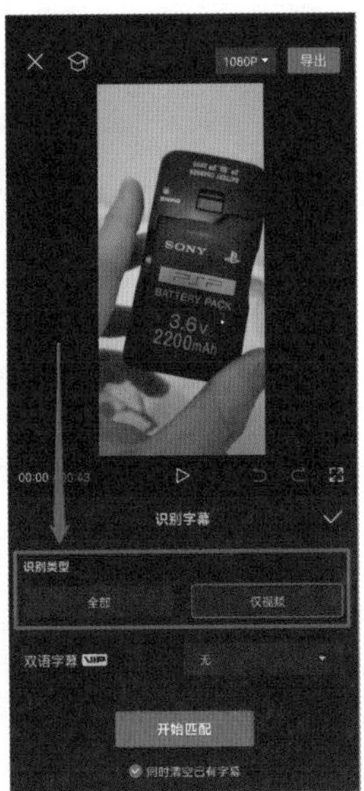

图 6-25

在【双语字幕】设置中，如果没有选择特定选项，则默认只生成中文字幕；也可以在该功能中选择【中英】【中日】等选项，生成双语字幕，如图6-26、图6-27所示。

图 6-26

图 6-27

如果原先有字幕，也可以先勾选【同时清空已有字幕】选项，省去清除原有字幕的时间，然后点击【开始匹配】按钮即可，如图6-28、图6-29所示。

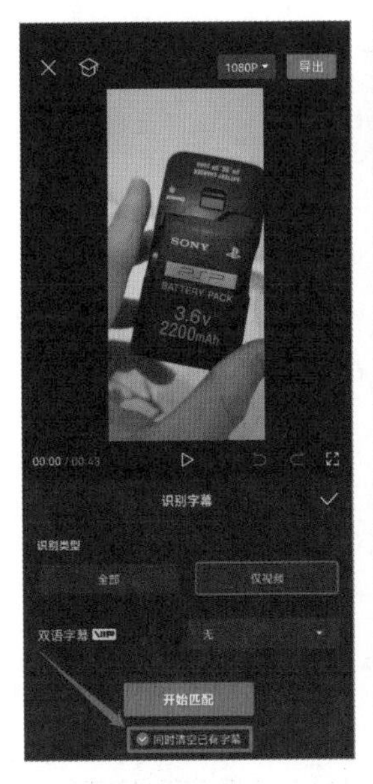

图 6-28

图 6-29

2. 一键添加歌词

Step01:【识别歌词】功能的使用也是同样的过程。确保时间轴上已经添加了音乐素材后，打开文字工具栏，点击【识别歌词】按钮，如图6-30所示。

图 6-30

Step02：根据个人情况确定是否要清空已有歌词，然后点击【开始匹配】按钮，即可完成对歌词字幕的添加，需要注意该功能目前仅支持国语歌曲，如图6-31、图6-32所示。

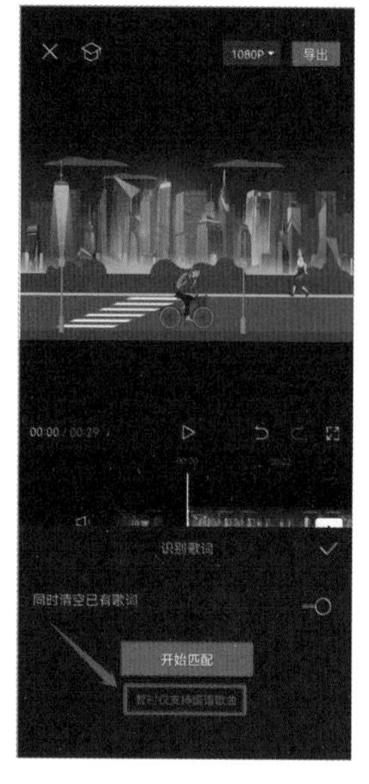

图6-31

图6-32

高手点拨

一键添加的准确性问题

尽管【识别字幕】和【识别歌词】功能高效便捷，但在添加之后，我们仍然需要进行人为的校对和调整。有时视频、音频质量可能不尽如人意，识别过程中难免会出现错误或遗漏。因此，我们不仅需要调整字幕和歌词的位置，还需要逐条检查添加的字幕和歌词，确保将其中的错字、漏字进行更正。只有经过这样的精细处理，我们才能确保视频内容的准确性和完整性，进而顺利导出视频。

关键技能 059 运用批量编辑，高效编辑多个字幕

● 技能说明

面对多条字幕需要处理时，如果是对文本内容进行修改，我们需要先找到对应字幕的位置，再进行编辑。如果是更改字幕的字体和样式，则可以用剪映App中的【批量编辑】功能，只需要更改一条字幕的样式，其他字幕便会自动跟随变动，这样能大大节省工作时间。

● 应用实战

【批量编辑】功能不仅可以对字幕进行批量处理，还支持快速更改字幕、删除字幕及对应视频内容等功能。具体操作步骤如下。

Step01：在添加了字幕的基础上，选中其中一条字幕，在字幕工具栏中选择【批量编辑】功能，如图6-33所示。

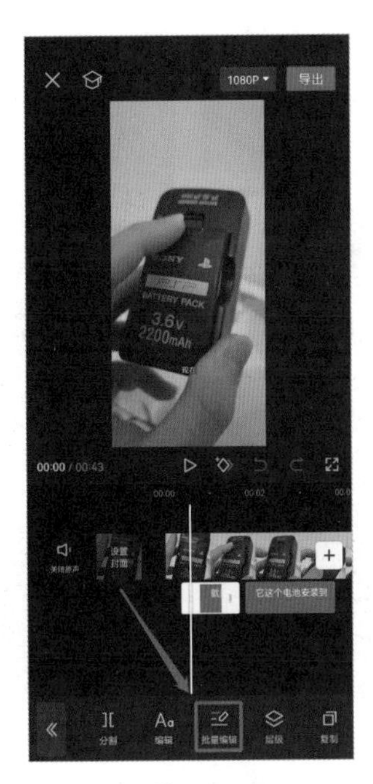

图 6-33

Step02：点击【批量编辑】按钮，打开新的弹窗。在弹窗中，我们可以直接对其中一条字幕的文本内容进行更改，如图6-34、图6-35所示。

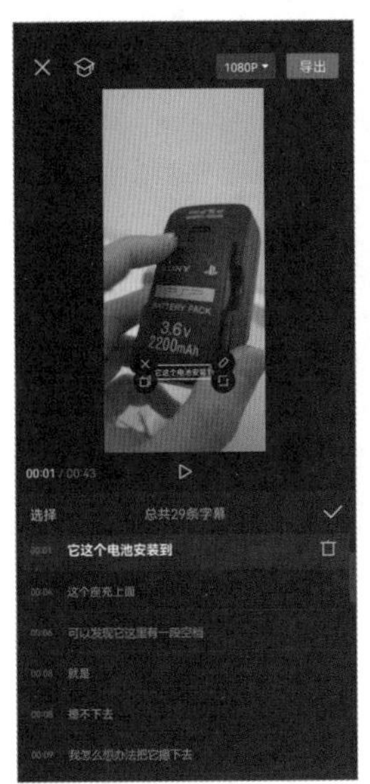

图 6-34

图 6-35

Step03：更改完文本内容后，我们可以点击右下角的【Aa】按钮，进入文字修改界面，如图6-36所示。

图 6-36

文字修改界面有【字体】【样式】等选项。在【批量编辑】功能中，文字修改界面多了一个【应用到所有字幕】选项。如果勾选了这个选项，则在当前字幕所进行的改动都会应用在其他字幕中；如果不勾选这个选项，则修改只针对当前选择的字幕。我们可以根据个人需求自行选择使用该功能，如图6-37、图6-38所示。

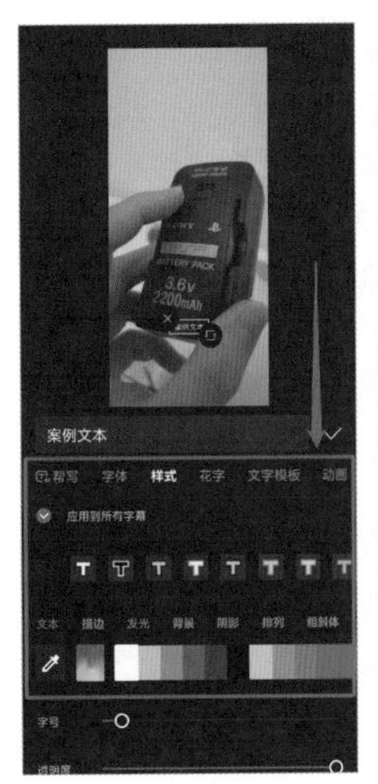

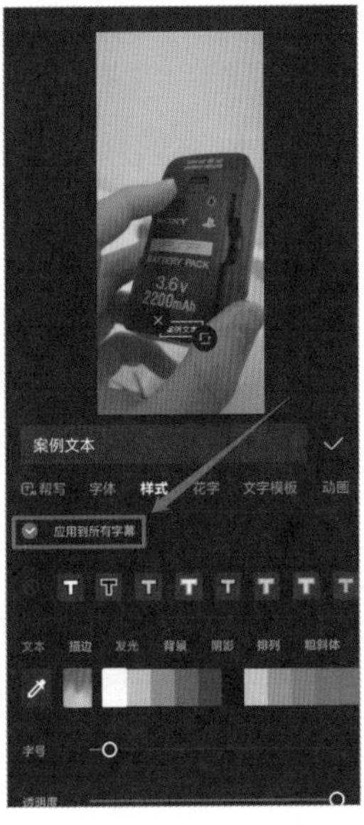

图 6-37　　图 6-38

Step04：【批量编辑】功能也支持删除字幕。在弹窗中，只需要点击对应字幕后的垃圾桶标志就可以将字幕删除，如图6-39所示。

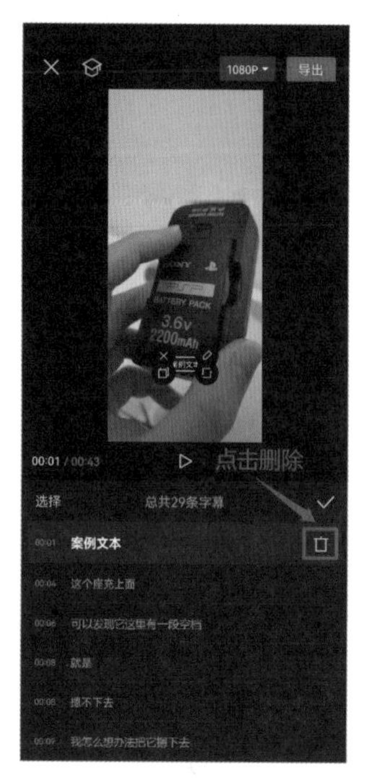

图 6-39

同时，我们可以选择【同时删除视频】或【仅删除字幕】。如果选择【同时删除视频】，则会删除那一条字幕所囊括的时间段的视频，视频被删除后，前一段和后一段视频会自动进行衔接；如果选择【仅删除字幕】，则会只删除该条字幕，不会影响视频，如图 6-40、图 6-41 所示。

图 6-40　　图 6-41

高手点拨

批量编辑字幕的用法思路

【批量编辑】功能并不仅仅适用于字幕需求量大的视频。实际上，无论字幕数量多少，只需要保持文本的统一性，【批量编辑】都是一个高效且实用的选择。在利用【识别字幕】功能后，我们可以先清除不需要的字幕，留下关键部分，然后再通过【批量编辑】对留下的字幕进行统一或分开修改。

关键技能 060 运用文本朗读，为视频添加合适的配音

● 技能说明

有些视频在后期制作阶段需要进行配音，对于专业的自媒体团队来说，这通常交由专门的配音员来完成。然而，对于个人剪辑者来说，往往需要自己配音，这无疑会耗费一定的时间和精力。尤其是在身体状况不佳、发声受影响

的情况下，视频的制作进度可能会因此搁置。剪映App提供了【文本朗读】功能，为用户提供了多种声线选择，减轻了个人配音的负担，让视频制作更加便捷、高效。

● 应用实战

【文本朗读】功能是在添加的文本的基础上进行使用的，可以选择多种声线并进行自定义设置。具体操作步骤如下。

Step01：在时间轴上添加一个新的文本，选中该文本并在文字工具栏中选择【文本朗读】功能，如图6-42所示。

图 6-42

Step02：点击【文本朗读】按钮，进入新的弹窗页面，可以根据个人喜好及具体需求来选择合适的分类和配音声线，如图6-43、图6-44所示。

图 6-43　　图 6-44

Step03：选择声线后，再点击一次进入编辑页面，通过滑动按钮对该声线的语速进行调整，如图6-45、图6-46所示。

图 6-45　　图 6-46

Step04：做完最终的调整后，点击【应用到全部文本】按钮，将设置好的声线应用到时间轴上的各个文本中，如图6-47所示。

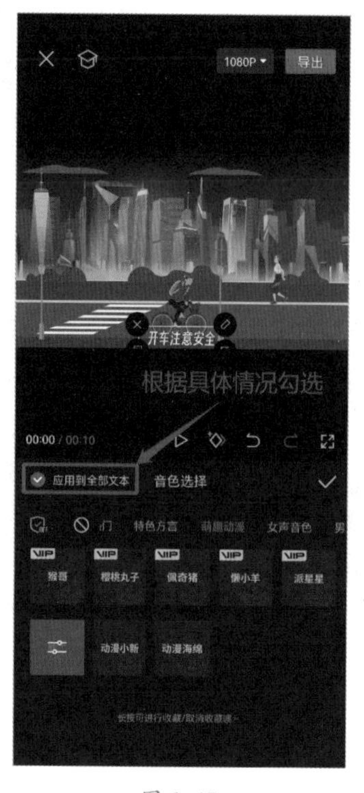

图 6-47

高手点拨

正确使用【文本朗读】功能

虽然【文本朗读】可以代替个人进行配音，但也要注意听觉疲劳的问题。特别是在长视频中，如果较长时间段内都用【文本朗读】功能中的配音，其不变的声线和没有起伏的情感可能会让观众心生反感。

【文本朗读】功能适合在短视频中使用，比如教程类视频。在这种场景下，以视频为主，朗读为辅，讲解重要的部分即可。这样既能解决配音问题，也不会因为时间过长引起观众反感。

关键技能 061 运用涂鸦笔，在画面上尽情绘画

● 技能说明

在剪映App中，我们不仅可以添加花字或文字模板对视频画面效果进行丰富，还可以使用【涂鸦笔】功能，在画面上直接创作，画出自己想要的画面，将自己的想法通过视频画面展现给观众。

● 应用实战

【涂鸦笔】功能提供了多种笔刷类型，可以调节大小及不透明度，设置好即可开始绘画。具体操作步骤如下。

Step01：打开文字工具栏，选择【涂鸦笔】功能，如图6-48所示。

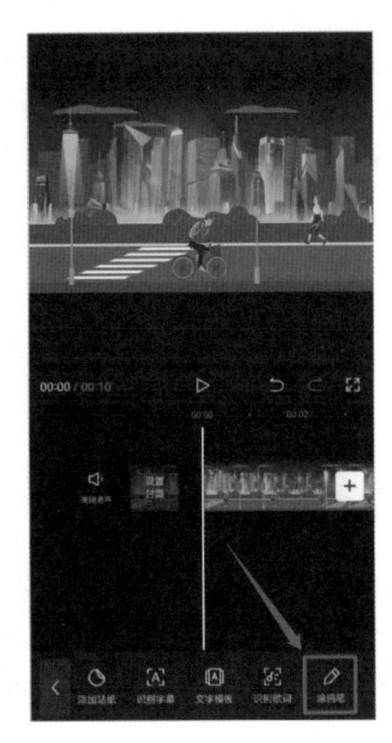

图 6-48

Step02: 点击【涂鸦笔】按钮，进入新的弹窗，在新的弹窗中有【基础笔】与【素材笔】选项，如图 6-49 所示。

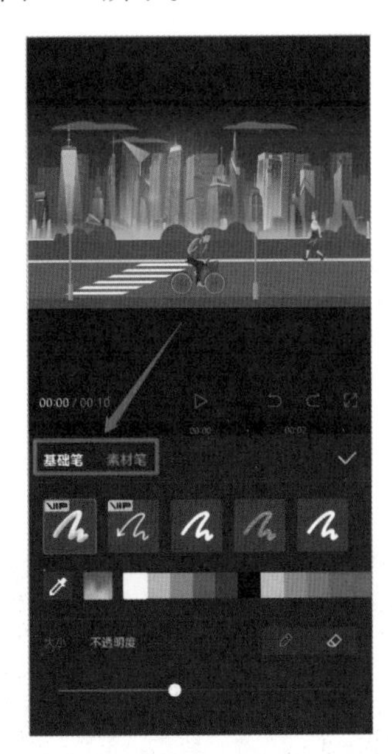

图 6-49

Step03:【基础笔】内含较为经典的笔刷类型，选中笔刷类型后，可以在弹窗中调整其颜色、大小与不透明度数值。调整完毕，用手指直接在预览区拖动即可完成绘画，如图 6-50、图 6-51 所示。

图 6-50　　图 6-51

Step04:【素材笔】内含较为新潮的笔刷类型。与普通的白线不同，【素材笔】中的笔刷一般由特定的元素组成，其包含的笔刷类型都不可更改颜色，只能更改其大小和不透明度数值。调整完毕，用手指直接在预览区拖动即可完成绘画，如图 6-52、图 6-53 所示。

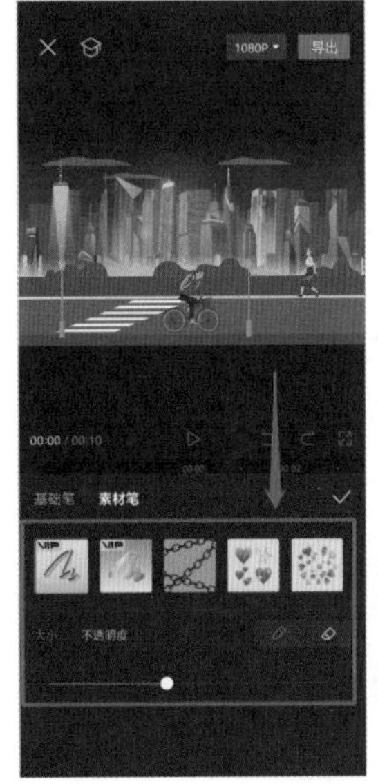

图 6-52　　图 6-53

在【基础笔】和【素材笔】的弹窗中，可以选择【画笔】模式和【橡皮擦】模式。【画笔】模式就是我们正常的使用【涂鸦笔】功能；而【橡皮擦】模式可以将我们在画面上已经完成的绘画进行擦除，如图6–54、图6–55所示。

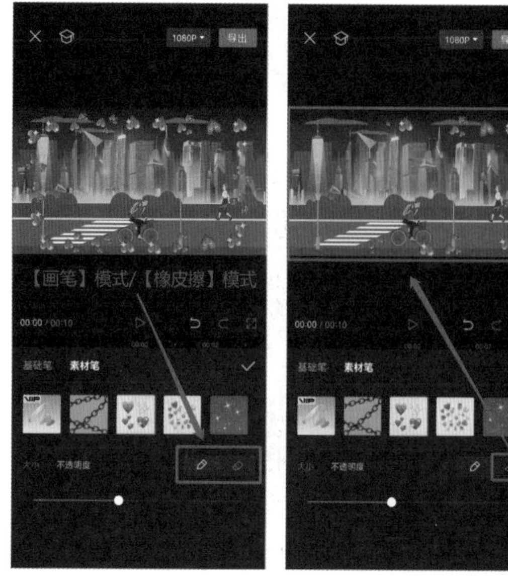

图 6–54　　图 6–55

关键技能 062 贴上贴纸，让视频画面不单调

● 技能说明

如果觉得【涂鸦笔】功能比较麻烦，不想花时间绘制，那么剪映App中的【添加贴纸】功能也是个不错的选择。在剪辑视频时，我们可以在某段画面中添加一定量的贴纸，让画面更充实。

● 应用实战

剪映App自带丰富的贴纸素材库，收纳了表情包、GIF动图在内的多种素材。当我们使用贴纸时，不仅可以按照类型进行搜索，还可以自行搜索想要的贴纸，具体操作步骤如下。

Step01: 打开文字工具栏，选择【添加贴纸】功能，即可进入新的弹窗页面，如图6–56、图6–57所示。

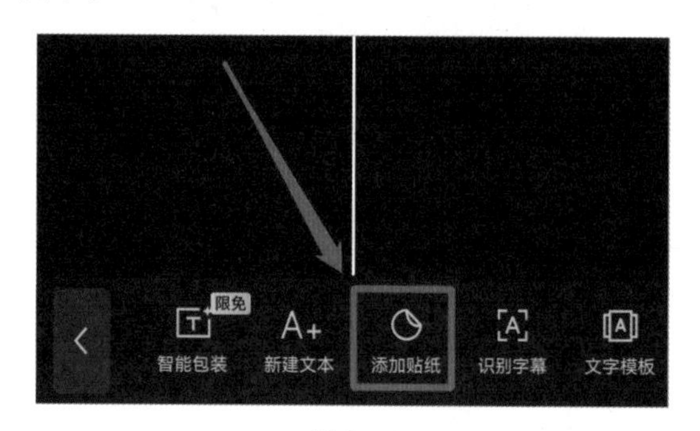

图 6–56

图 6-57

Step02： 在贴纸素材库中，可以按照分类搜索贴纸，也可以使用弹窗上方的搜索框搜索关键词，如图 6-58、图 6-59 所示。

图 6-58

图 6-59

Step03： 找到自己喜欢或需要的贴纸，直接点击即可添加在时间轴并显示在预览区中，如图 6-60 所示。

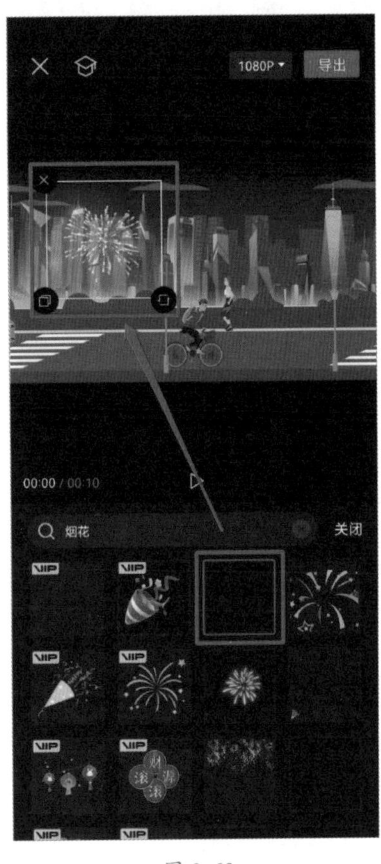

图 6-60

添加贴纸后，也可以直接点击预览区中新增的贴纸，对其进行删除、复制、旋转和改变位置等操作。

高手点拨

对贴纸使用的把控

无论是贴纸还是涂鸦笔，都是丰富画面内容的方法，在剪辑的过程中需要注意，不能因为太在意画面的效果，过度填充画面，这样会喧宾夺主。

正确的做法是以视频为主，贴纸和涂鸦笔为辅，充实画面的同时占比也不会太大，起到衬托、补充和强调的作用。

关键技能 063 给贴纸添加动画效果，灵动自然不突兀

● 技能说明

在视频的播放过程中，如果贴纸突然一瞬间出现，观看者会不会觉得很突兀呢？为了避免这种情况，我们可以给视频添加一点动画效果，让贴纸的动效看起来自然且生动。

● 应用实战

与视频素材一样，贴纸素材也可以添加动画效果，以此来实现平缓的过渡和动态效果。具体操作步骤如下。

Step01： 选中添加的贴纸，在贴纸工具栏中选择【动画】功能，或者在预览区中点击该贴纸选择范围右上角的标志，即可进入动画添加的弹窗中，如图6-61所示。

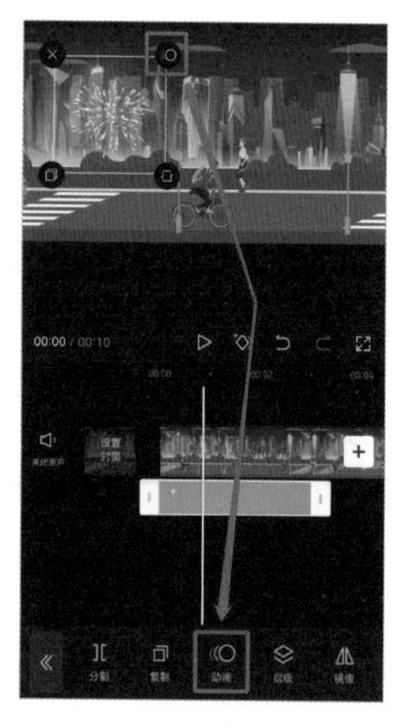

图6-61

Step02： 在弹窗中，我们可以选择为贴纸添加【入场动画】【出场动画】【循环动画】，如图6-62所示。

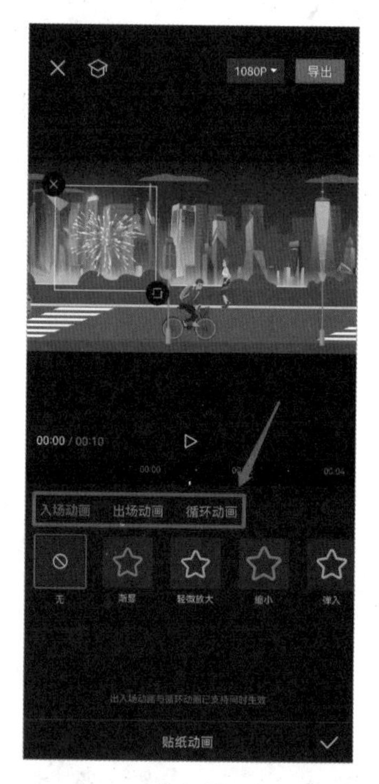

图6-62

Step03： 根据个人的喜好和具体需求，选择入场动画和出场动画后，可以在下方的时间条中调整入场动画与出场动画的时长，如图6-63所示。

Step04： 在确定入场动画和出场动画后，也可以同步添加循环动画，即贴纸将重复运行选定的动画效果。选择相应的效果后，可以用下

方的滑动按钮来调整动画播放速度，如图6-64所示。

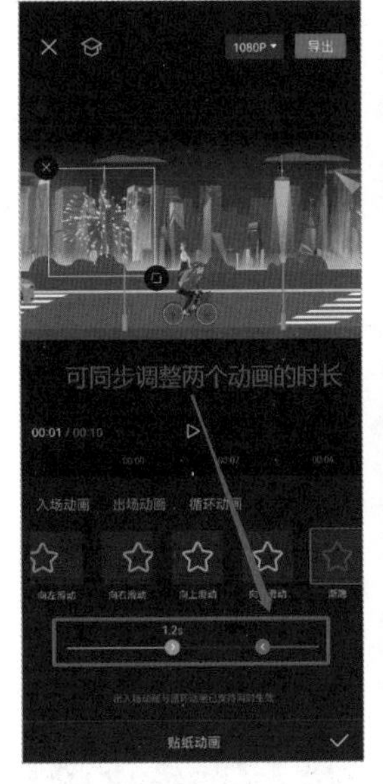

图6-63

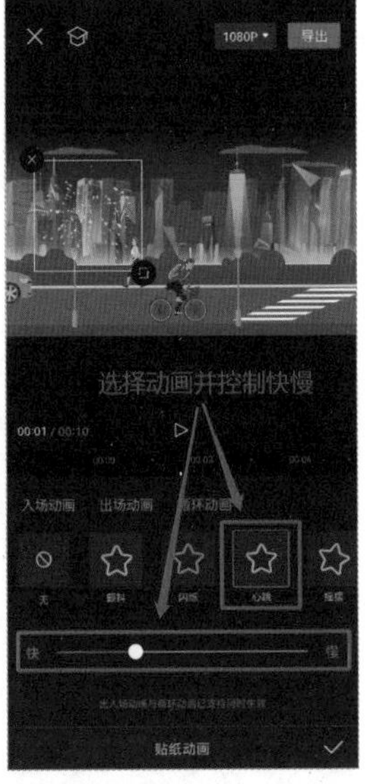

图6-64

高手点拨

动画效果须知

（1）【入场动画】和【出场动画】效果共用同一时间条，该时间条的长度为贴纸素材在时间轴的持续时间。在设置入场动画和出场动画前，要记得把握好贴纸素材的时长。

（2）一般本身带有动画效果的贴纸不建议再添加循环动画，两种动画可能会产生冲突，影响观感。

关键技能 064 设置跟踪效果，简单高效跟随目标

● 技能说明

有时候，我们希望贴纸和文字跟着画面物体的运动而运动，为此逐个去打位置的关键帧确实是一个不错的主意，但是如果持续时间长，这个方法就太烦琐了。剪映App为文本和贴纸都添加了【跟踪】功能，只需要确定跟踪主体就能进行跟踪，大大节省了剪辑的时间。

● 应用实战

【跟踪】功能在各大广告和Vlog类视频中有相当多的应用案例，之前大火的赛博朋克风视频就使用了【跟踪】功能。具体操作步骤如下。

Step01: 添加新的文本或贴纸素材，在文字工具栏或贴纸工具栏选择【跟踪】功能，如图6-65、图6-66所示。

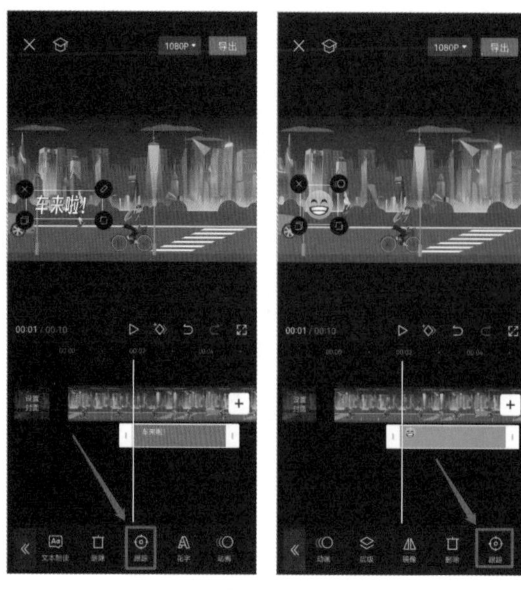

图 6-65　　图 6-66

Step02： 点击【跟踪】按钮后，预览区会出现黄色的范围选择器。其中，中心的实心黄点就是跟踪点，外部较为透明的区域是跟踪区间，如图 6-67 所示。

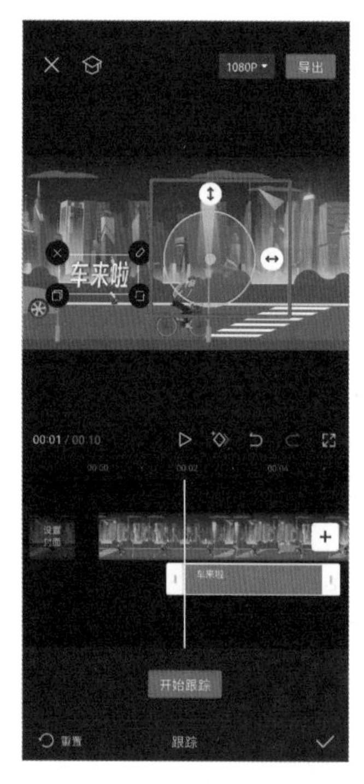

图 6-67

Step03： 跟踪前，我们需要将文字或贴纸拖到合适的位置，然后调整范围选择器的大小和位置，方便对画面的特征点进行跟踪，如图 6-68、图 6-69 所示。

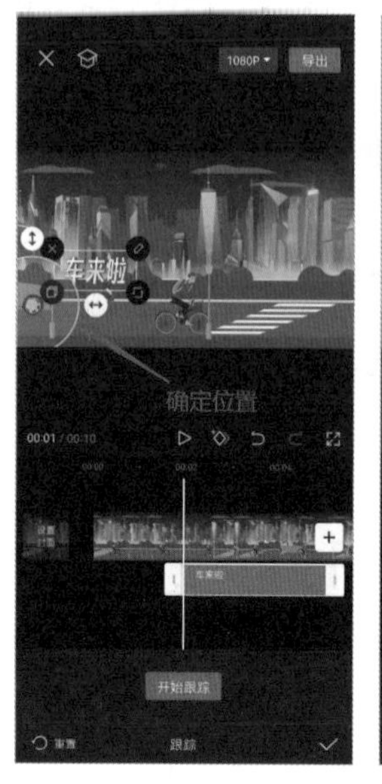

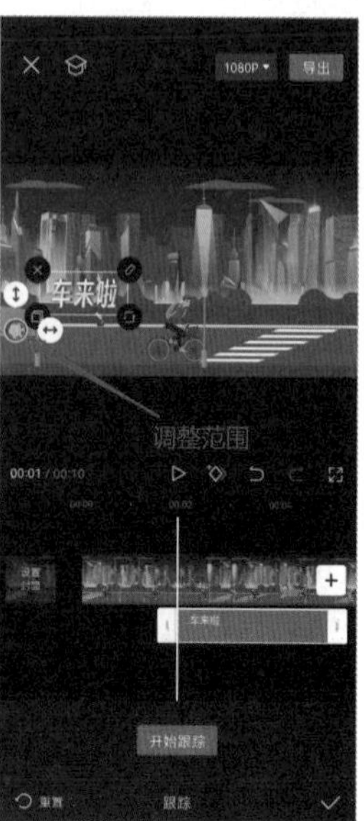

图 6-68　　图 6-69

Step04： 调整完成后，还需要点击弹窗中的【开始跟踪】按钮，如图 6-70 所示。等待跟踪加载完成后，即可完成跟踪效果的制作，如图 6-71 所示。

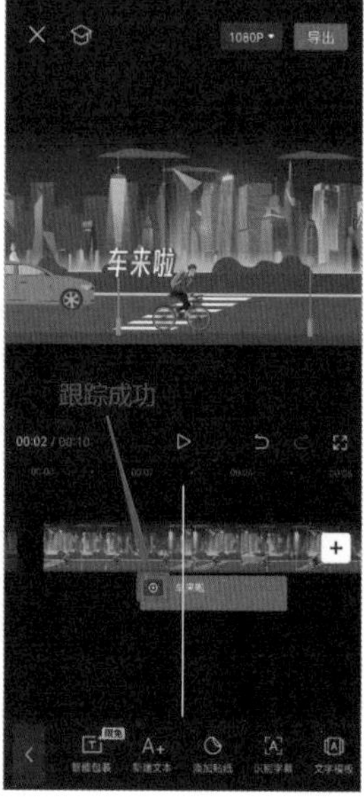

图 6-70　　图 6-71

高手点拨

跟踪效果注意事项

（1）【跟踪】功能的原理：先选择画面上的一个特征区域，然后程序会自动分析这个特征区域随时间推进而发生的变化，如位置数据、旋转数据及缩放数据，接着带动跟踪素材进行变化。

（2）在使用【跟踪】功能时要注意，确保跟踪的特征点和周围的环境物体有较为明显的差异，否则在跟踪过程中很可能会跟踪到周围的物体上。

（3）跟踪成功后，贴纸或文字的位置不能再变动，否则会取消已经加载好的跟踪效果，所以需要在跟踪前就确定贴纸和文字的位置。

（4）目前【跟踪】功能主要基于2D平面数据进行跟踪，尚未涵盖3D纵深数据。在使用时要注意该功能的适用范围。

第二篇

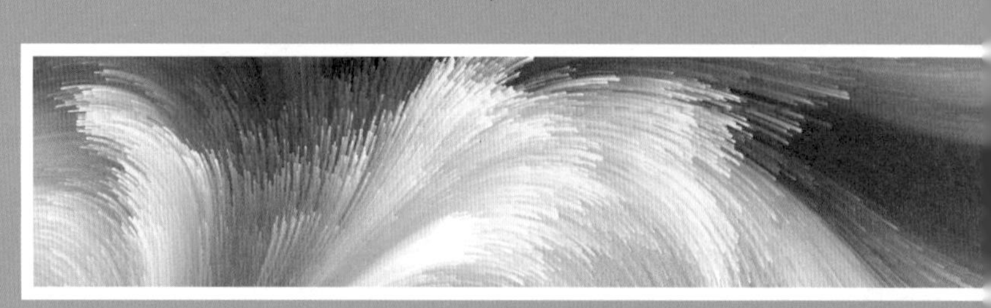

特效实战篇

第7章 实战：制作视频特效的12个关键技能

前面的章节已对视频效果、音频素材和文字素材等进行了详尽的基础讲解和演示。然而一个完整的视频不会只使用一个效果，而是使用多种效果。接下来，我们会将之前学过的多个知识点进行串联，讲解如何通过多个效果的结合，给予视频一种全新的视觉感受。本章以实战为主，讲解多种效果的结合、运用与制作，只要开动脑筋，同样的效果也能绽放出不一样的视觉体验。本章知识点框架如图7–1所示。

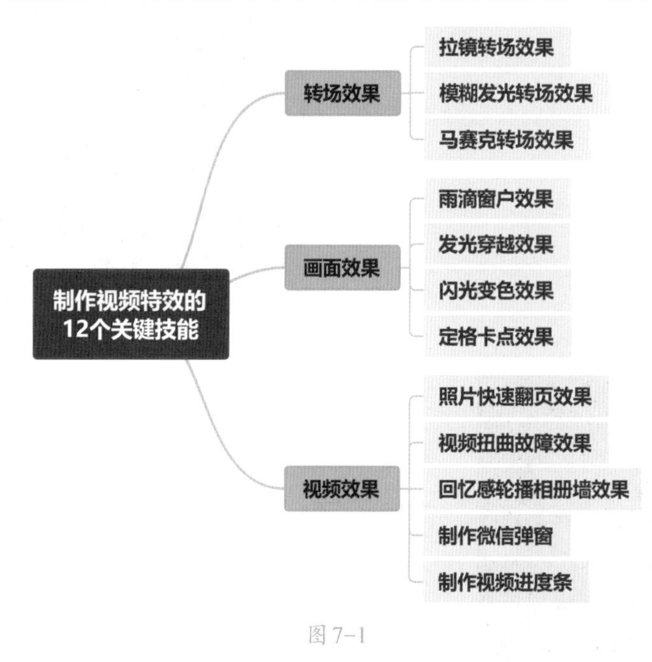

图7–1

关键技能 065 制作雨滴窗户效果

● 技能说明

在剪辑视频时，假如我们想给视频营造一股哀伤或凄冷的氛围，给屏幕添加一层雨滴效果就是个不错的选择。利用剪映，我们可以非常简单、快捷地制作出雨滴窗户效果。

● 应用实战

制作雨滴窗户效果的方法非常简单，准备一段视频素材和雨滴素材，然后通过【画中画】功能和【混合模式】功能进行制作即可。具体操作步骤如下。

Step01：添加一段准备好的视频素材和雨滴素材，可以在剪映的素材库中寻找和选择雨滴素材，如图 7-2 所示。

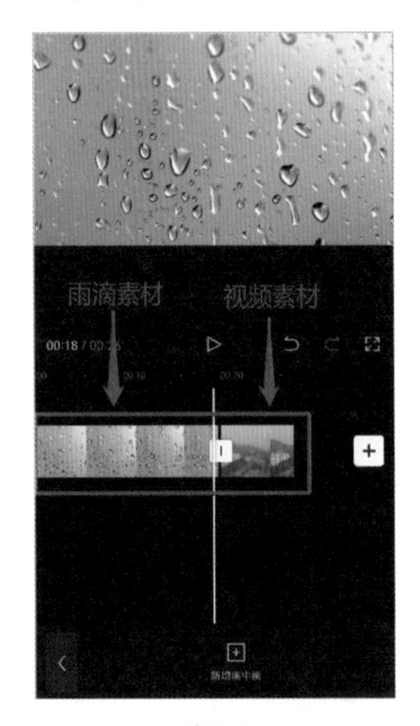

图 7-2

Step02：点击雨滴素材，在剪辑工具栏中选择【切画中画】功能，然后将雨滴素材拖到主轨道上的视频素材下方，找到想要添加效果的位置，如图 7-3、图 7-4 所示。

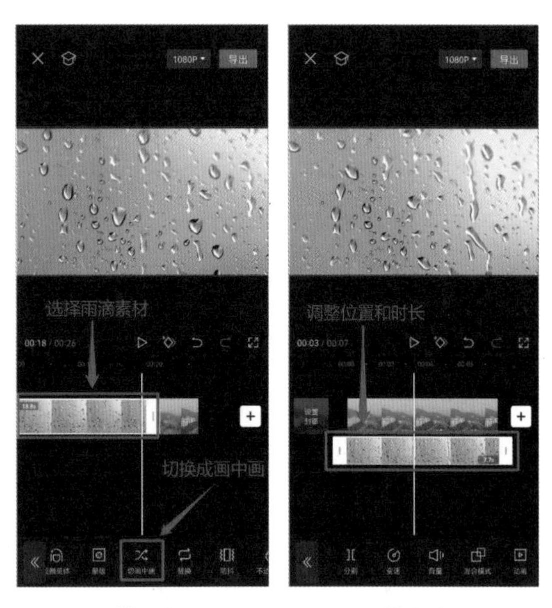

图 7-3　　图 7-4

Step03：点击【混合模式】按钮，根据情况选择【叠加】或【正片叠底】功能，然后通过下方的滑动按钮对混合程度进行控制，如图 7-5、图 7-6 所示。

图 7-5

图 7-6

高手点拨

根据视频需求调色

完成雨滴窗户的效果的制作后，可能会觉得画面过于明亮、温暖，没有达到哀伤、凄冷的氛围，这个时候就需要给主轨道的视频进行调色，通过【调节】功能改变主轨道视频的基础色调，来加深氛围的营造。

关键技能 066 制作拉镜转场效果

● 技能说明

拉镜转场效果在混剪、漫剪等快节奏视频中经常用到，可以说是快节奏剪辑的入门技能。在After Effects、Premiere等剪辑软件中，我们一般是通过【动态拼贴】和改变视频自身属性来完成拉镜操作的。剪映虽然没有【动态拼贴】功能，但我们也可以利用其内含的【动画】功能来实现同样的效果。

● 应用实战

剪映中的【动画】和【转场符】功能均提供了丰富的动画效果，二者虽然各司其职，但如果能花心思去研究两个功能的搭配使用，一定能在视觉效果上带来全新的体验。具体操作步骤如下。

Step01： 添加两段视频素材并进行先后排序，如图 7-7 所示。

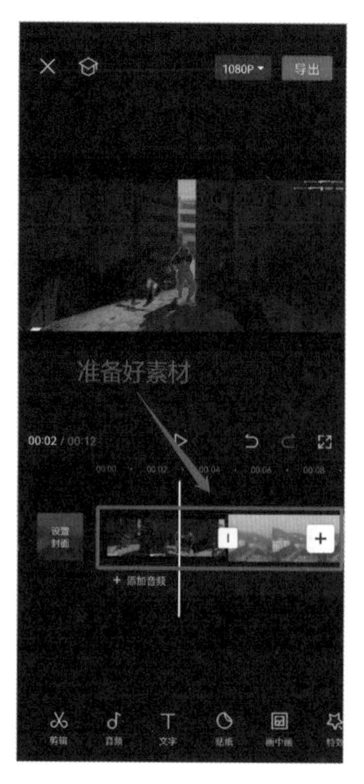

图 7-7

Step02： 点击前一段素材，在剪辑工具栏中选择【动画】功能中的【组合动画】功能，在【组合动画】功能中选择【晃动旋出】功能，根据素材来调整动画时长，如图 7-8、图 7-9 所示。

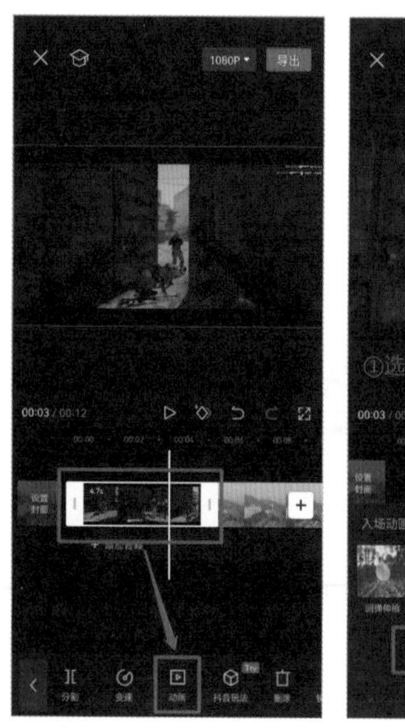

图 7-8

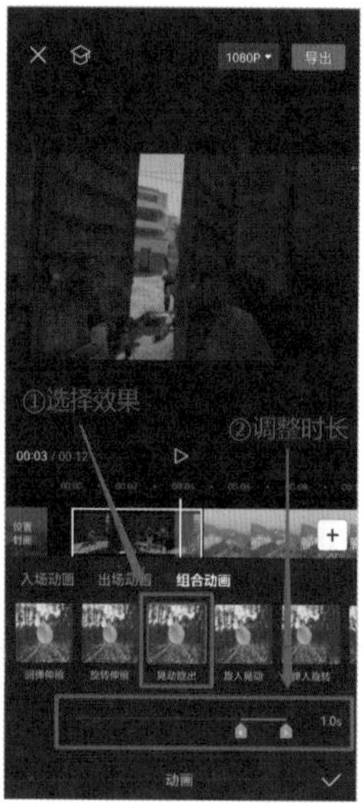

图 7-9

Step03： 同理，选中后一段素材，在剪辑工具栏中选择【动画】功能中的【组合动画】功能，在【组合动画】功能中选择【旋入晃动】功能，根据素材调整动画时长，如图 7-10、图 7-11 所示。

图 7-10

图 7-11

Step04： 点击【转场符】，添加【向右】或【向左】的转场效果，推荐将持续时长设置为 0.9s，会比较流畅，如图 7-12、图 7-13 所示。

图 7-12

图 7-13

高手点拨

素材时长与动画时长

（1）在添加动画效果之前，如果视频过长，建议先将视频素材裁剪到合适的长度。视频素材的长度会影响动画的播放效果，也会限制转场动画的时长。

（2）在拉镜效果中，除了【向左】或【向右】，也可以使用其他方向的转场效果，比如【向下】【向上】【推近】【拉远】等，建议自己动手尝试，从而找到合适的搭配。

关键技能 067 制作照片快速翻页效果

● 技能说明

照片快速翻页效果一般可以用作视频的片头，将多个不同的图片素材快速下拉以达到模拟翻页的视觉感受。在剪映中制作这个效果，我们仍然需要使用【画中画】和【动画】功能。

● 应用实战

在制作照片快速翻页的效果时，【画中画】功能主要是对多个图片素材进行排序，【动画】功能则是完成下拉效果的制作，具体操作步骤如下。

Step01：导入多段视频素材或图片素材，如图7-14所示。

Step02：确定好图片顺序后，除了第一段素材，其他素材全部使用【画中画】效果，依次排列在时间轴上，如图7-15所示。

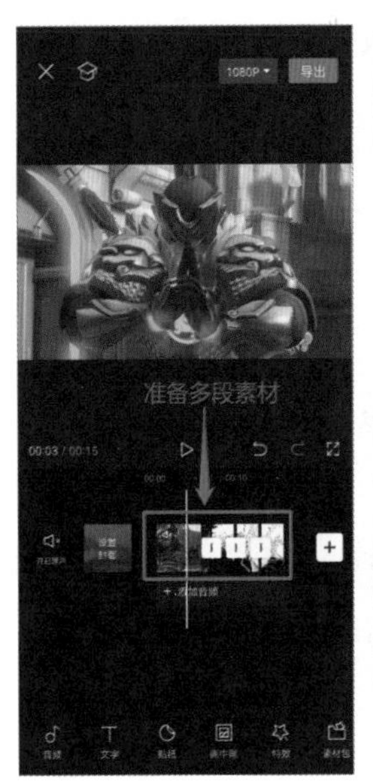

图7-14

图7-15

Step03：除了第一段素材，其他素材都通过【动画】功能中的【入场动画】添加【向下滑动】效果，根据个人需求，通过底部的滑动按钮来调整动画的持续时间，如图7-16所示。

Step04：将素材按照一定的时间间隔排开，让每个素材间的动画都有延迟播放的效果，如图7-17所示。

图7-16

图7-17

高手点拨

照片翻页效果的素材准备

如果将照片翻页效果作为视频的开头，那么在前期准备工作时，就需要为这个效果预留多一点的图片素材或视频素材，以达到预期的视觉体验。

照片翻页的速度是通过动画持续时长来决定的，所以如果决定快速翻页，就将动画持续时长缩短；如果决定慢慢翻页，就将动画持续时长拉长，当然也要注意底部素材的持续时间。

关键技能 068 制作模糊发光转场效果

● 技能说明

如果不添加转场效果，两个视频素材就会直接切换，我们将这种情况称为硬切。如果一个视频中硬切的次数多了，就会看起来很突兀，这个时候，我们可以适当添加模糊发光转场效果，让素材之间的切换柔和一些，改善观众的视觉体验。

● 应用实战

可以先用【转场符】功能中的【模糊转场】效果直接制作转场，再通过【调节】功能中的【亮度】功能为画面添加发光的效果。具体操作步骤如下。

Step01：导入两段视频素材，如图7-18所示。

Step02：将两段素材裁剪到合适的长度后点击【转场符】，选择【模糊】效果，如图7-19所示。

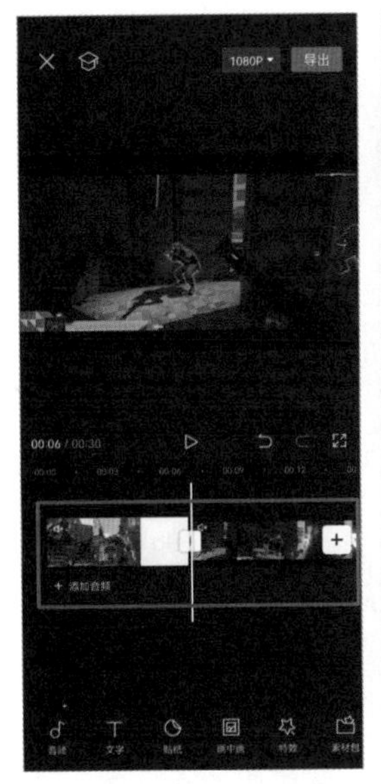

图 7-18

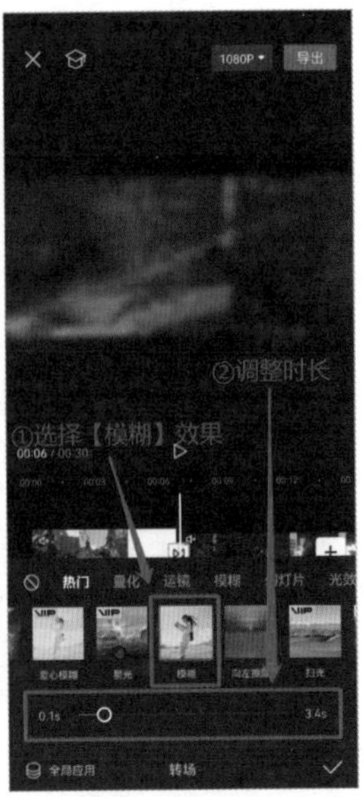

图 7-19

Step03：在工具栏中选择【调节】功能并添加亮度调节，将调节时长调整至总视频相同时长，如图 7-20、图 7-21 所示。

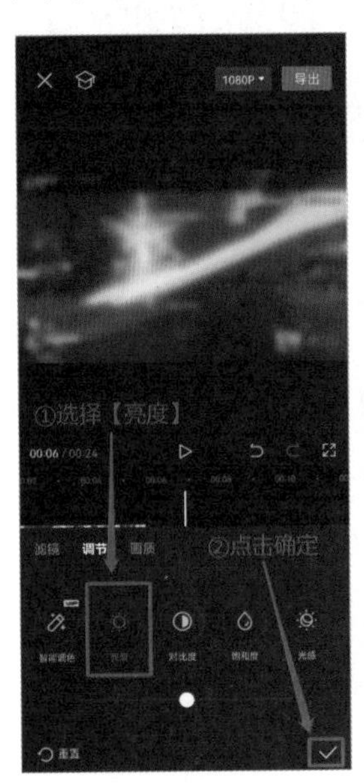

图 7-20

图 7-21

Step04：在【转场符】的两端、相同长度的位置各打上一个关键帧，如图 7-22 所示。接着，将光标拖到【转场符】所在的位置，如图 7-23 所示。

图 7-22

图 7-23

最后将【亮度】和【高光】的数值都调至最大，如图 7-24、图 7-25 所示。

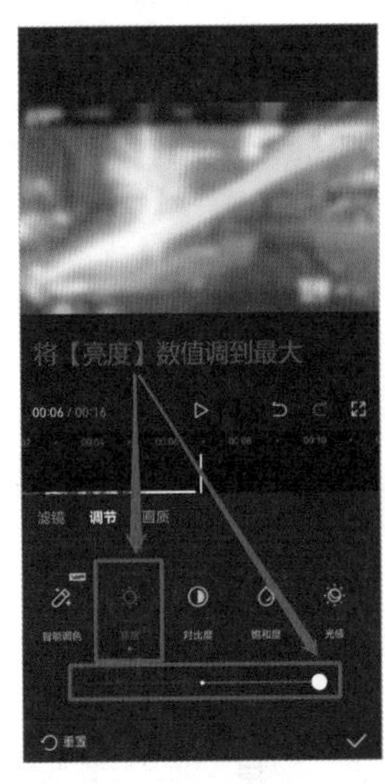

图 7-24

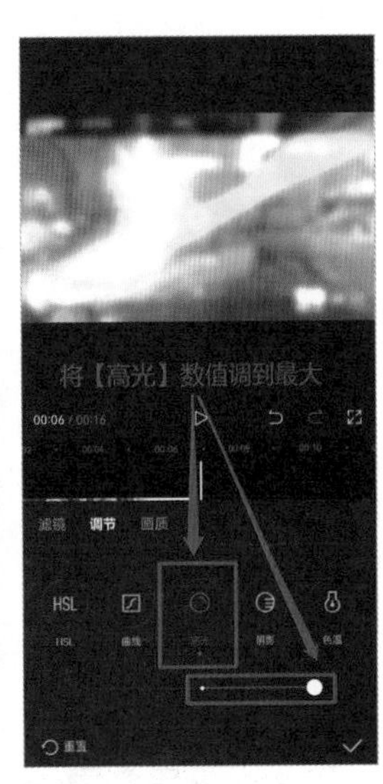

图 7-25

高手点拨

模糊发光转场的额外效果

除了按照流程制作的模糊发光效果，我们还可以对视频进行速度的调节，比如将视频的前半段加速播放，后半段减速播放，造成停顿感，紧接着接入模糊发光转场效果，直到进入下一个视频再重复以上步骤。

关键技能 069 制作马赛克转场效果

● 技能说明

在剪辑视频时，如果希望视频开始的画面出现得不突兀，可以在正片开始前添加一个入场的效果。马赛克转场效果不仅能用在视频入场上，还可以作为转场效果衔接下一段视频。

● 应用实战

要制作马赛克转场效果需要使用【特效】功能中的【马赛克】功能。马赛克效果与模糊发光效果类似，画面效果都是先模糊后清晰，并配合【转场符】承接下一段视频素材。具体操作步骤如下。

Step01：添加一段视频素材，点击该视频素材，在剪辑工具栏中选择【分割】功能，在合适的位置将视频分割，如图7-26、图7-27所示。

图 7-26

图 7-27

Step02：在工具栏中选择【特效】功能，在【特效】中选择【马赛克】效果，如图7-28、图7-29所示。

图 7-28

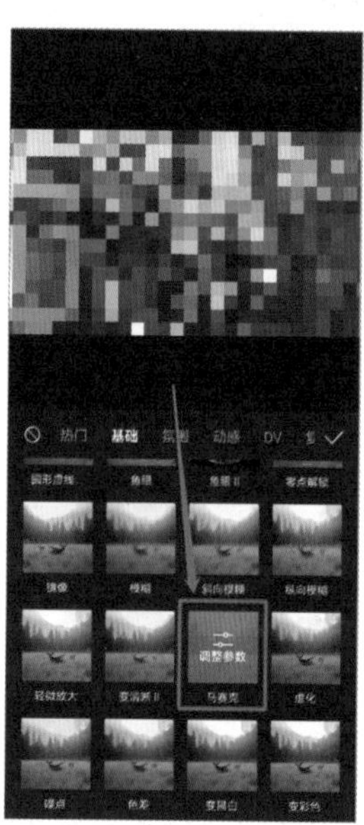

图 7-29

Step03：选择【马赛克】效果后，可以通过底部的滑轮按钮将【像素大小】调节为0，将【马赛克】效果移动并对准分割后的前半段素材时长，如图7-30、图7-31所示。

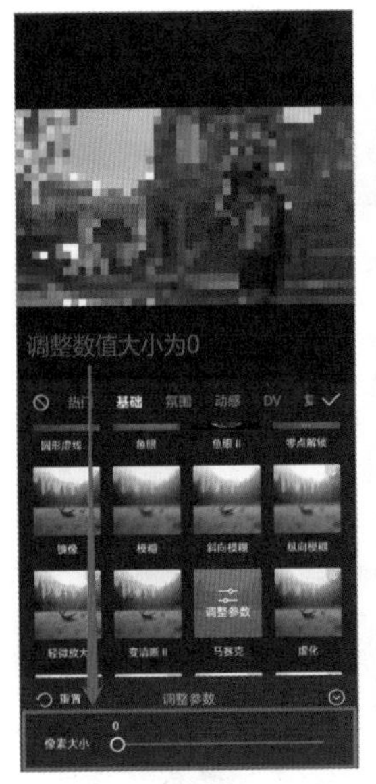

图 7-30

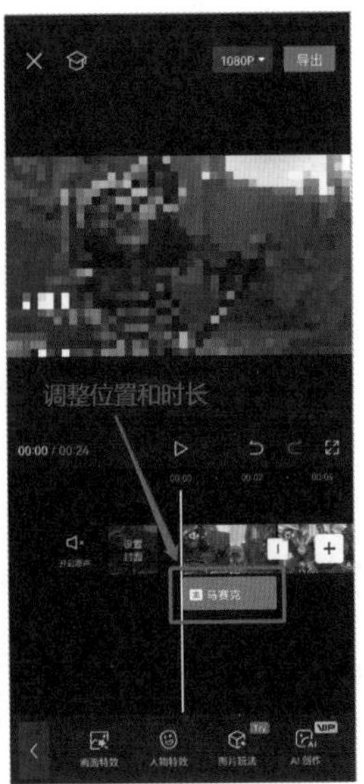

图 7-31

Step04: 在【转场符】中选择添加【推近】效果即可，如图 7-32 所示。

高手点拨

马赛克效果与模糊发光转场

马赛克效果可以用在视频的开头，从视觉效果上看，画面会保持模糊，然后经由变形缩小变得清晰。

此外，在后面的视频素材中，可以添加模糊发光转场效果，让视频与视频之间的衔接更流畅，可以将模糊发光转场效果与马赛克效果搭配使用。

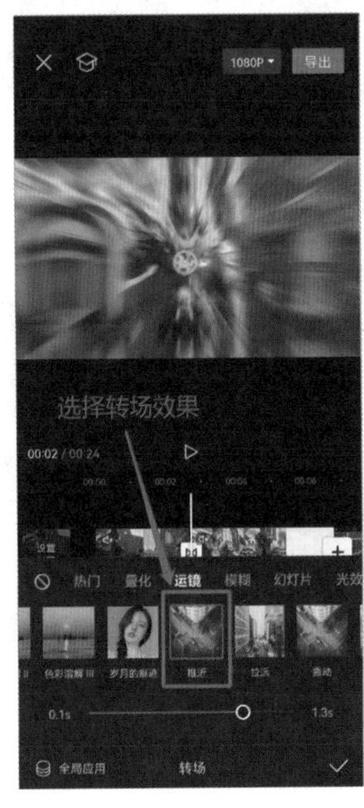

图 7-32

关键技能 070　制作发光穿越效果

● 技能说明

发光穿越效果和模糊发光转场的流程异曲同工。在发光穿越效果中，我们可以增加文字来强调画面的内容，达到丰富画面的作用。

● 应用实战

在剪映中，可以使用【调节】功能中的【高光】【亮度】等功能做出发光效果，然后通过【转场符】进行转场。具体操作步骤如下。

Step01: 导入若干段视频，在合适的位置将视频分割。接着选择被分割后的后半段视频素材，在剪辑工具栏中选择【变速】功能，如图 7-33、图 7-34 所示。

图 7-33

图 7-34

Step02：点击【变速】功能，将后半段视频素材的整体速度调为 0.5x 倍速，如图 7-35 所示。

Step03：为第一段素材的后半段素材的开头、中间、结尾各添加一个关键帧，如图 7-36 所示。

图 7-35

图 7-36

将光标对准中间部分的关键帧，在【调节】功能中，将【亮度】和【高光】的数值调至最大，如图 7-37、图 7-38 所示。

图 7-37

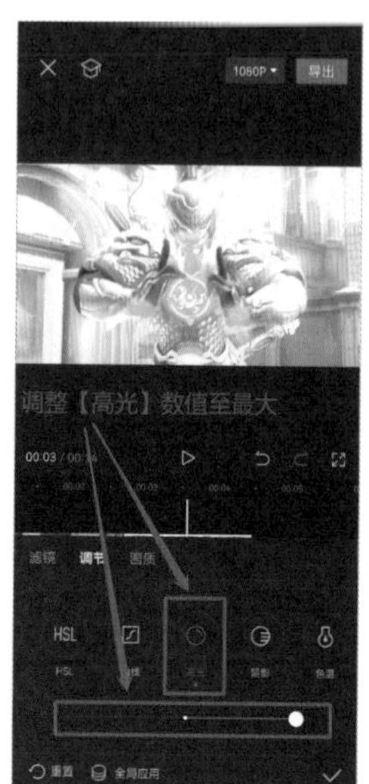

图 7-38

Step04：点击第一段视频素材与第二段视频素材之间的【转场符】，选择【拉远】效果，如图 7-39、图 7-40 所示。

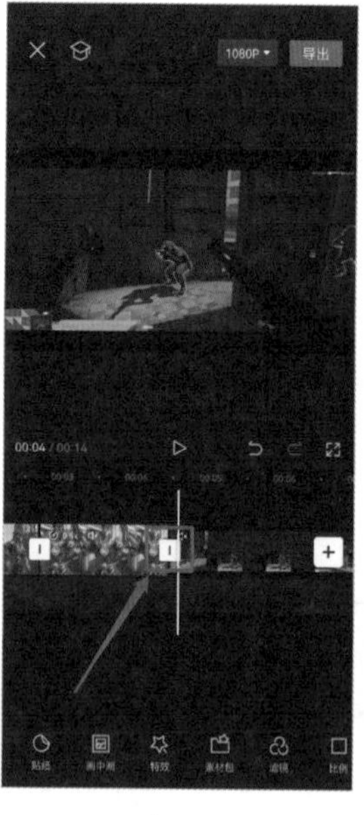

图 7-39

图 7-40

Step05：点击下一段视频素材的前半部分，在剪辑工具栏中选择【动画】功能，并为其添加【动感缩小】效果，如图 7-41、图 7-42 所示。

图 7-41

图 7-42

关键技能 071 制作闪光变色效果

● 技能说明

与之前讲解过的转场效果不同，闪光变色效果的重点在于同一个视频素材的差异化展现。同一个视频的前半段以一种颜色进行展现，而根据音频的节奏卡点，后半段以另一种颜色进行展现，使观众有耳目一新的感觉。

● 应用实战

制作闪光效果是通过调节【滤镜】功能中的数值来实现的，具体操作步骤如下。

Step01：导入两段视频素材，先点击第一段视频素材，在剪辑工具栏中选择【滤镜】功能，在【黑白】分类中选择【牛皮纸】效果，并点击【全局应用】按钮，如图 7-43、图 7-44 所示。

图 7-43　　图 7-44

Step02：选择第二段视频，根据个人需求分别在开头、中间、结尾打上关键帧，如图 7-45 所示。

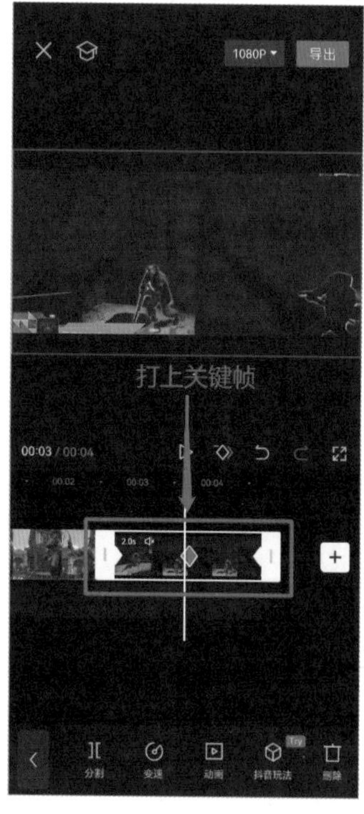

图 7-45

然后将光标对准中间部分的关键帧，在【调节】功能中，将【亮度】和【高光】功能的数值调至最大，如图 7-46、图 7-47 所示。

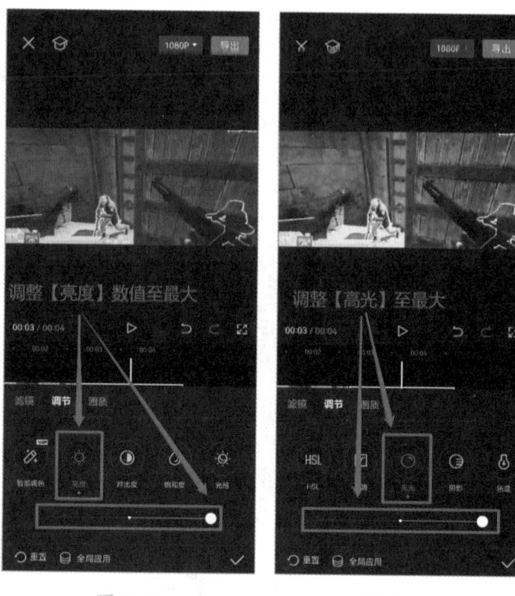

图 7-46　　图 7-47

Step03：将光标对准结尾部分的关键帧，将【牛皮纸】效果的数值通过底部的滑动按钮调至 0 即可，如图 7-48、图 7-49 所示。

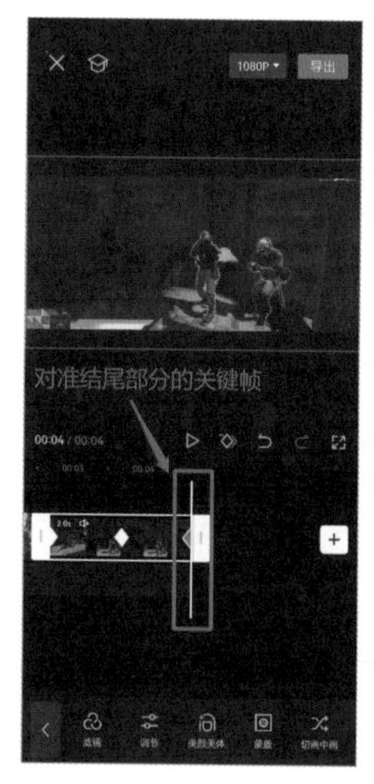

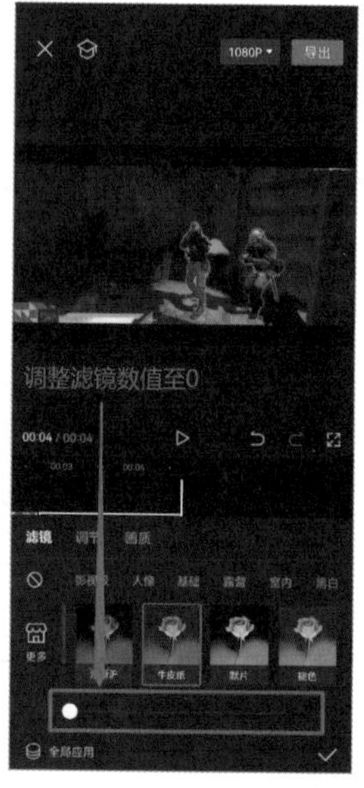

图 7-48　　图 7-49

可以根据个人的喜好，利用【转场符】功能为视频添加转场效果。

高手点拨

其他制作变色效果的方法

可以通过改变滤镜的深浅程度来制作变色效果，先用滤镜将原素材变为黑白色，再通过改变滤镜的数值还原回原素材开始的颜色，从而实现变色。

我们还可以用【调节】功能直接对两段素材都进行调色，比如将前半段素材改成冷色，经过转场后，将后面的素材改为暖色，实现情绪和氛围的转变。

关键技能 072 制作定格卡点效果

● 技能说明

在短视频流行的现在，那些配乐明快、充满青春活力或激昂情绪的视频更能引起观众，特别是年轻人的共鸣。定格卡点的效果经常出现在这类视频中。定格卡点效果不仅简单易学，而且实用性强。

● 应用实战

我们需要使用【定格】功能在音频卡点处对视频画面进行定格，再加上滤镜和文字来丰富画面效果。具体操作步骤如下。

Step01: 先导入准备好的若干段视频素材，根据个人需求及具体音频节奏进行分割。然后选择分割后的后半段素材，在剪辑工具栏中选择【定格】功能，如图7-50、图7-51所示。

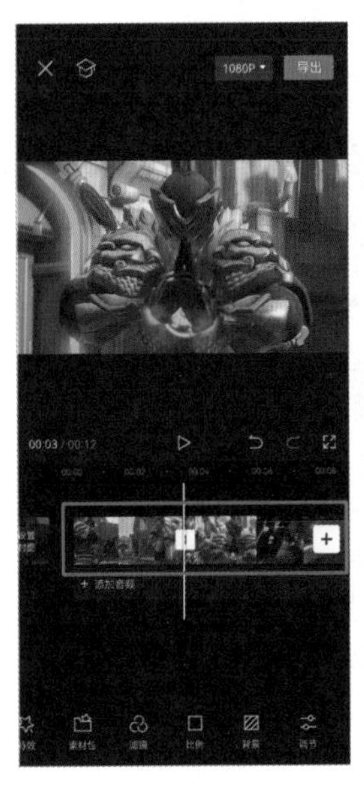

图7-50

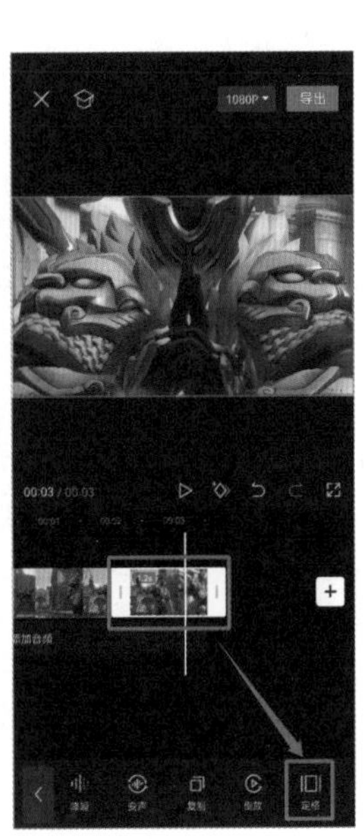

图7-51

Step02: 选择【滤镜】或【调节】功能对定格后的素材进行调色，如图7-52、图7-53所示。

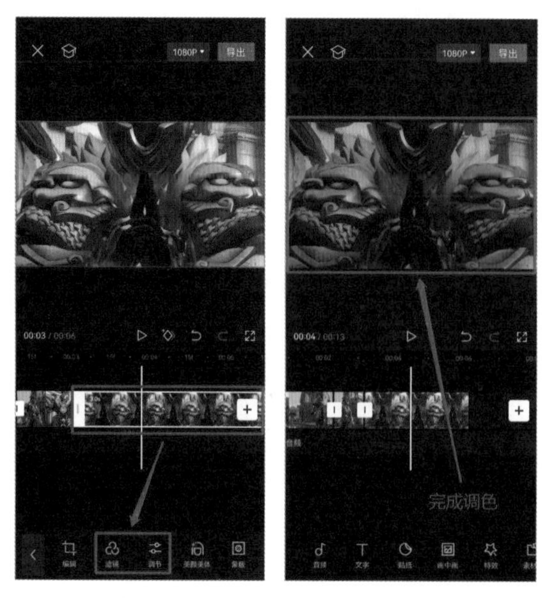

图 7–52　　图 7–53

Step03：在画面中添加自己想要的文字，如图 7–54 所示。

高手点拨

切换素材的技巧

在定格卡点视频中，不同素材之间可以直接使用硬切的方法来进行转场。由于定格的持续时长一般比较短，利用硬切进行转场不仅能更好地卡住音乐节拍，也能让观众清楚地看到定格后的画面。

在同一段视频素材中，没有被定格的素材和已经被定格的素材之间仍然可以通过【转场符】功能进行过渡。

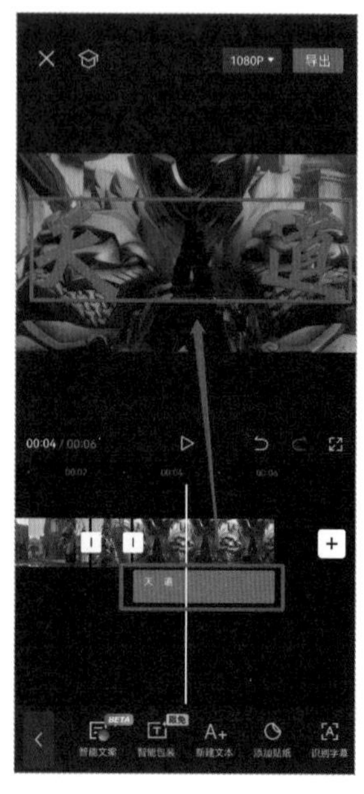

图 7–54

关键技能 073 制作视频扭曲故障效果

● 技能说明

视频扭曲故障效果，是赛博朋克风视频中常用的效果，视觉上与电视画面撕裂、出现毛刺类似。

● 应用实战

制作视频扭曲故障效果时会用到【特效】功能中的多个效果，具体操作步骤如下。

Step01：添加若干段视频素材，选择第一段和第二段素材，在【组合动画】功能中选择【波动滑出】效果并添加，如图7-55所示。

图 7-55

Step02：在工具栏中点击【特效】按钮，然后选择【边缘glitch】【毛刺】【彩虹幻影】效果并添加，如图7-56、图7-57所示。

图 7-56

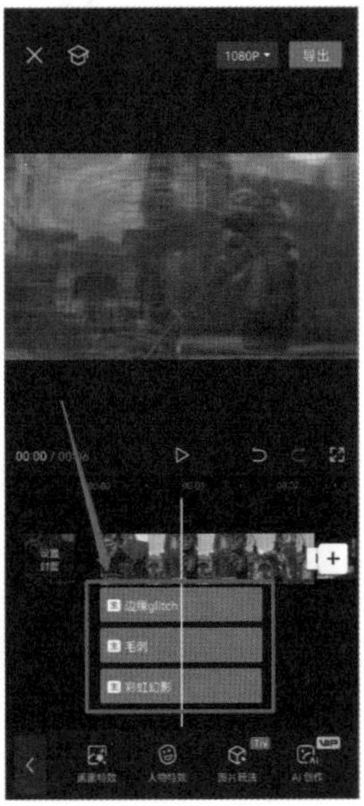

图 7-57

Step03：调整特效的时长和位置，如图7-58所示。

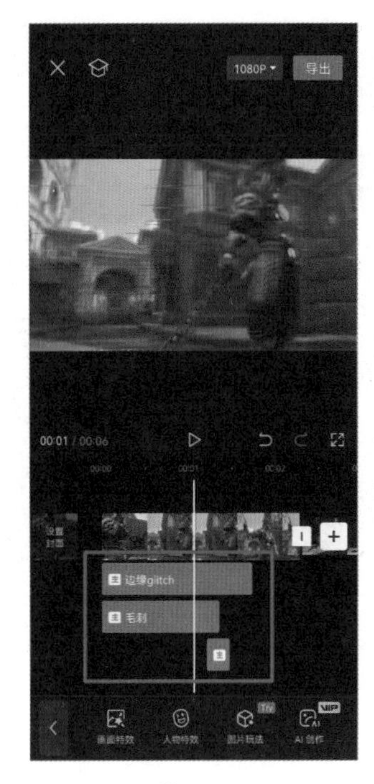

图 7-58

Step04：调整完成后，在开头的视频素材下方再添加一个【网点丝印】效果，并将其中的【滤镜】参数调至30，如图7-59、图7-60所示。

图 7-59

图 7-60

还可以添加【雪花故障】效果，为视频增加氛围感，如图 7-61、图 7-62 所示。

图 7-61

图 7-62

高手点拨

关于故障效果的时长处理

在整个效果的制作过程中，除了【雪花故障】效果的持续时长是覆盖整个视频的，其他效果的持续时长都不建议过长。因为这些效果会通过撕扯、扭曲甚至破坏画面的方式来营造故障的画面状态，如果时长过长，则观众很难看清楚视频的具体内容，不要为了加效果而影响视频本身的观感。

关键技能 074 制作回忆感轮播相册墙效果

● 技能说明

在漫剪、Vlog或一些回忆性视频中，比起一张张地播放照片，直接用相册墙效果会更好。如果素材过多，一张张播放需要频繁使用动画效果过渡，很容易造成审美疲劳。利用照片墙效果不仅能有效缓解审美疲劳，还能起到丰富视频画面、提升视觉观感的作用。

● 应用实战

要想实现相册墙效果，需要用同一种方法制作三个视频，再将它们整合到一起。具体操作步骤如下。

Step01：先导入四张图片素材，然后将这些图片缩小到同一尺寸并依次排开，如图 7-63 所示。

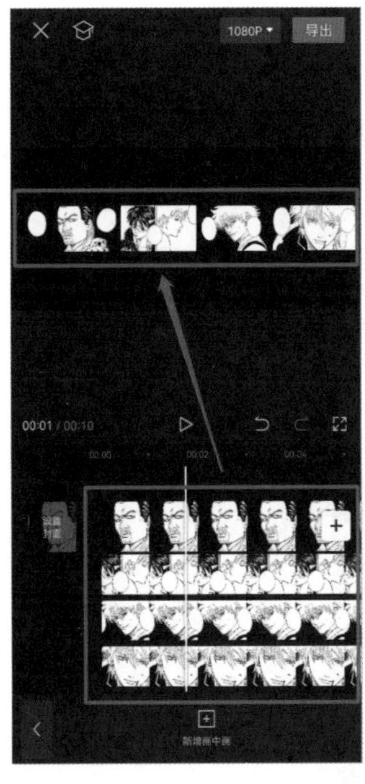

图 7-63

Step02：调整四张图片的位置和大小后，在工具栏中选择【背景】功能，并将视频背景变成纯白色，如图 7-64、图 7-65 所示。

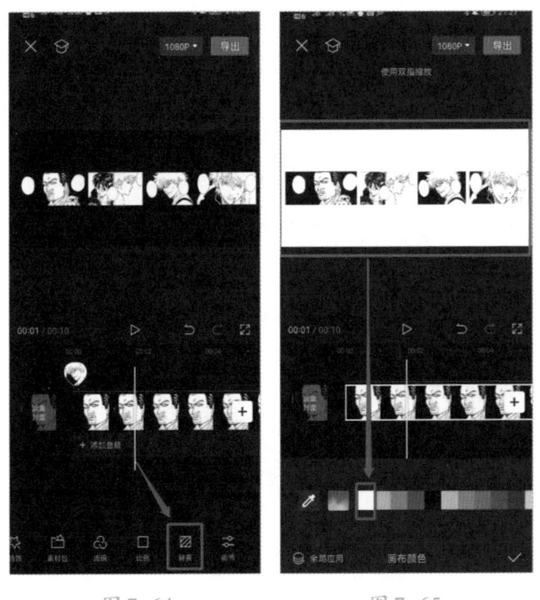

图 7-64　　图 7-65

Step03：然后将视频导出，用相同的方法再制作两个视频，如图 7-66 所示。

Step04：分别将三个视频导入，并将中间的视频稍微放大一些，如图 7-67 所示。

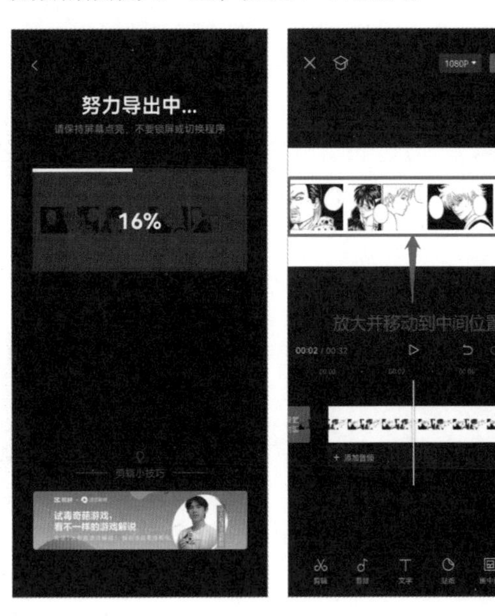

图 7-66　　图 7-67

Step05：选择第二个视频，在【蒙版】功能中选择【镜面】，将视频四周多余的白边裁掉。接着转换成画中画，拖动到合适的位置，如图 7-68 所示。用同样的方法设置第三个视频，如图 7-69 所示。

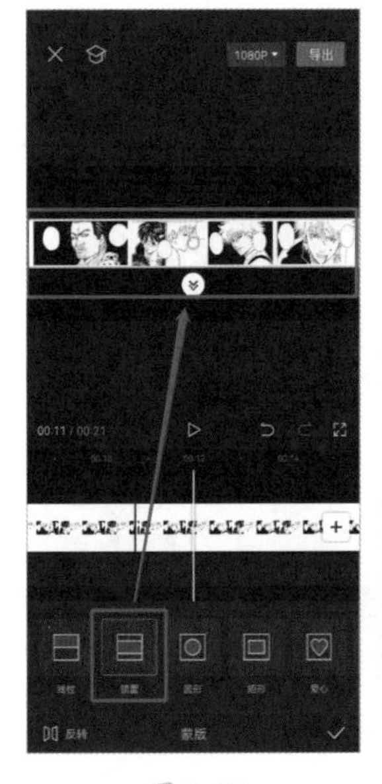

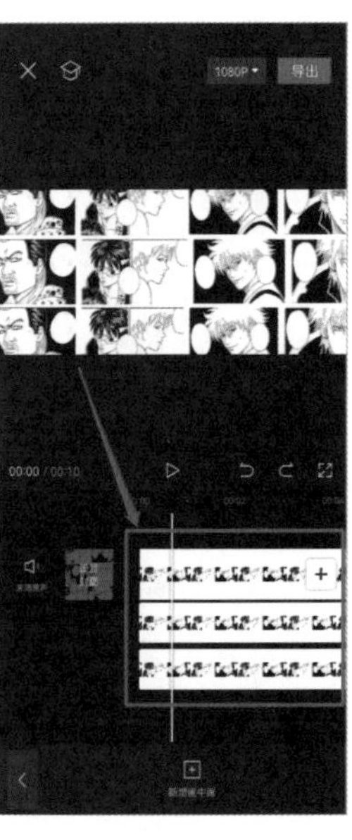

图 7-68　　图 7-69

Step06： 分别给三个视频的开头和结尾打上关键帧，然后改变位置属性，让图片从左向右或从右向左错开平移即可，如图 7-70 所示。

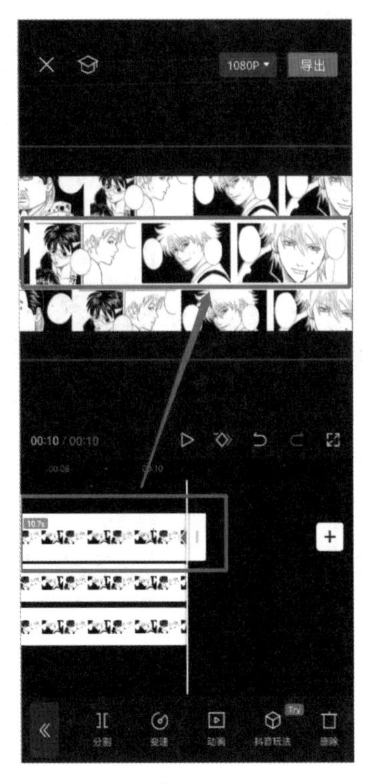

图 7-70

关键技能 075 制作微信弹窗的简单方法

● 技能说明

微信弹窗效果具有丰富画面及强调内容的作用。在剪映 App 中，制作微信弹窗有两种方法：一种是利用现成的微信截图制作，这种方法简单方便，但可能受到截图内容的限制；另一种是自己制作弹窗，这种方法虽然过程相对复杂，但它提供了更大的自由度和创意空间。

● 应用实战

第一种方法的具体操作步骤如下。

Step01： 准备好一段素材及一份微信消息的截图，将聊天背景设置成深绿色或其他纯色壁纸，如图 7-71 所示。

图 7-71

Step02：添加好底部素材后，在工具栏中选择【切画中画】功能并将聊天截图素材作为画中画添加，如图 7-72、图 7-73 所示。

图 7-72

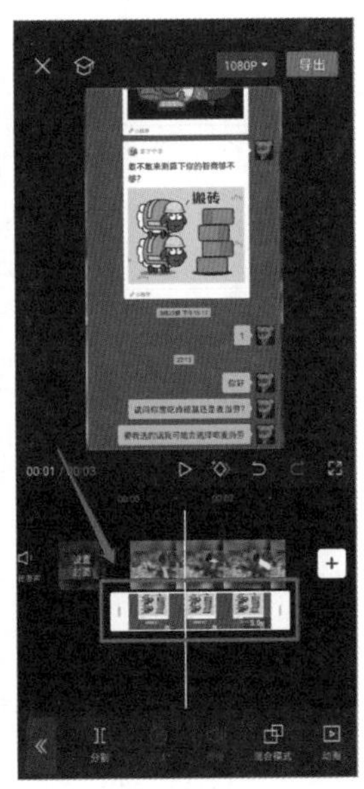

图 7-73

Step03：点击聊天截图素材并在剪辑工具栏中选择【色度抠图】功能，如图 7-74 所示。

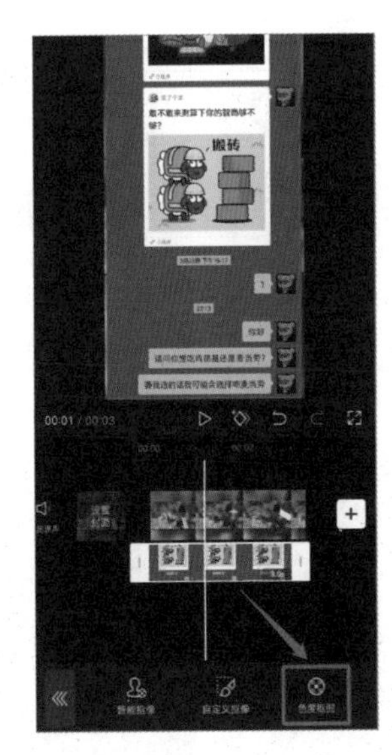

图 7-74

Step04：利用取色器去除背景颜色，并将【强度】的数值调至合适的位置，然后将聊天消息裁取、放大并移动到底部，如图 7-75、图 7-76 所示。

图 7-75

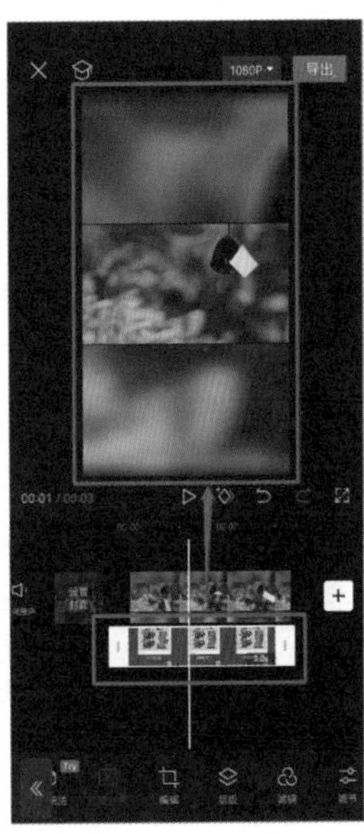

图 7-76

Step05：先在聊天截图素材的开头打上关键帧，如图 7-77 所示。然后在第 1 秒的位置打上关键帧，并将微信消息截图中的第一句话的位置拉出，如图 7-78 所示。

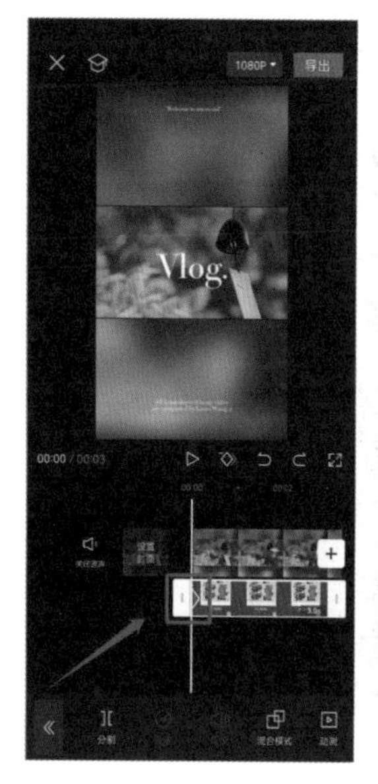

图 7-77

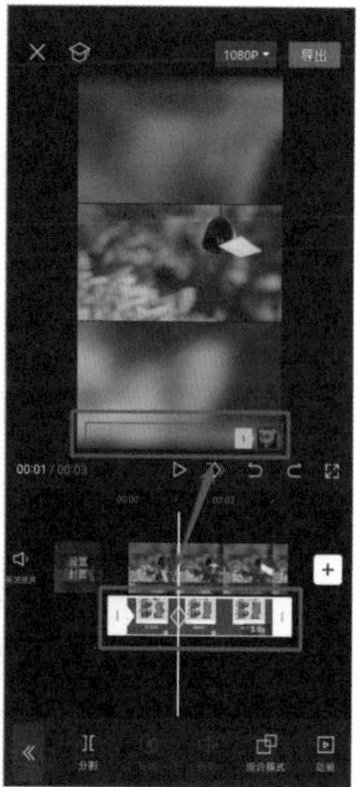

图 7-78

接着在第1.5秒和第2秒的位置各打上一个关键帧，两个关键帧不做改动；再在第3秒的位置打上关键帧，并将第二句对话拉出，如图7-79、图7-80所示。重复这个步骤直到将所有对话拉出即可。

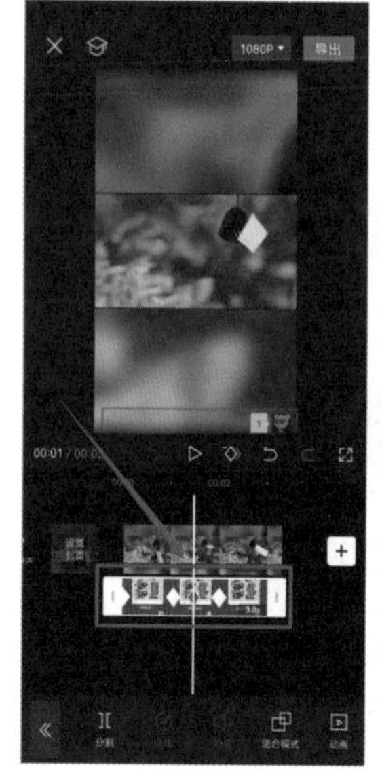

图 7-79

图 7-80

关键技能 076 制作视频进度条

● 技能说明

平时我们在各大平台观看视频时，如果长时间没有互动，进度条会自动隐去。在制作视频的时候，如果想要观众随时都能看到视频的进度，那么我们可以自己制作一条进度条。利用剪映App，我们可以简单、高效地制作出一条个性化的视频进度条。

● 应用实战

制作视频进度条需要准备白色矩形素材，然后利用蒙版位置的变动来完成。具体操作步骤如下。

Step01： 添加一段视频素材和白色矩形素材，如图7-81所示。

Step02： 将白色矩形素材转换成画中画并调整位置和时长，对齐总视频长度，如图7-82所示。

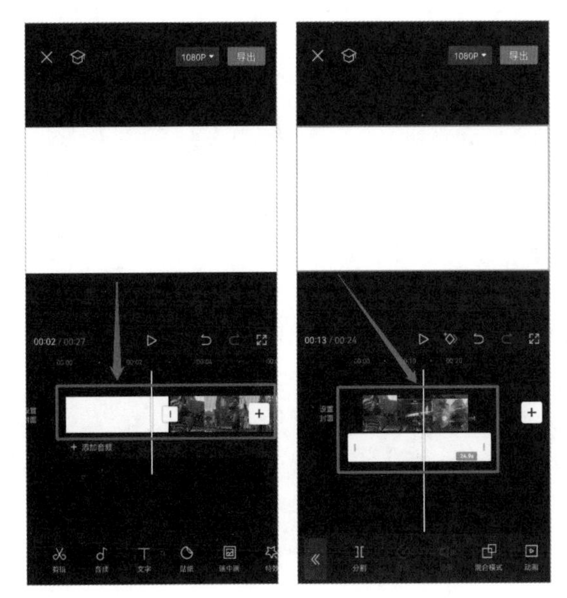

图 7-81　　图 7-82

Step03: 点击白色矩形素材，选择【蒙版】中的【线性】并添加，如图 7-83 所示。

Step04: 调整白色矩形的位置至视频底部，只露出上面一部分，如图 7-84 所示。

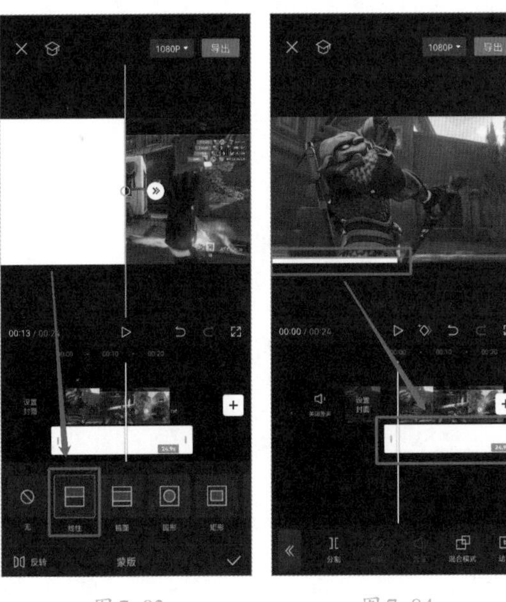

图 7-83　　图 7-84

Step05: 在白色矩形素材的开头添加一个关键帧，并将蒙版位置调到最左边，如图 7-85 所示。最后在白色矩形素材的结尾添加一个关键帧，并将蒙版位置调到最右边，如图 7-86 所示。

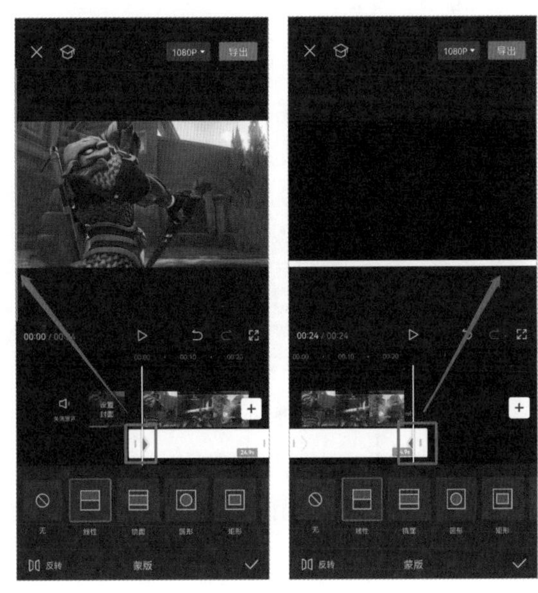

图 7-85　　图 7-86

第8章 实战：制作蒙版抠像特效的11个关键技能

如果没有蒙版和抠像功能，那么视频与视频之间只能简单地混合叠加，许多有趣、酷炫的效果也就无法实现。本章将讲解剪映App中多种蒙版的使用方法，以及人物抠像等功能的运用。本章知识点框架如图8-1所示。

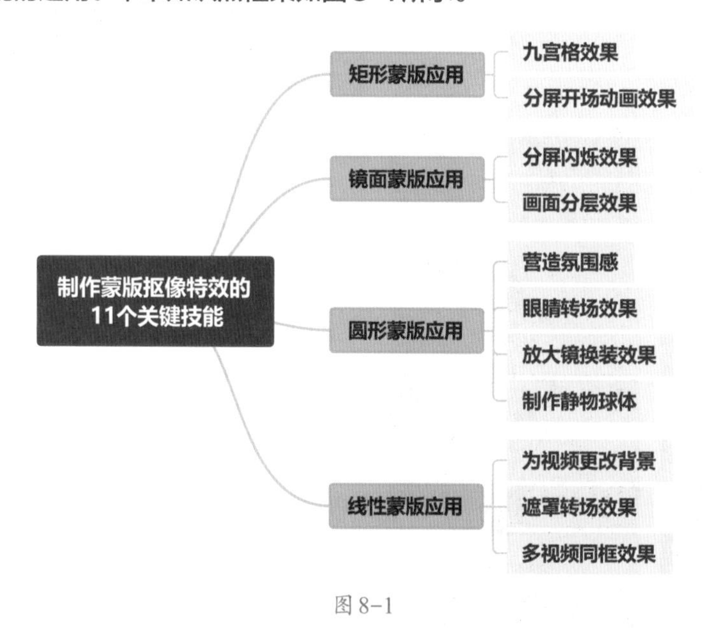

图8-1

关键技能 077 制作九宫格效果

● 技能说明

九宫格效果在短视频制作中很常用，它不仅是蒙版功能的基础应用之一，还能有效提升视频的视觉吸引力和内容展示效果。在剪映App中，实现九宫格效果仅需使用一种类型的蒙版，操作简便、快捷。在完成第一格的效果设置后，后续八格的制作变得尤为方便，只需调节蒙版的位置，无需重新设置蒙版属性，这大大提高了制作效率。

● 应用实战

如果是初学者做这个效果，需要先准备好一个九宫格的素材对位置进行参考。导入视频后，对准素材用【矩形蒙版】进行分格即可。具体操作步骤如下。

Step01： 添加一段准备好的九宫格素材和视频素材，将视频素材转换成画中画模式，如图8-2所示。

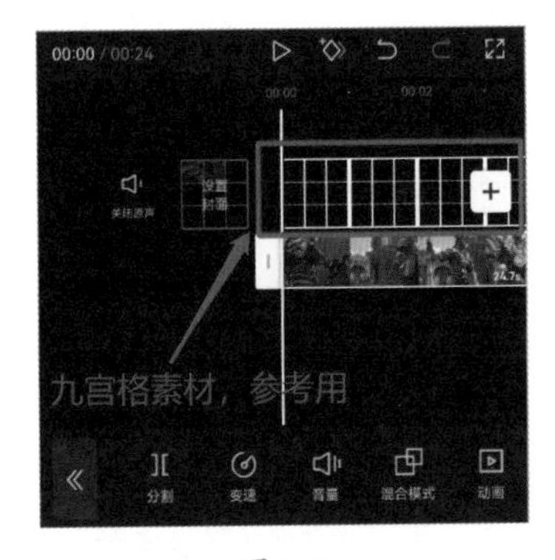

图8-2

Step02： 将视频素材调至合适的大小。选中视频，在剪辑工具栏中选择【蒙版】功能中的【矩形蒙版】，如图8-3、图8-4所示。

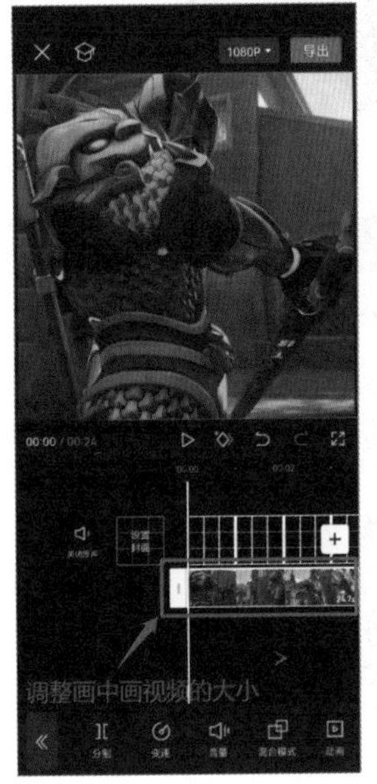

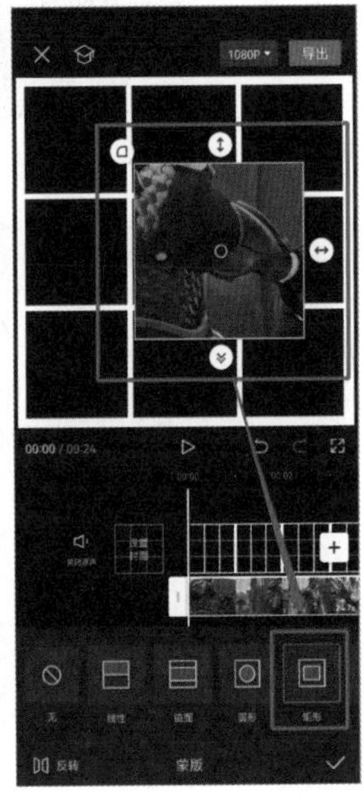

图8-3　　图8-4

Step03： 将矩形蒙版的大小调至与准备的九宫格素材一致，如图8-5所示。

调整后，将视频素材复制一份并放到第一份视频素材的下方。接着点击第二份视频，选择【蒙版】功能，调整第二份视频的蒙版位置，将其对准九宫格素材的第二个格子，如图8-6、图8-7所示。

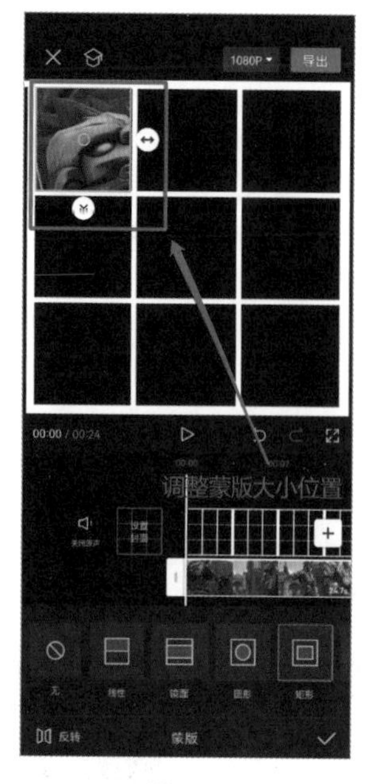

图 8-5

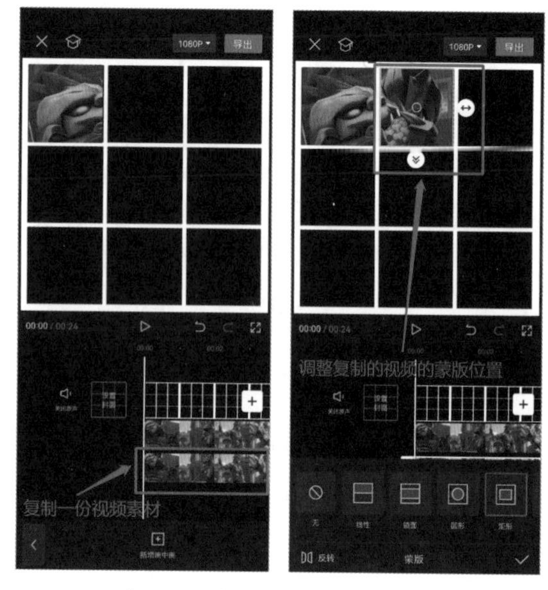

图 8-6　　图 8-7

以此类推，完成九个格子的制作。

高手点拨

制作九宫格效果的另外两种方法

除了运用【蒙版】功能，还有另外两种方法也可以制作类似的效果。

第一种是用裁剪的方法制作。和【蒙版】功能类似，就是将视频按照九宫格素材将视频素材裁剪到与格子差不多大小，以此类推，裁剪九个格子的视频。

第二种是用【混合模式】中的【滤色】效果。先添加底层的基础素材，将九宫格素材作为画中画进行添加；然后选中画中画素材，在【混合模式】中选择【滤色】功能。该方法和镂空文字效果制作流程类似，与前面两种方法相比更为简单直接，但是对素材的要求更高，素材所要展示的主体不一定在九宫格中，需要对底层的基础素材进行放大、缩小以及裁剪等操作。

关键技能 078 制作分屏开场动画效果

● **技能说明**

分屏开场动画的制作思路与九宫格效果的制作思路大同小异。分屏开场动画不仅能作为视频的开头动画，还能作为转场效果衔接两段视频，甚至还可以与卡点效果结合，做成卡点视频。

● 应用实战

分屏开场动画与九宫格动画相同，要运用【矩形蒙版】进行制作。具体操作步骤如下。

Step01： 导入需要制作的视频或图片，若是图片素材则将时长拉伸到合适的位置，如图8-8所示。

Step02： 选中素材，在剪辑工具栏中选择【蒙版】，并选择其中的【矩形】功能，如图8-9所示。

图 8-8

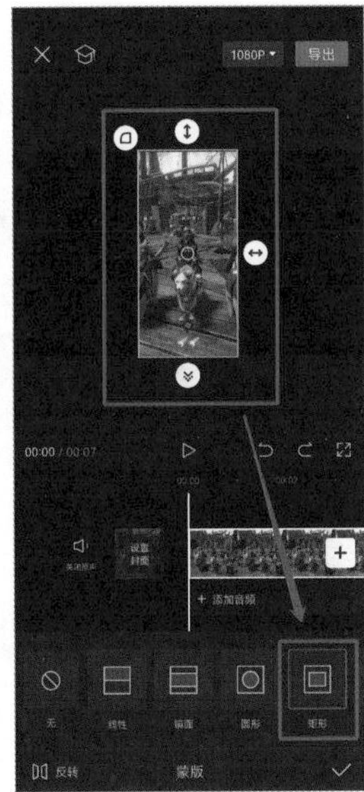

图 8-9

Step03： 根据个人需求对素材进行等分。先将第一份素材的矩形蒙版调整到合适的大小，并放到合适的位置，如图8-10所示。

Step04： 调整好第一份素材后，将其复制并转换成画中画，然后选择【蒙版】功能调整复制素材的蒙版位置，如图8-11所示。

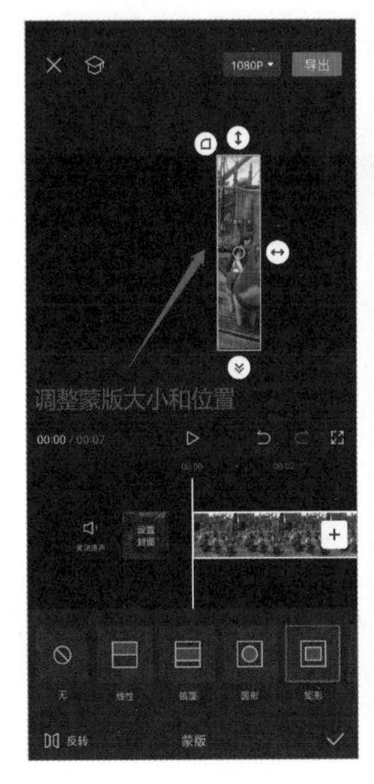

图 8-10

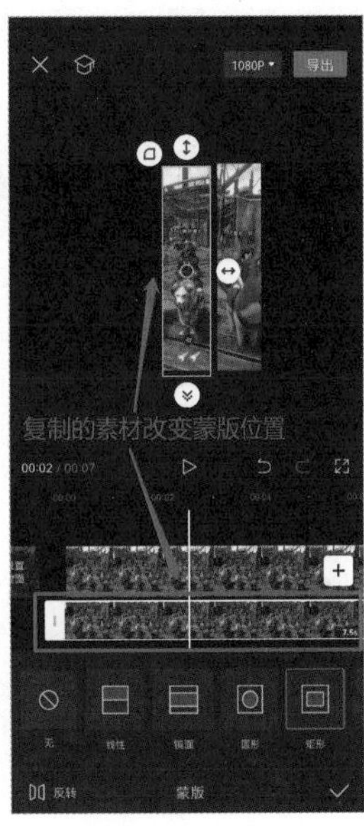

图 8-11

Step05： 用此方法制作剩下的素材，然后根据个人需求或所加音频将各个部分的时间错开排列即可，如图8-12所示。

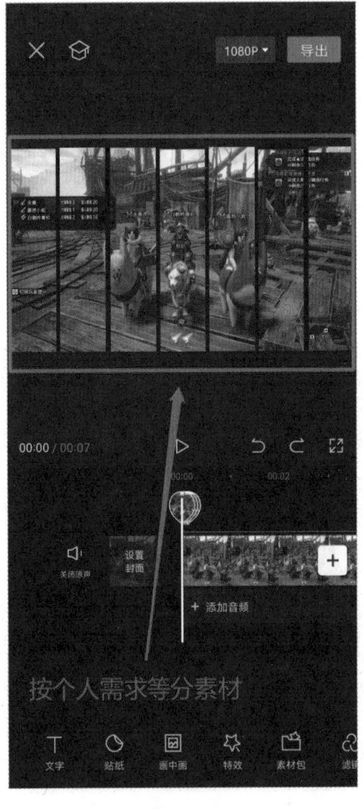

图 8-12

高手点拨

优化效果的小技巧

（1）如果无法确定分格的距离，可以先添加文本，在文本内容中添加若干个【 | 】，然后将左右两边与手机屏幕对齐，即可确定分格距离。

（2）若想将分屏效果运用到转场上，只需要将本节所讲述的分屏效果的制作方法应用到另一个视频或图片素材，然后将相同格子的素材进行替换即可，需要注意两段素材之间所分格子的数量要保持一致。

关键技能 079 制作分屏闪烁效果

● 技能说明

通过【蒙版】功能将素材从固定位置切开，可以制作分屏闪烁效果，分屏闪烁效果适合用于转场。

● 应用实战

具体操作步骤如下。

Step01： 导入多段视频素材或图片素材，将素材的时长都调整为0.4秒，如图8-13所示。

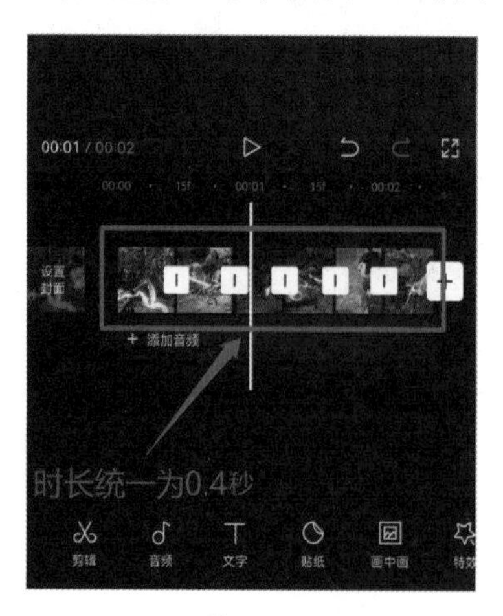

图 8-13

Step02： 给视频添加【叠化】转场效果，并点击【全局应用】按钮，如图8-14、图8-15所示。

图 8-14

图 8-15

Step03： 给每个视频添加【入场动画】中的【动感缩小】效果，制作好导出即可，如图8-16、图8-17所示。

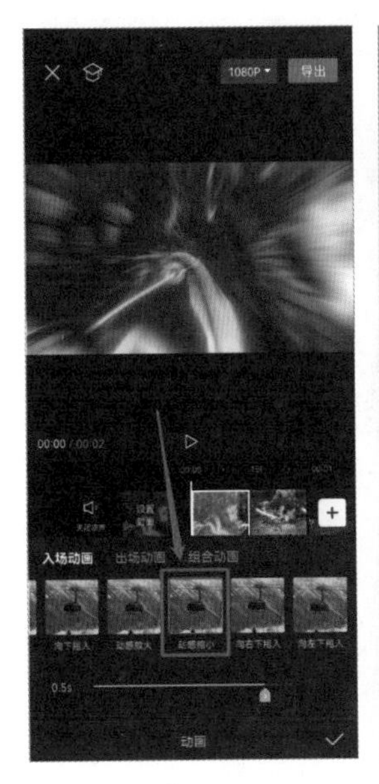

图 8-16

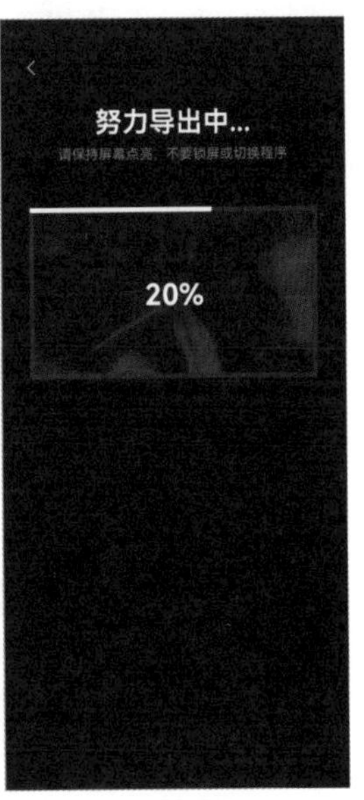

图 8-17

Step04： 新建一个项目，导入作为顶层的图片或视频素材，然后将刚刚导出的转场视频作为画中画进行添加，如图 8-18 所示。

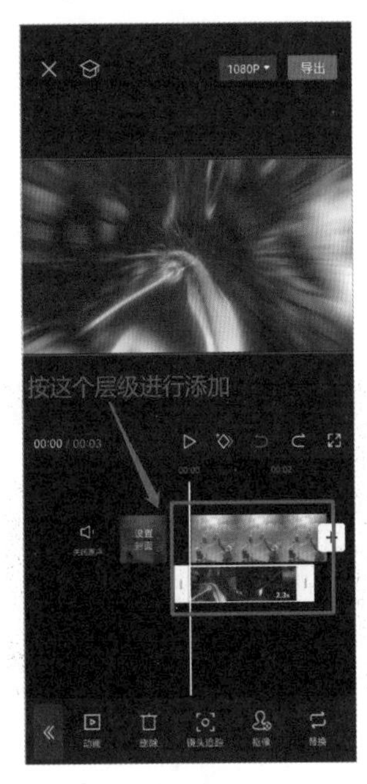

图 8-18

Step05： 点击作为画中画的视频，选择【蒙版】功能中的【镜面】，将蒙版调整到合适的位置，再将蒙版范围调到最窄，如图 8-19、图 8-20 所示。

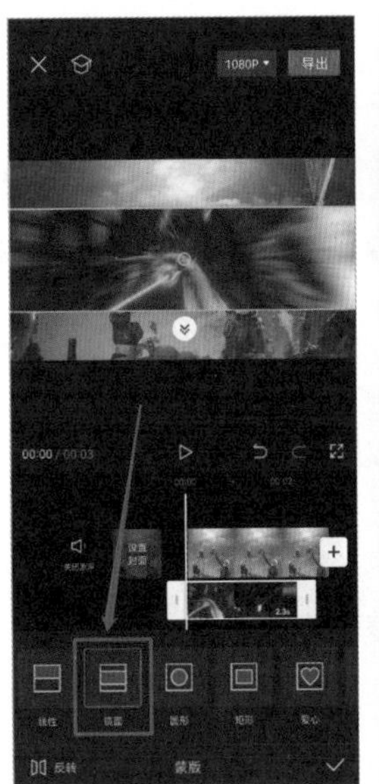

图 8-19

图 8-20

Step06： 将光标移到开头，为转场视频打上第一个关键帧，如图 8-21 所示。

图 8-21

再将光标移到合适的位置，打上第二个关键帧，并调大镜面蒙版的范围，这样分屏转场的效果就完成了，如图 8-22、图 8-23 所示。

图 8-22

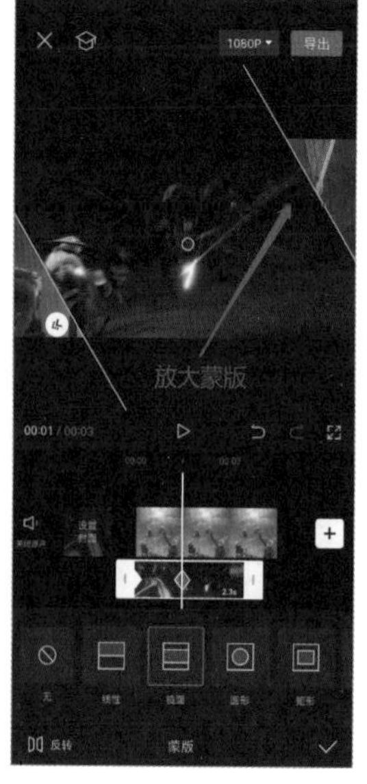

图 8-23

高手点拨

蒙版视频的层级关系

我们在使用剪映App中的【蒙版】功能时，需要注意画中画与主视频轨道之间的层级关系，一般转换成画中画的视频图层会在主轨道视频图层之上。所以在我们使用【蒙版】功能时，应该先考虑在转换成画中画的视频当中进行制作。

同理，我们也可以将转场视频放在主轨道，将主要的视频或图片素材转换成画中画，然后在主要的视频或图片素材上添加镜面蒙版进行制作。

关键技能 080 营造视频氛围感

● 技能说明

在面对风景类的视频时，除了之前讲解过的调色方法，我们还可以利用蒙版效果和画中画效果，营造回忆的氛围。

● 应用实战

可以利用圆形蒙版效果和其中的羽化功能为视频营造氛围感。具体操作步骤如下。

Step01： 导入一段风景素材，如图8-24所示。

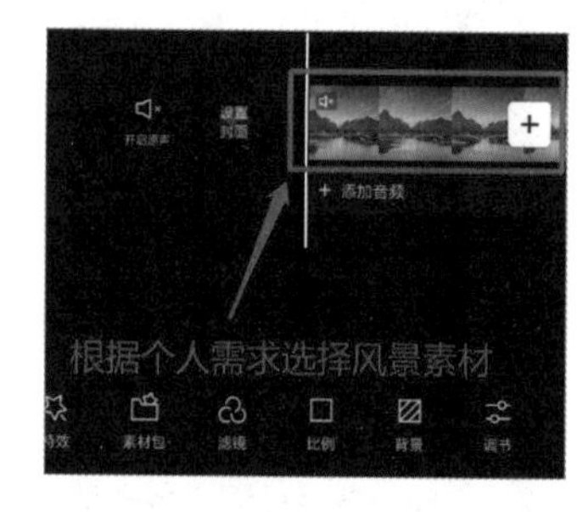

图 8-24

Step02： 点击【新增画中画】按钮，添加若干段人物素材，人物素材可以根据视频所要营造的氛围有针对性地选择，如图8-25、图8-26所示。

图 8-25　　图 8-26

Step03： 点击其中一段人物素材，在【蒙版】功能中选择【圆形】效果，将添加的蒙版调整到合适的大小和位置，如图8-27、图8-28所示。

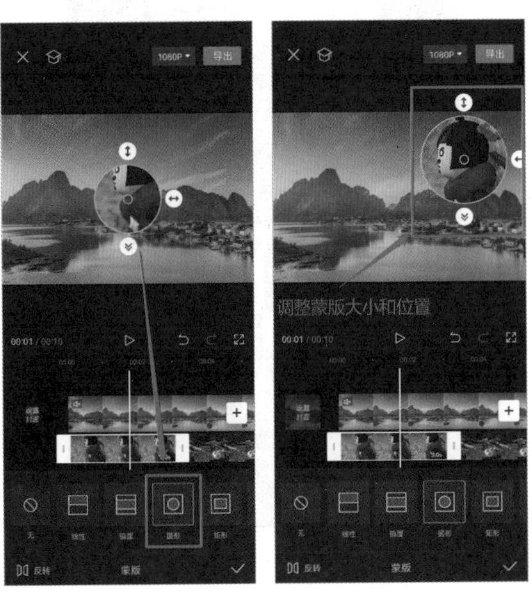

图 8-27　　图 8-28

Step04： 拉动蒙版中的【双箭头标志】，调整蒙版的羽化程度，如图8-29所示。

Step05： 分别在人物素材的开头、结尾及中间位置打上关键帧，如图8-30所示。

图 8-29　　图 8-30

接着将人物素材开头和结尾的【不透明度】属性参数调为0，就可以有出现与消失的效果，给人一种回忆的感觉，如图8-31、图8-32所示。

图 8-31　　图 8-32

用相同的方法制作剩下的人物素材，可以将每个素材放置在画面中的不同位置。

关键技能 081 使用蒙版为视频更改背景

● 技能说明

如果遇到素材的背景不符合心意的情况，我们就可以利用【蒙版】功能对素材的背景进行替换。如果素材中有人物，我们可以先利用【智能抠像】功能抠出人物，再进行背景替换。

● 应用实战

具体操作步骤如下。

Step01：先添加一段风景素材，再点击【新增画中画】按钮添加视频素材，然后选中视频素材，在【蒙版】功能中选择【线性】效果，如图8-33、图8-34所示。

图 8-33

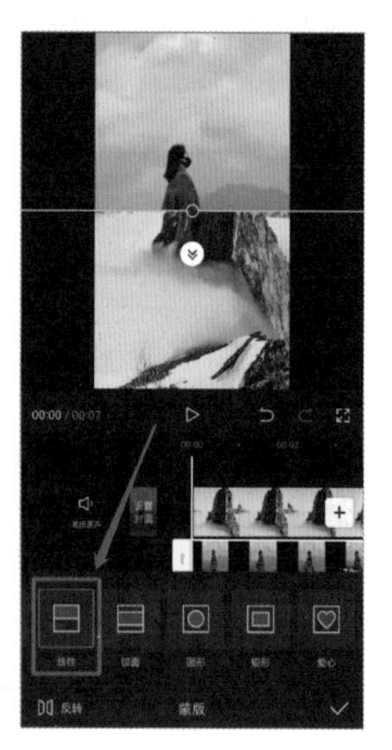

图 8-34

Step02：将添加的【线性】蒙版调整到合适的位置，如图8-35所示。

图 8-35

Step03：复制一份视频素材，取消复制视频的蒙版效果，然后点击复制的视频素材，在【抠像】功能中选择【智能抠像】功能，将人物抠出即可，如图8-36、图8-37所示。

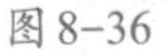
图 8-36

图 8-37

高手点拨

更改背景的局限

利用蒙版更改背景对拍摄的素材有一定的要求，特别是添加线性蒙版时，拍摄素材的前景景物要尽量保持在一条水平线上，不然线性蒙版无法全部囊括，很容易穿帮。

我们也可以单纯依靠抠像功能，直接抠出主体的人物或景色，然后自己设置抠像的范围和主体，在对素材进行处理时会比较麻烦。

两种方法各有优劣，可以根据不同的素材进行选择。

关键技能 082　制作视频遮罩转场效果

● 技能说明

视频遮罩转场效果是通过蒙版和素材中遮挡视觉来完成的。视频遮罩转场效果不仅能用于转场，也能用于画面的过渡。

● 应用实战

制作视频遮罩转场效果时，除了需要添加线性蒙版，还需要打一定量的关键帧。具体操作步骤如下。

Step01： 先导入一段视频素材，然后点击【新增画中画】按钮添加视频遮罩素材，点击视频遮罩素材并在【蒙版】功能中添加【线性】效果，如图 8-38、图 8-39 所示。

图 8-38

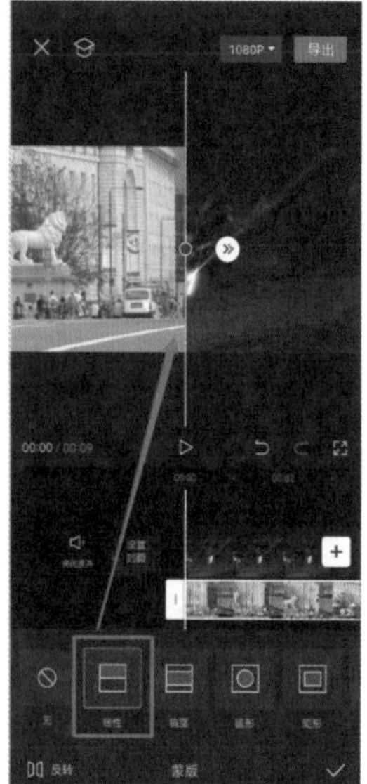

图 8-39

Step02：将光标移到遮罩开始的地方，调整蒙版位置并打上关键帧，如图8-40所示。

Step03：随着视频遮罩素材中遮罩主体的移动，隔一段时间调整一次蒙版的位置，如图8-41所示。

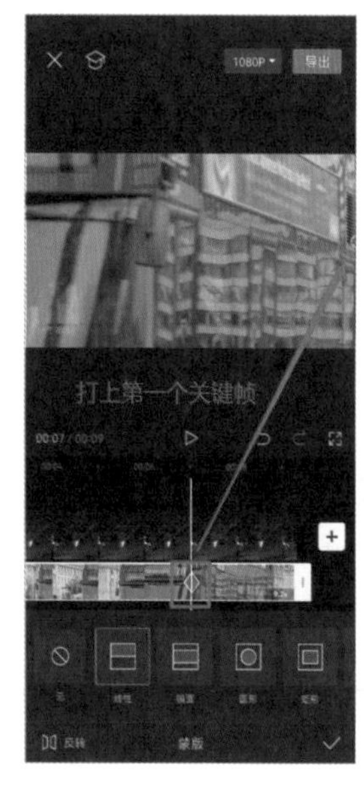

图 8-40

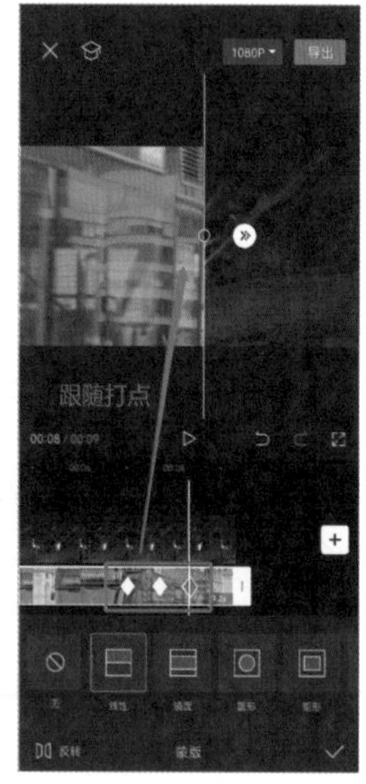

图 8-41

Step04：每次调整蒙版位置都会自动在时间轴上打上关键帧，直到主轨道视频完全出现，视频遮罩素材完全消失，如图8-42所示。

图 8-42

高手点拨

打关键帧的注意事项

在视频素材打上第一个关键帧后，无论视频素材属性发生什么变化，系统都会在光标位置自动生成一个关键帧（除非该位置上已存在一个关键帧），所以我们在制作视频时，需要注意素材属性数值的变化，防止关键帧之间生成额外的动画。

关键技能 083 用两种不同的方法制作多视频同框效果

● 技能说明

多视频同框效果就是将两段视频的主体放在同一个画面中。

● 应用实战

制作多视频同框效果有两种方法：第一种方法是使用【抠像】功能直接抠出人像主体；第二种方法是通过添加线性蒙版来分割重组处在同一背景下的两段素材。具体操作步骤如下。

1. 第一种方法

Step01： 先导入一段素材，然后点击【新增画中画】按钮添加另一段素材，如图 8-43 所示。

图 8-43

Step02： 选择转换成画中画的素材，在剪辑工具栏中选择【抠像】功能中的【智能抠像】或【自定义抠像】功能，将视频主体抠出即可，如图 8-44、图 8-45 所示。

图 8-44　　图 8-45

2. 第二种方法

Step01： 拍摄两段相同背景但主体不同的素材，将一段素材正常导入，另一段素材转换成画中画，如图 8-46 所示。

Step02： 然后点击转换成画中画的视频素材，在剪辑工具栏中选择【蒙版】功能并添加【线性】效果，如图 8-47 所示。

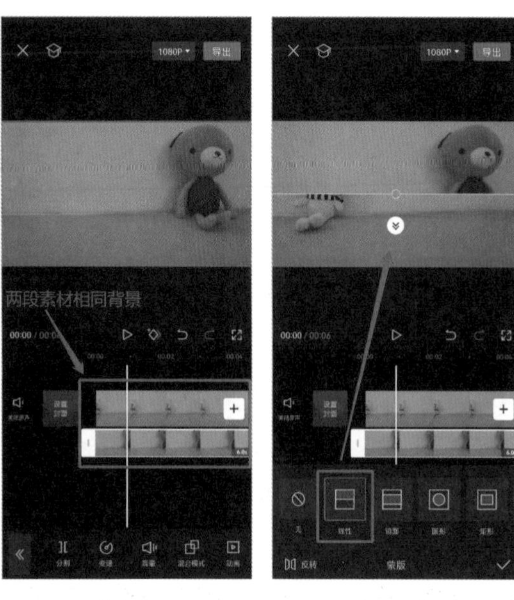

图 8-46　　图 8-47

Step03： 将线性蒙版移到合适的位置即可。因为背景相同，所以只要素材主体的相对位置不是特别紧贴，就能营造出同框的感觉，如图 8-48 所示。

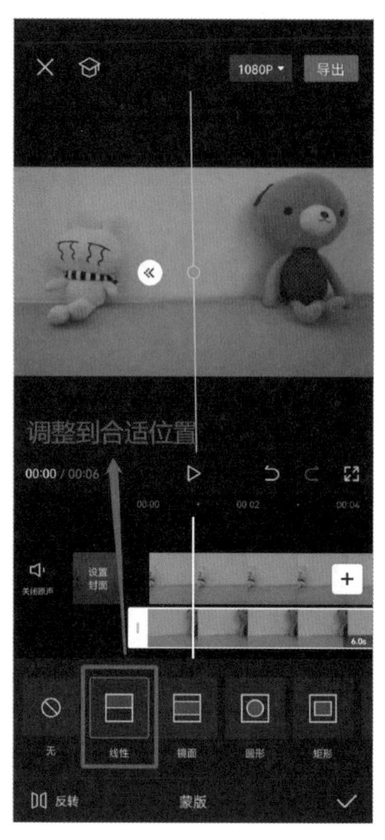

图 8-48

关键技能 084 制作眼睛转场效果

● 技能说明

眼睛转场效果是非常有创意的转场方式。它将镜头聚焦到人物的眼睛上，并不断拉近画面，在瞳孔处利用蒙版制作出转场的效果，直到底部的素材画面完全展现出来。

● 应用实战

我们需要用圆形蒙版效果在眼球处制作蒙版转场，具体操作步骤如下。

Step01： 先导入一段视频作为转场后的素材，然后通过【新增画中画】功能添加眼睛素材，如图 8-49 所示。

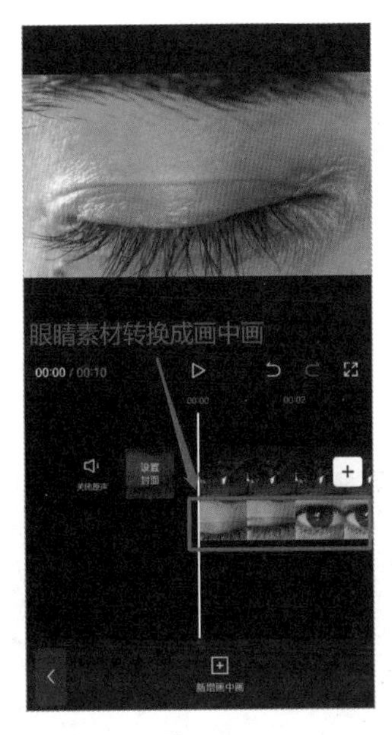

图 8-49

Step02：选择眼睛素材，在【蒙版】功能中添加【圆形】效果，并移到眼睛素材中瞳孔的位置，调整羽化值，如图 8-50、图 8-51 所示。

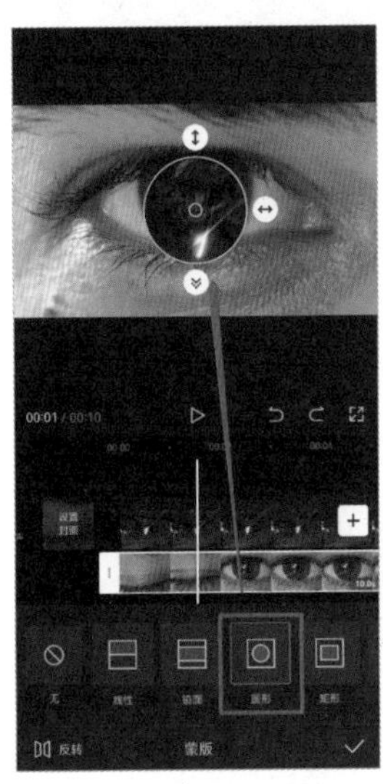

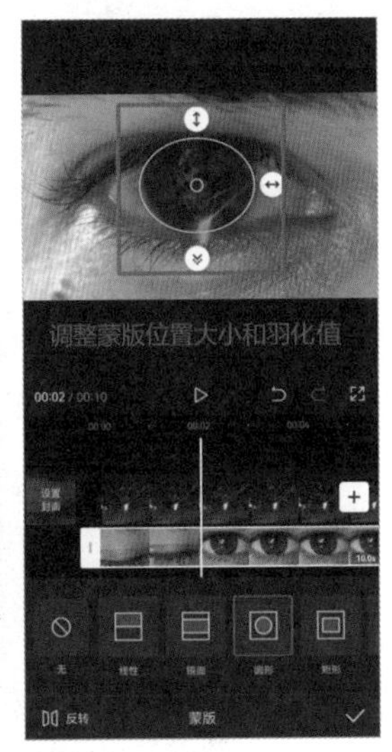

图 8-50　　图 8-51

Step03：在需要进行转场的时间点打上关键帧，然后在后续合适的时间点将眼睛素材放大，直到瞳孔差不多盖过整个画面，如图 8-52、图 8-53 所示。

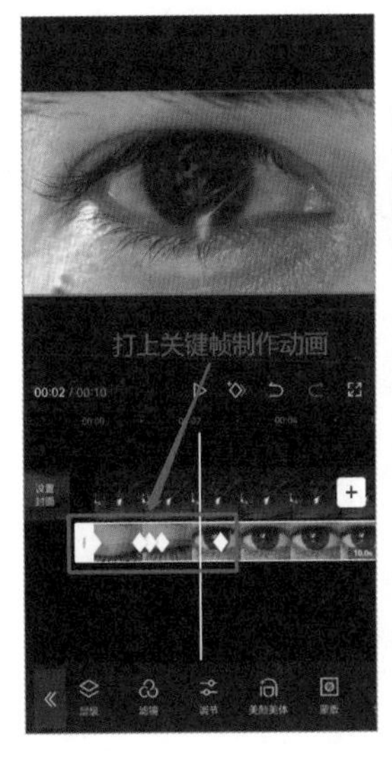

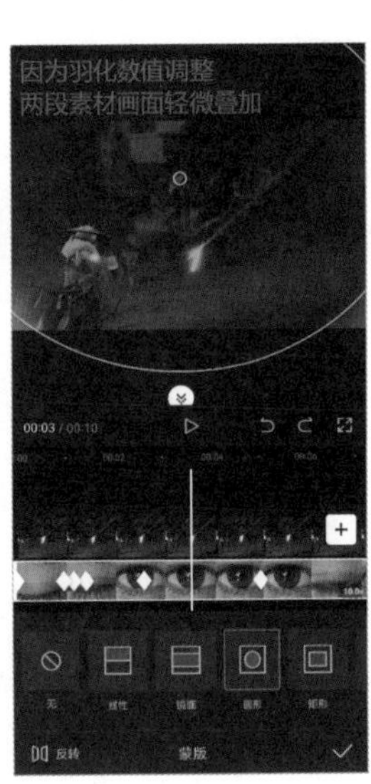

图 8-52　　图 8-53

Step04：当瞳孔完全盖住整个画面后，将羽化值调回初始值即可，如图 8-54 所示。

图 8-54

高手点拨

眼睛素材须知

制作眼睛转场效果时，应选择使用较为稳定的眼睛素材，没有眨眼、转头等大幅度的动作，这样会大大减少后期剪辑的压力。

关键技能085 制作放大镜换装效果

● 技能说明

可以通过关键帧改变圆形蒙版的位置和大小，达到放大镜扫视的效果。

● 应用实战

具体操作步骤如下。

Step01： 先导入一段素材，然后点击【新增画中画】按钮添加另一段素材，如图8-55所示。

图8-55

Step02： 点击转换成画中画的素材，选择【蒙版】功能并添加【圆形】效果，将添加的圆形蒙版调整到合适的大小，如图8-56、图8-57所示。

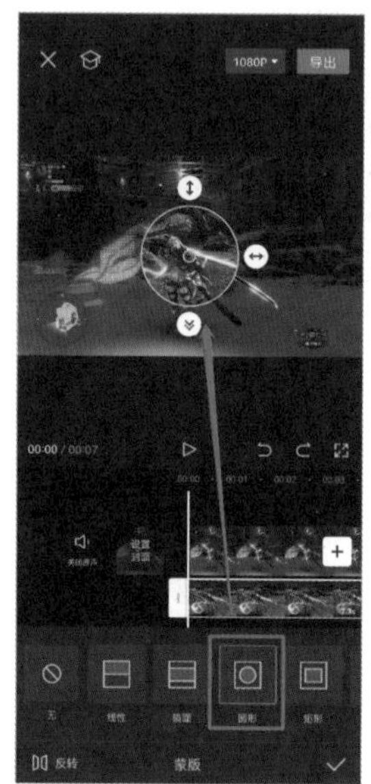

图8-56

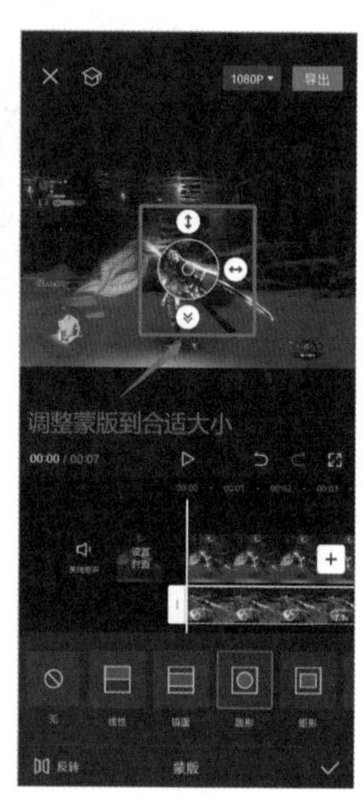

图8-57

Step03： 将光标移到时间轴开头位置并打上关键帧，如图8-58所示。

图8-58

接下来，将光标移到后续合适的时间节点，

并移动圆形蒙版的位置。注意每次移动蒙版后，需要在该时间节点后的0.5秒～1秒的范围间手动添加一个关键帧，做出放大镜停留的效果，如图8-59、图8-60所示。

图 8-59

图 8-60

制作多次移动效果后，在视频结尾将圆形蒙版放大，直到底部素材完全显示即可，如图8-61所示。

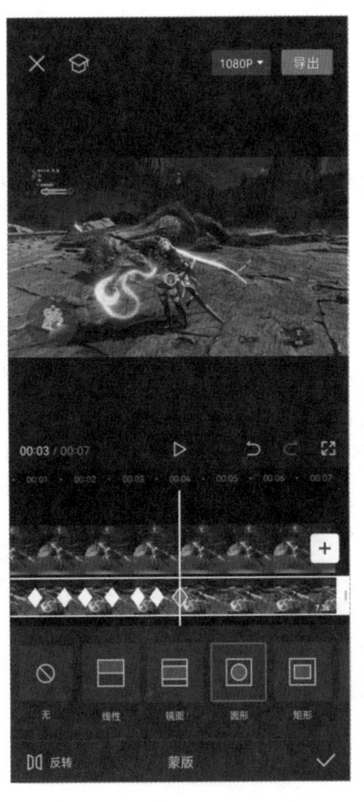

图 8-61

高手点拨

放大镜换装效果的细节

如果希望有放大镜的感觉，可以将底部的视频放大，或者添加特效，使底部的视频通过圆形蒙版展示时有扭曲或放大的效果。

关键技能 086 用圆形蒙版制作静物球体

● **技能说明**

我们合理地利用【蒙版】功能，可以制作出静物球体。

● **应用实战**

制作静物球体前需要准备黑白两张纯色背景素材。具体操作步骤如下。

Step01： 先添加白色纯色背景素材，然后给白色纯色背景素材添加【圆形】蒙版效果并调整蒙版大小，如图 8-62、图 8-63 所示。

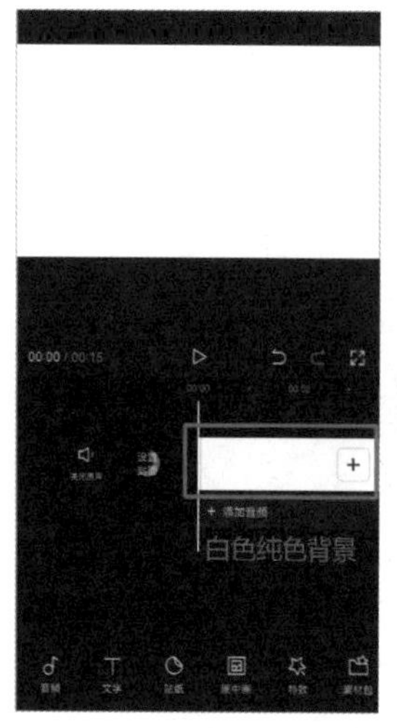

图 8-62

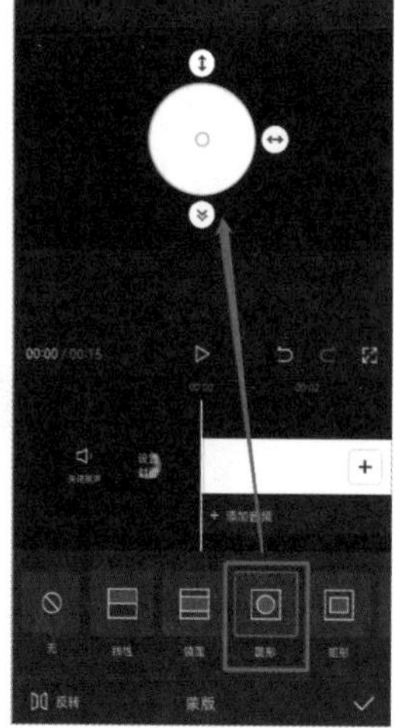

图 8-63

Step02： 点击【新增画中画】按钮添加黑色纯色背景素材，同样为黑色纯色背景素材添加【圆形】蒙版效果，如图 8-64、图 8-65 所示。

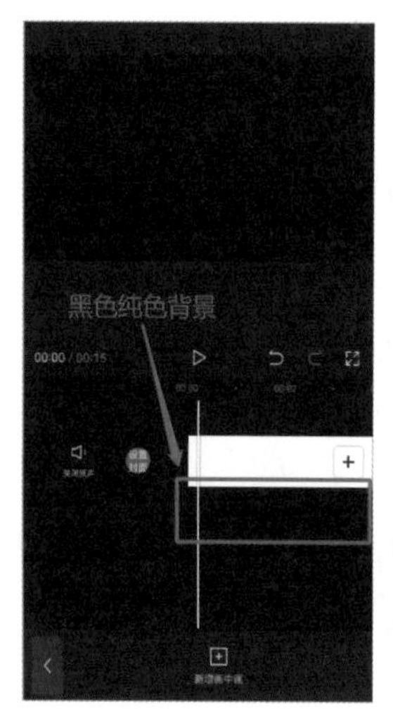

图 8-64

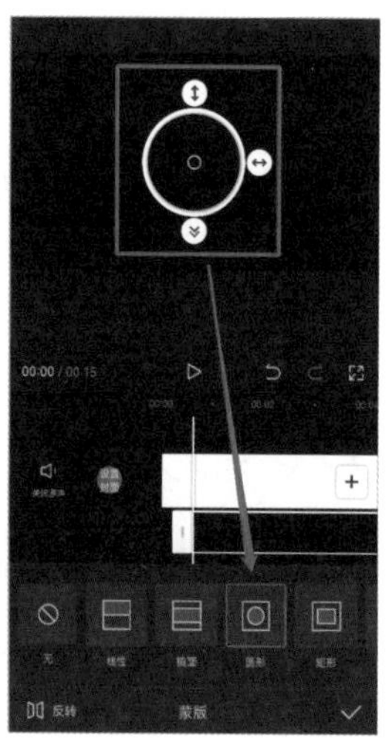

图 8-65

Step03： 调整黑色纯色背景素材的位置，直到其与白色纯色背景素材形成一个月牙形状，如图 8-66 所示。

图 8-66

Step04： 选择黑色纯色背景素材，在【蒙版】功能中点击【反转】按钮反转蒙版，并拉动箭头调整羽化值即可，如图 8-67、图 8-68 所示。

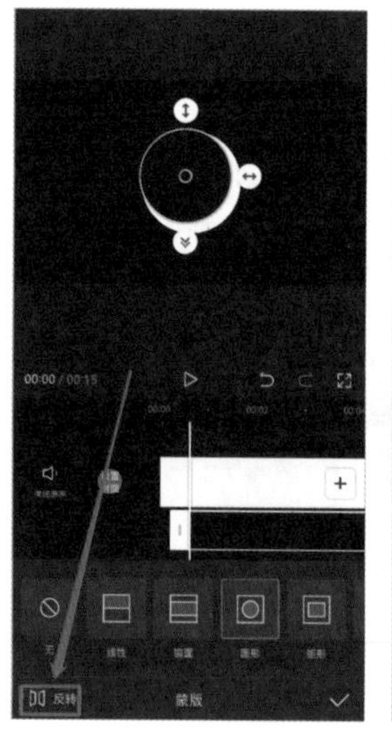

图 8-67

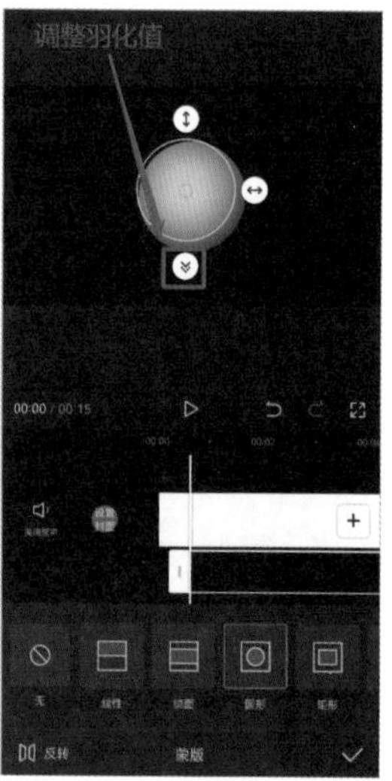

图 8-68

关键技能 087　制作画面分层效果

● 技能说明

制作画面分层效果和制作放大镜换装效果的思路相似，都是用蒙版营造出视频有多种层次的感觉。画面分层效果可以搭配视频特效，做出类似玻璃分层的效果。

● 应用实战

要做出画面分层效果，需要用镜面蒙版功能，并给镜面蒙版增加一层阴影来模拟玻璃分层质感。具体操作步骤如下。

Step01： 导入一段视频，选择【特效】中的【模糊】效果，如图 8-69、图 8-70 所示。

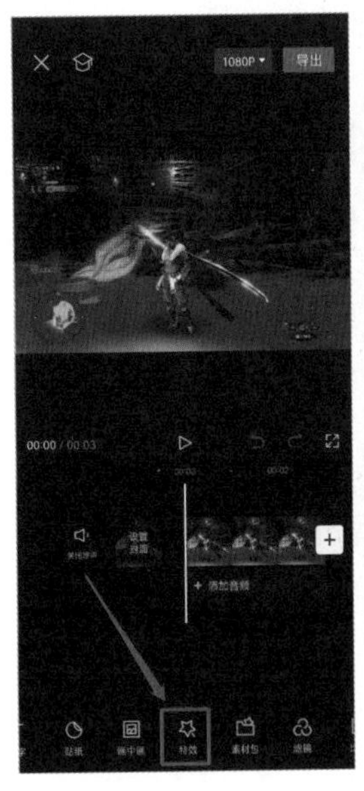

图 8-69

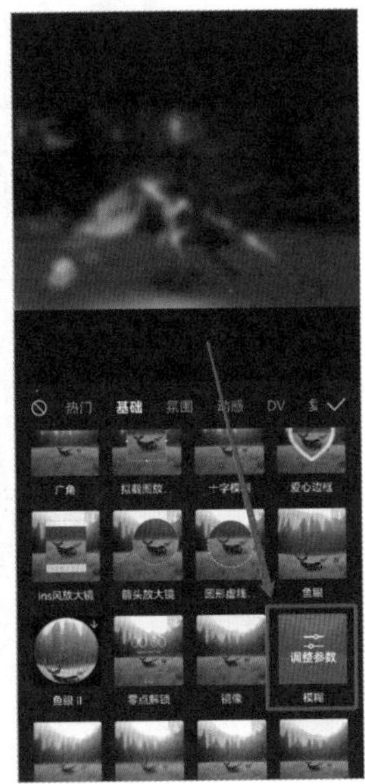

图 8-70

Step02： 复制视频，通过【画中画】功能将复制的视频切换成画中画，如图 8-71、图 8-72 所示。

图 8-71

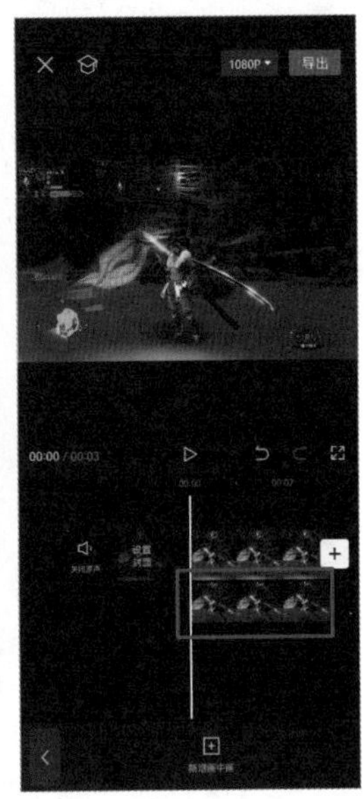

图 8-72

Step03： 选择转换成画中画的视频，在【蒙版】功能中添加【镜面】效果，如图 8-73 所示。

Step04： 给转换成画中画的视频打上关键帧，做蒙版位移或旋转动画，如图 8-74、图 8-75 所示。

Step05： 再次复制切换成画中画的视频，将复制后的视频拖到原画中画图层的下方，如图 8-76 所示。

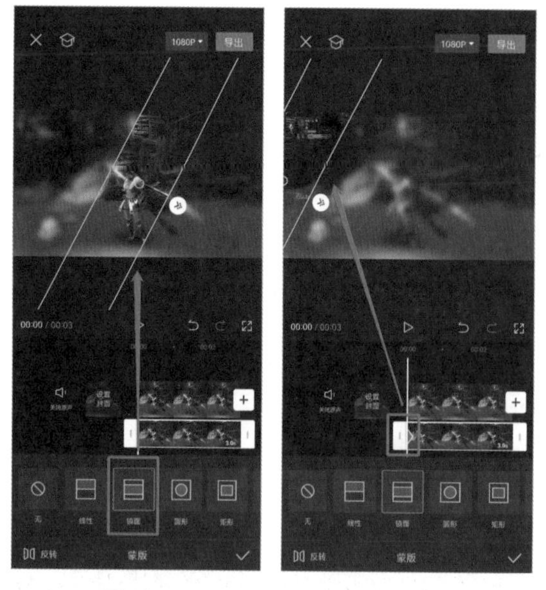

图 8-73　　图 8-74

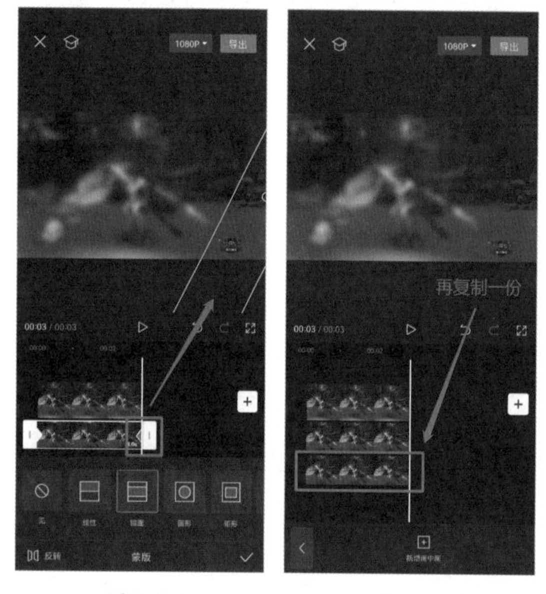

图 8-75　　图 8-76

Step06：将原画中画图层的素材，替换成准备好的黑色纯色背景素材，如图 8-77、图 8-78 所示。

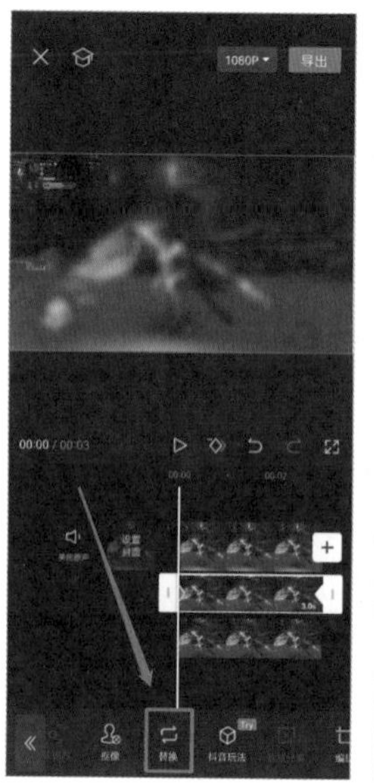

替换成黑色纯色素材

图 8-77　　图 8-78

Step07：调整黑色纯色背景素材中蒙版的大小和羽化值，做出玻璃的阴影效果，如图 8-79 所示。

图 8-79

第9章 实战：制作文字特效的6个关键技能

除了视频特效及人物特效，文字也是丰富视频画面不可缺少的元素。通过文字与动效的结合，也能创造出令人意想不到的效果。本章知识点框架如图9-1所示。

图 9-1

关键技能088 制作快闪文字效果

● 技能说明

文字可以放在视频中作为字幕出现，也可以作为视频的开头特效进行展示。快闪文字效果就很适合拿来制作视频开头，鼓点明快的背景音乐搭配快闪的文字，能够在一开始就迅速吸引观众的注意力。

● 应用实战

快闪文字效果的制作方法非常简单，只需要对着背景音乐卡好点，再调整多个字幕的持续时长即可。具体操作步骤如下。

Step01：先添加一段黑场素材，再添加一段合适的背景音乐，尽量选择有节奏感、鼓点明显的背景音乐，方便后期踩点，如图9-2所示。

图9-2

Step02：先选择添加的背景音乐，再选择【节拍】功能，在音乐轴上打好标记点，如图9-3、图9-4所示。

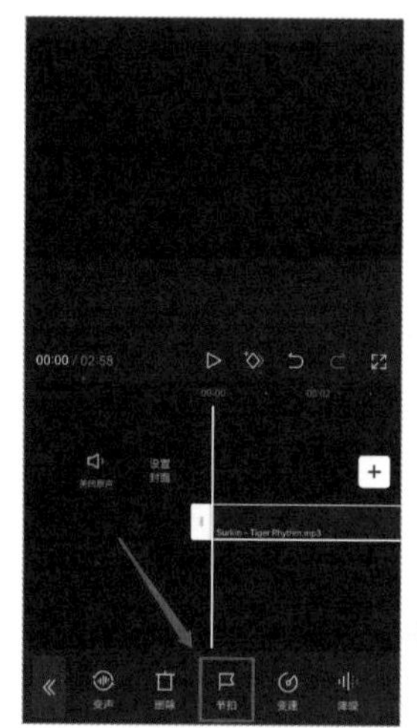

图9-3

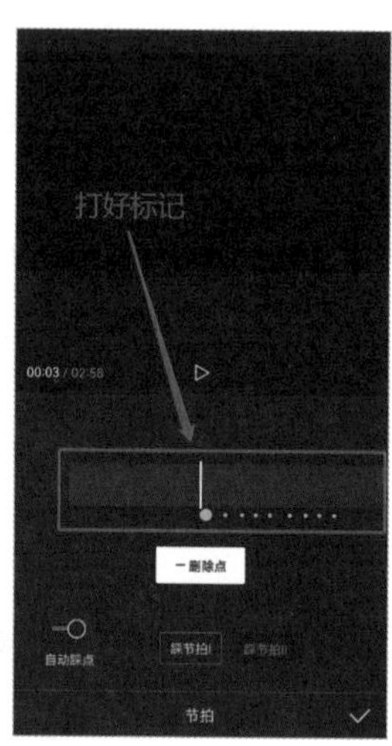

图9-4

Step03：新建一个文本，输入合适的文案，单个文本不要超过5个字，如图9-5所示。

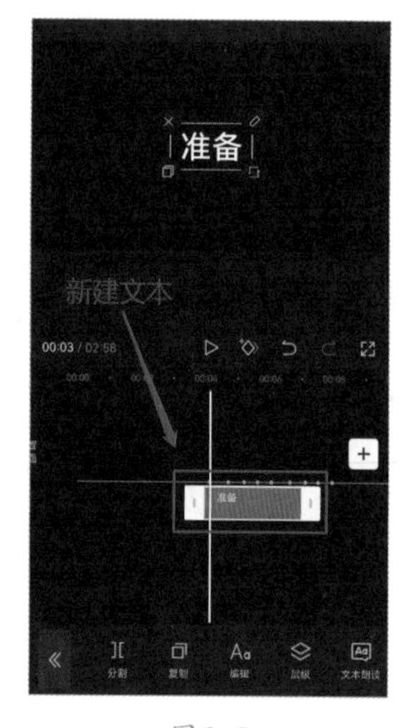

图9-5

Step04： 调整新建文本的持续时长，将开头对准第一个鼓点，结尾对准第二个鼓点。按照这个方法，依次创建新的文本并将其与鼓点对齐即可，如图9-6、图9-7所示。

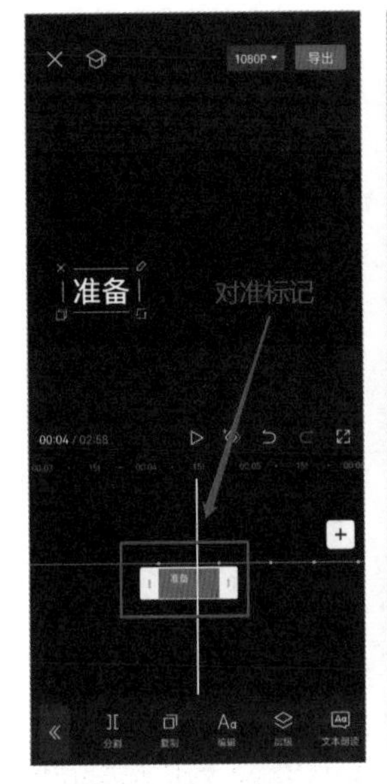

图 9-6

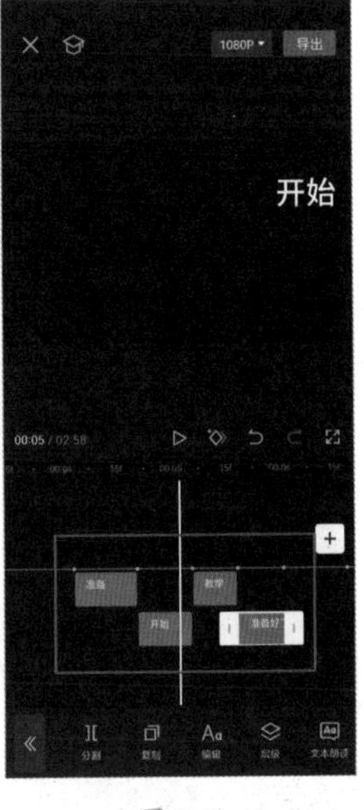

图 9-7

高手点拨

制作快闪文字效果须知

（1）在制作文字特效时，需要注意，剪映App在创建稿件时至少需要有一段视频或图片素材。如果我们只想制作文字特效，可以导入黑场或白场素材，这样就可以解决创建稿件的问题。

（2）快闪文字本质上就是文字的硬切转场，在踩点的时候需要注意准确性，最好与音乐鼓点重合。

（3）在我们用以上方法制作出快闪文字开头后，还可以给每个文本添加不同的出场动画、入场动画或组合动画，这样即使是硬切转场也不会显得单调。

关键技能 089　制作文字穿梭效果

● 技能说明

文字穿梭效果不仅运用广泛，而且制作简单，无论是在视频的开头还是在视频的中间都可以用得上，尤其适合用于旅游和自然景点类视频。

● 应用实战

文字穿梭效果需要添加一个入场动画作为过渡效果，然后打上关键帧形成文字缩小的效果，具体操作步骤如下。

Step01： 添加一段素材，然后新建一个文本，并输入合适的内容，如图9-8所示。

Step02： 可以根据个人需求更改文字的字体，将文字加粗或变为斜体，如图 9-9 所示。

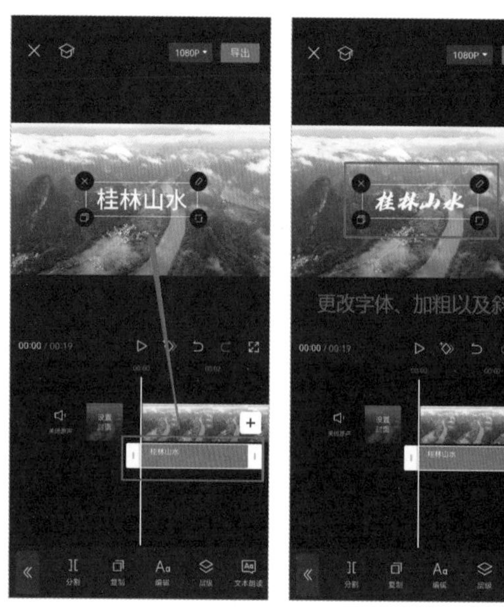

图 9-8　　　　图 9-9

Step03： 在文字编辑弹窗或者文字工具栏中选择【动画】功能，添加入场动画的【开幕】功能，将持续时长调为2.5s，如图 9-10 所示。

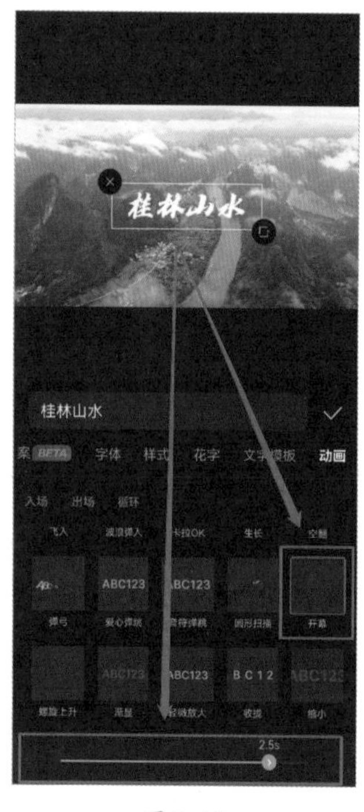

图 9-10

Step04： 在文字出现的时间节点上添加一个关键帧，然后在后面合适的时间节点再添加一个关键帧，两个关键帧之间的时长不要超过入场动画的持续时长，如图 9-11 所示。

Step05： 将光标对准第一个关键帧，然后将文字放大到超过画面即可，如图 9-12 所示。

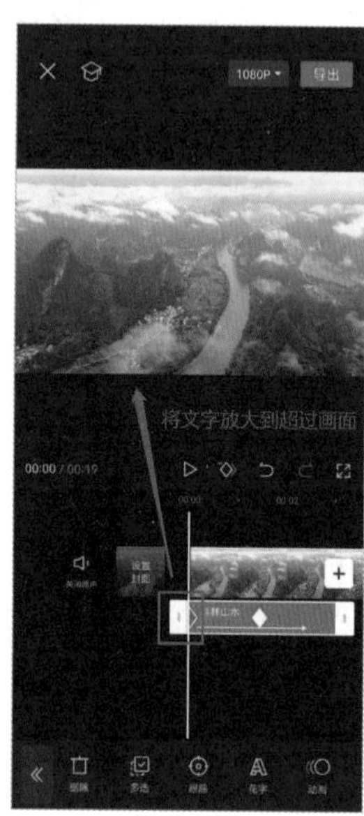

图 9-11　　　　图 9-12

高手点拨

动画与持续时长设置技巧

（1）在制作动画时，不一定要选择【开幕】功能，还可以选择合适的【入场动画】和【循环动画】功能。在选择动画时需要注意，动画的运动轨迹不要和关键帧动画的运动轨迹冲突。

（2）可以根据视频的节奏自行把控关键帧之间的时长，添加的动画持续时长不要超出最后关键帧的时间节点太多，不然关键帧动画已经结束了，动画效果还在播放，这会对视觉效果有一定影响。

关键技能 090 运用文字混合模式

● 技能说明

在剪映App中，我们可以先做一个文字动画，然后将其导出成视频，再作为画中画进行添加，这样就可以实现文字的混合效果。在文字的【混合模式】功能中，最常见的效果就是镂空文字。

● 应用实战

先做一个文字动画再导出，然后作为画中画添加到新的工程文件中，再运用【混合模式】功能做出文字镂空的效果。具体操作步骤如下。

Step01：导入一段黑场或白场素材，然后添加一段文字，并放大至合适的位置，如图9-13所示。

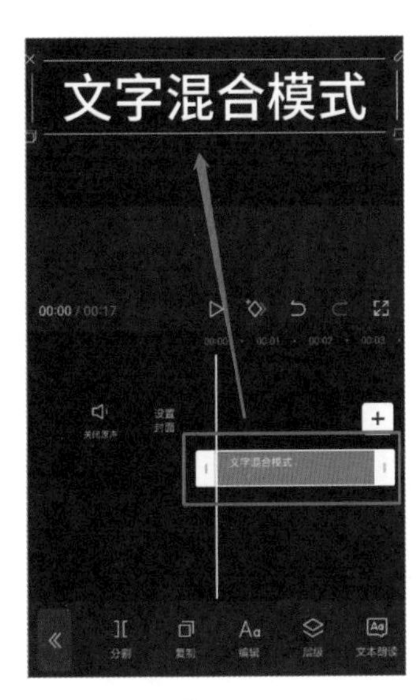

图 9-13

Step02：添加文字后，可以做关键帧动画，先在文字开头打上一个关键帧，然后将文字调到最右边，接着在后面合适的时间节点添加一个关键帧，将文字调到最左边，如图9-14、图9-15所示。

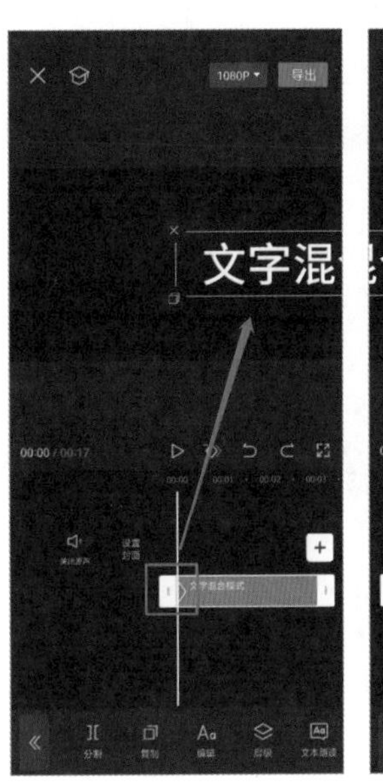

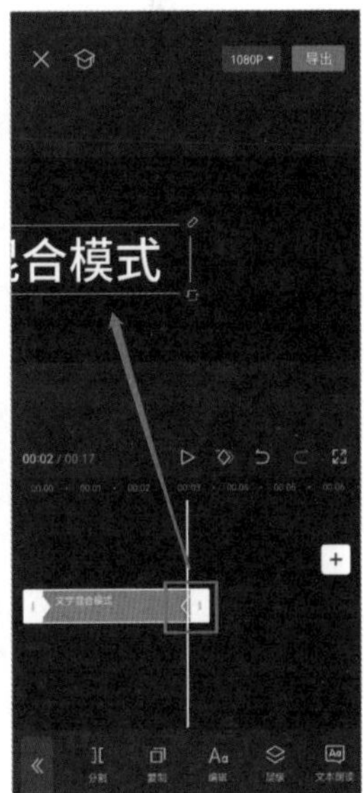

图 9-14　　图 9-15

Step03：制作好动画，将视频导出，如图9-16所示。

Step04：新建一个项目，先导入一段视频或图片素材作为主轴上的素材，然后将刚刚导出的文字动画视频作为画中画进行添加，注意画中画素材要覆盖主轴的素材，如图9-17所示。

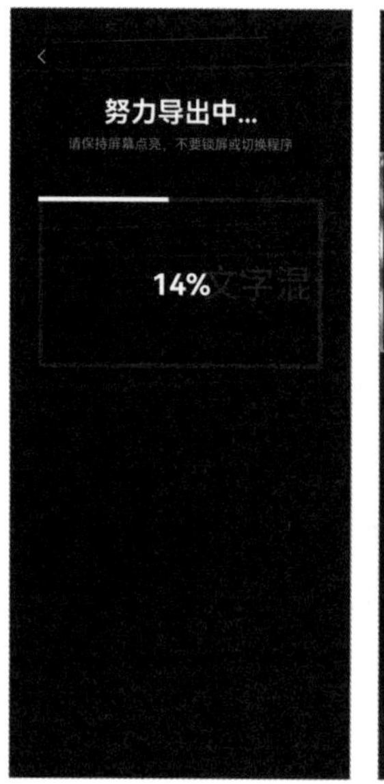

图 9–16

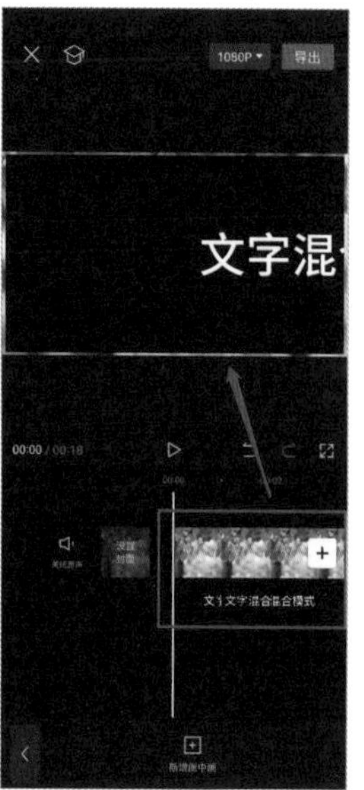

图 9–17

Step05：点击作为画中画的视频，然后点击【混合模式】按钮，选择合适的混合效果使用，【变暗】【滤色】【正片叠底】等都可以完成效果，如图 9–18、图 9–19 所示。

图 9–18

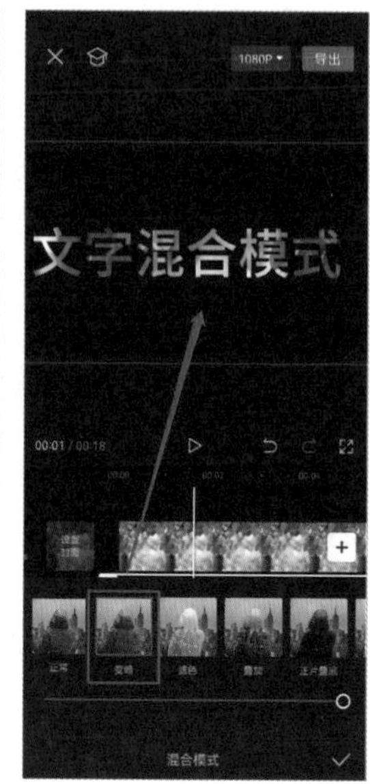

图 9–19

关键技能 091 制作文字发光效果

● 技能说明

在新建文本的时候，我们可以对文字进行直接设置，使其发光，然而，直接设置往往会使发光效果比较突兀、木讷，缺乏灵动的感觉，所以我们需要想办法让文字发光效果变得动感、自然一些。

● 应用实战

我们可以采取两种方法来优化文字发光效果：一是为文本制作关键帧描边动画；二是先设置然后导出，再在新建稿件中添加整体特效。具体操作步骤如下。

1. 第一种方法

Step01：导入黑白场素材并新建一个文本，输入合适的内容。在【样式】中选择【发光】功能，并选择其中一个效果添加，如图 9–20 所示。

图 9-20

Step02：在文字的开头打上关键帧，并选择【描边】功能将文字的描边变粗，如图9-21、图9-22所示。

图 9-21　　图 9-22

然后在合适的时间节点添加一个关键帧，并将文字描边变细即可，如图9-23、图9-24所示。

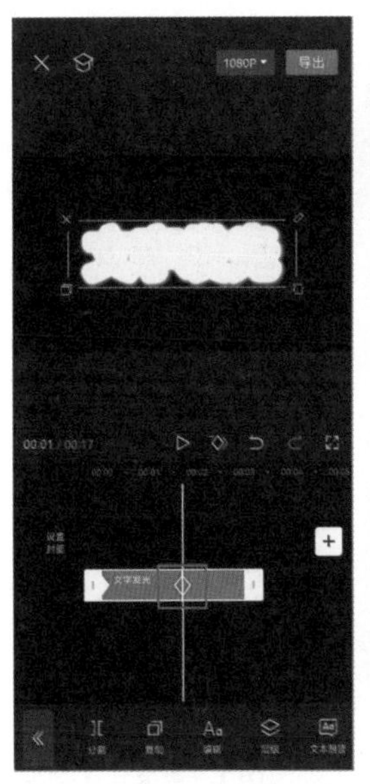

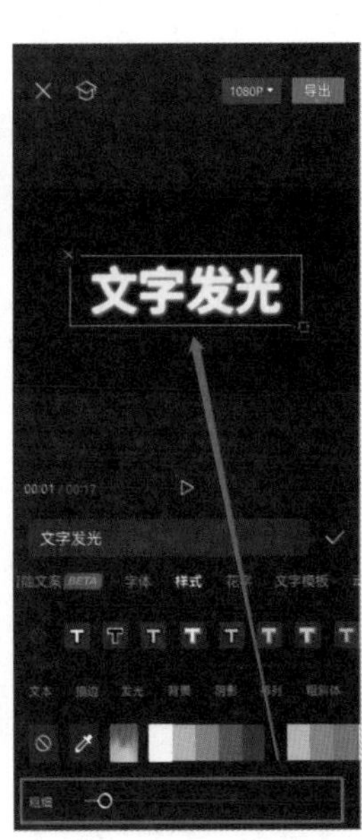

图 9-23　　图 9-24

2. 第二种方法

Step01：先新建一个稿件，导入黑白场素材，然后添加文字并输入合适的文本，在文本设置中将字体颜色改成明亮的颜色，如图9-25所示。

Step02：调整大小和位置后，将该视频导出，如图9-26所示。

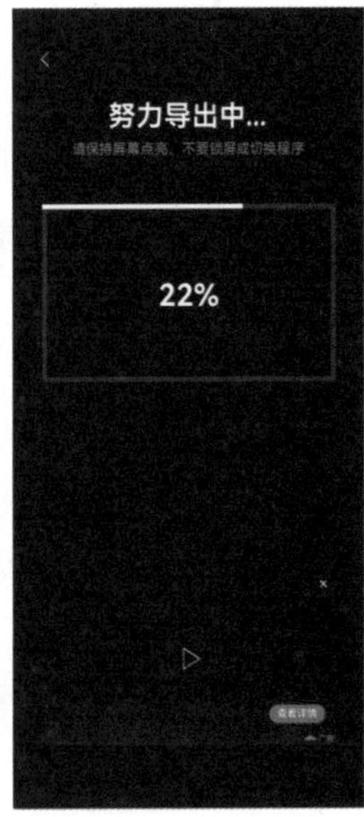

图 9-25　　图 9-26

Step03：接着新建稿件并将刚刚导出的视频

导入，然后在【特效】功能中选择【边缘发光】效果并添加，如图9-27、图9-28所示。

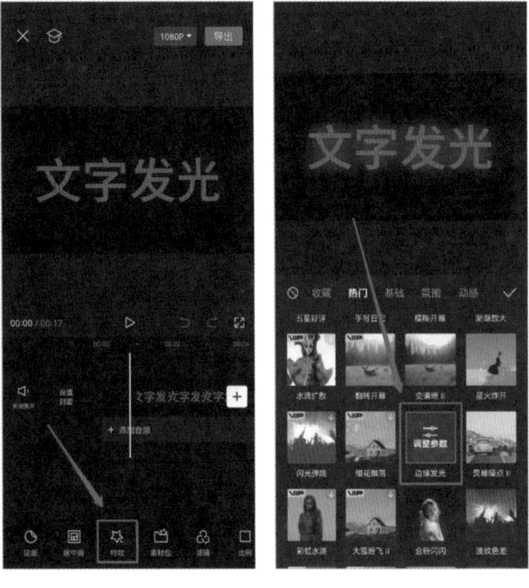

图 9-27　　图 9-28

Step04：如果觉得效果不够强烈，还可以选择【边缘发光】特效，并复制若干份，达到理想的效果即可，如图9-29、图9-30所示。

图 9-29

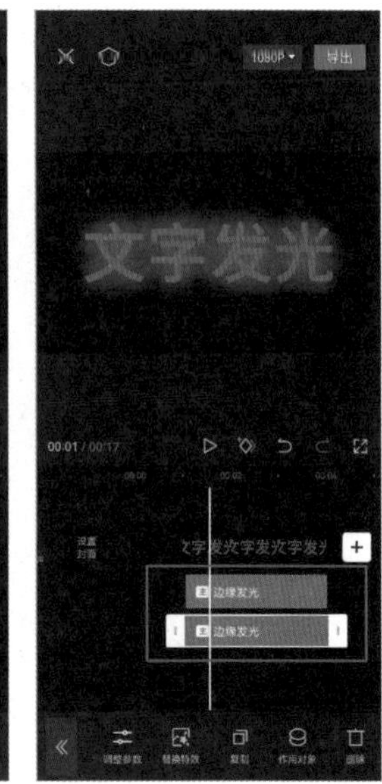

图 9-30

关键技能 092 制作文字扫光效果

● 技能说明

不仅视频可以做出扫光效果，文字也可以做出扫光效果。同样地，文字的扫光效果也需要用到【蒙版】功能。文字扫光效果会比视频扫光效果更明显，可以放在视频的开头，作为开幕。

● 应用实战

简单来说，就是制作一个文字视频并导出，一份作为主轴素材，一份作为画中画素材，然后将主轴的文字视频透明度调低，画中画的文字视频用蒙版制作扫光效果，具体操作步骤如下。

Step01：添加黑白场素材，创建新的文本并输入合适的内容，调整样式、大小等参数后将视频导出，如图9-31、图9-32所示。

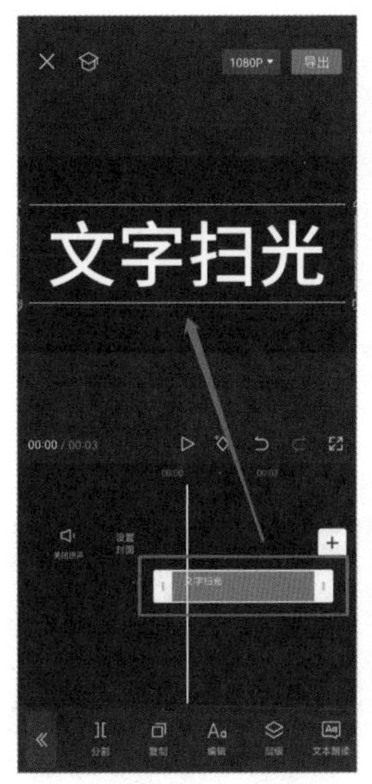

图 9-31

图 9-32

Step02：将导出的视频添加到新的工程文件中，并多添加一份作为画中画素材，如图 9-33 所示。

Step03：将主轴的视频不透明度调低，如图 9-34 所示。

图 9-33

图 9-34

Step04：选中作为画中画的素材，选择【蒙版】功能中的【镜面】，然后调整大小和角度，如图 9-35、图 9-36 所示。

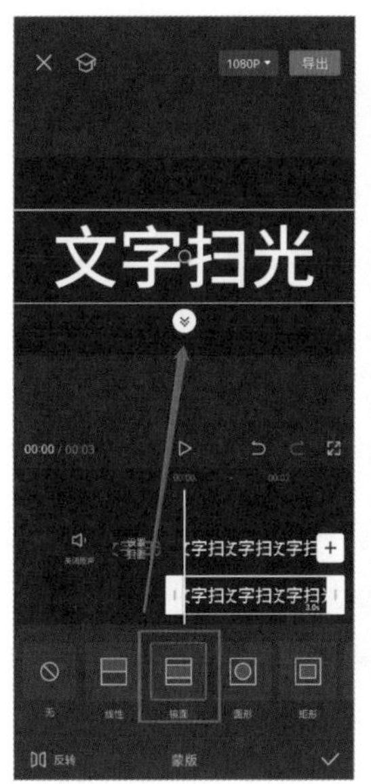

图 9-35

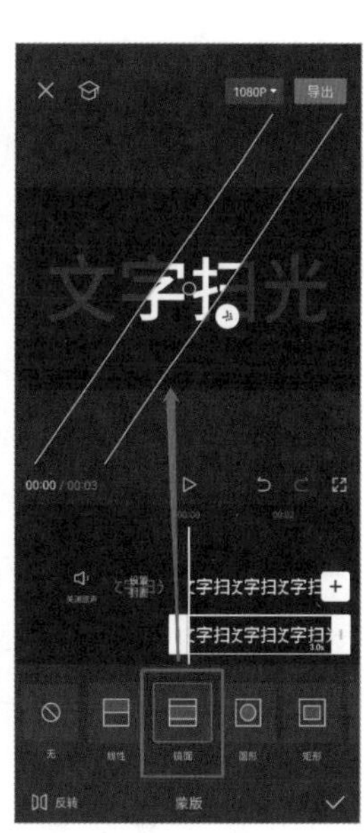

图 9-36

Step05：在开头位置给画中画的素材添加关键帧，然后将蒙版位置往左移；接着，在后续合适的时间节点添加一个关键帧，将蒙版位置往右移，如图 9-37、图 9-38 所示。

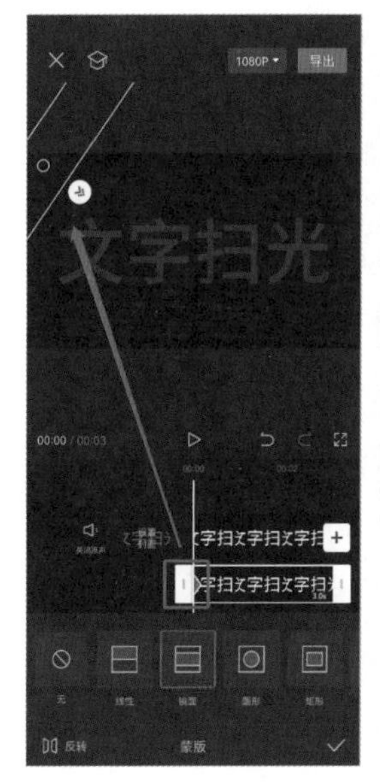

图 9-37

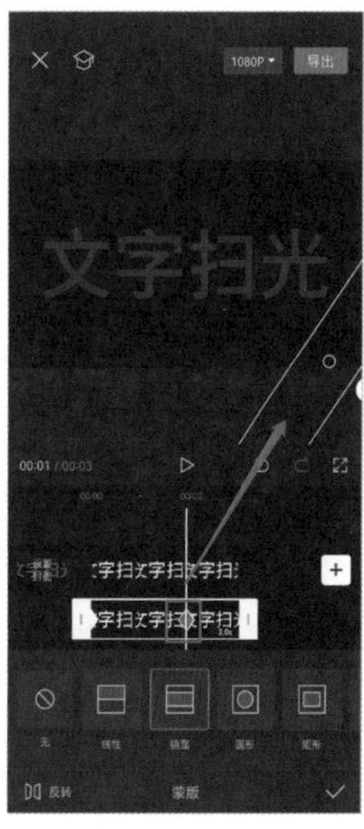

图 9-38

关键技能093 制作文字粒子消散效果

● 技能说明

虽然剪映App没有Adobe After Effects那般丰富的插件功能，无法直接通过插件和遮罩实现文字的消散效果，但我们仍然可以通过组合多种功能来制作一个类似粒子消散的文字特效。只要我们细心调整每个细节，也能达到与Adobe After Effects相近的视觉效果。

● 应用实战

我们需要先准备一段粒子消散的素材，然后通过文字的出场动画或蒙版和粒子消散的素材重叠，使文字看起来就像是粒子消散。具体操作步骤如下。

Step01： 先导入一段黑场素材，然后新建文本，输入合适的内容并调整字号、大小等参数，接着选择文字【动画】功能中的【出场动画】，在【出场动画】中选择【羽化向右】效果，如图9-39、图9-40所示。

Step02： 将粒子消散素材作为画中画素材进行添加，将大小调至合适的位置，并将【混合模式】改为滤色，如图9-41、图9-42所示。

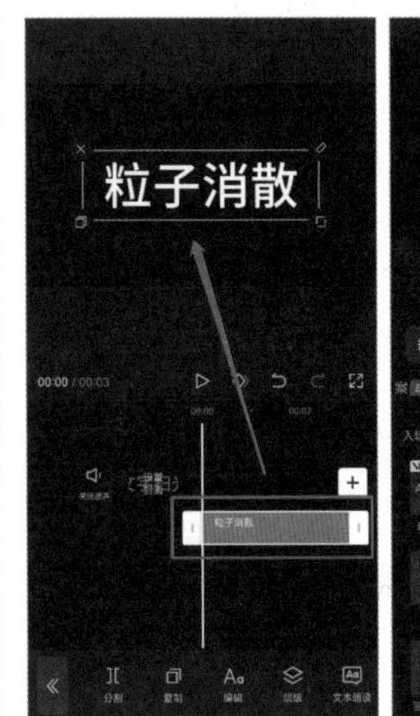

图9-39

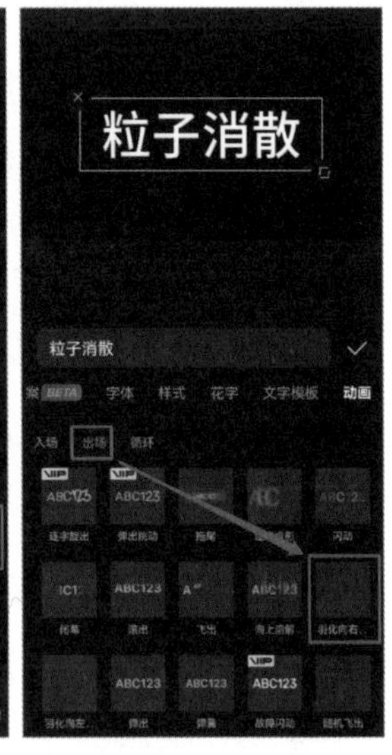

图9-40

图9-41

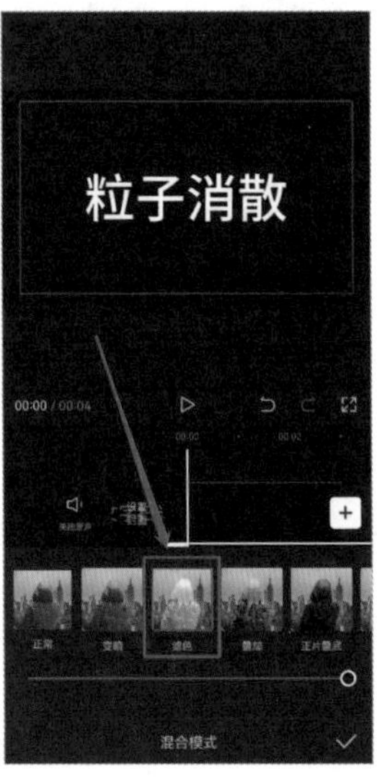

图9-42

Step03： 最后，调整粒子消散素材，将粒子开始消散的时间节点对准文字出场动画的开始，如图 9-43 所示。

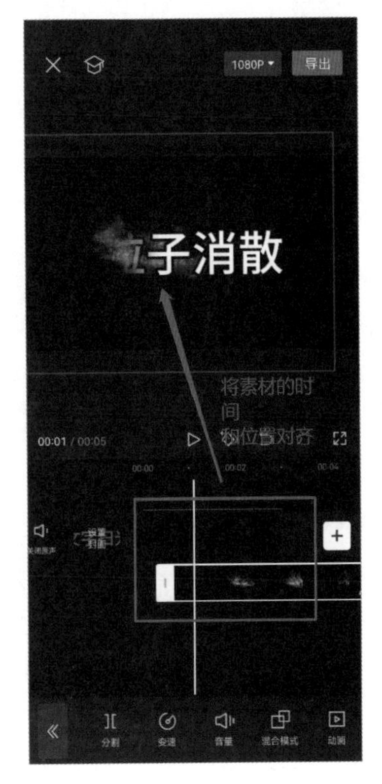

图 9-43

第10章 实战：制作视频调色特效的7个关键技能

在之前的章节中，我们曾经提及，一个引人入胜的视频除了需要精心的视频效果，剪辑过程中的调色操作同样重要。视频所要传达的思想与情感，除了通过内容展示和背景音乐烘托，调色功能也是不可或缺的表达手段。根据不同的素材，调色时所使用的工具和参数也会不同。因此，对初学者而言，调色操作可能相对较难。然而，最重要的是培养对画面的敏锐感和理解能力。为此，提高审美水平并勤加练习就显得尤为重要。通过不断学习和实践，初学者可以逐渐掌握调色的技巧，从而为视频增色添彩。本章知识点框架如图10-1所示。

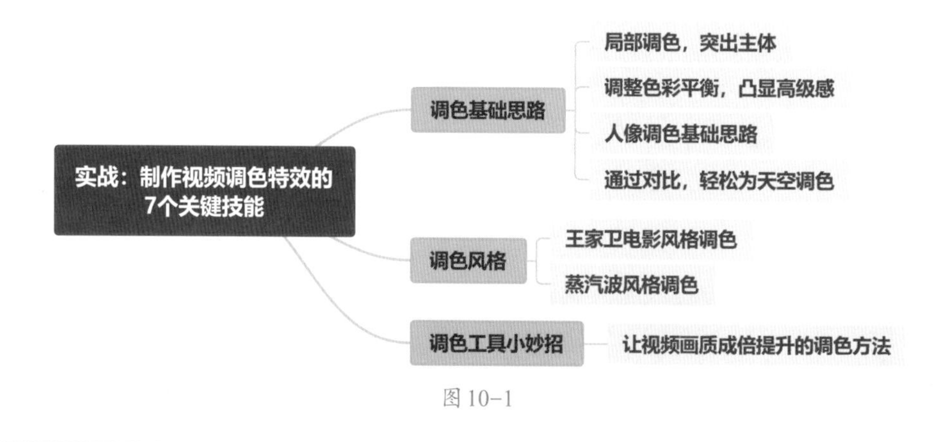

图10-1

关键技能 094 让视频画质成倍提升的调色方法

● 技能说明

我们拍摄素材的时候，可能会因为天气、环境等因素导致拍出来的素材画面暗淡、模糊，在剪辑时就可以利用【调节】功能，调节多个参数，使画面变得明亮、清晰。

● 应用实战

根据素材的不同，一般会调节【亮度】【对比度】【光感】【锐化】等参数。具体操作步骤如下。

Step01：先添加一段素材，可以看到选择的素材画面整体较暗，颜色饱和度不高，色彩看起来并不鲜艳，如图 10-2 所示。

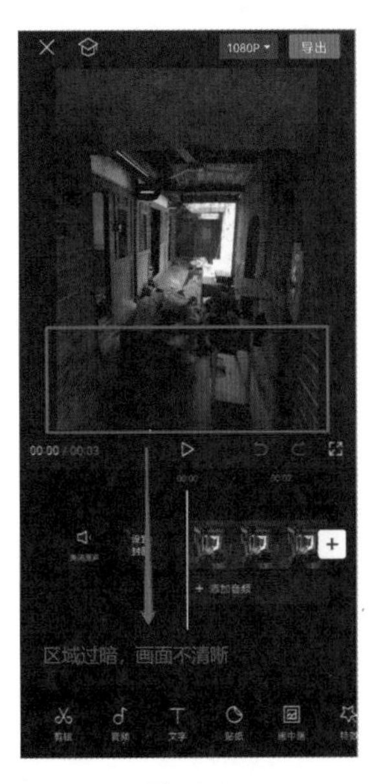

图 10-2

Step02：选中素材，选择【调节】功能，调节【亮度】和【对比度】的参数，如图 10-3、图 10-4 所示。

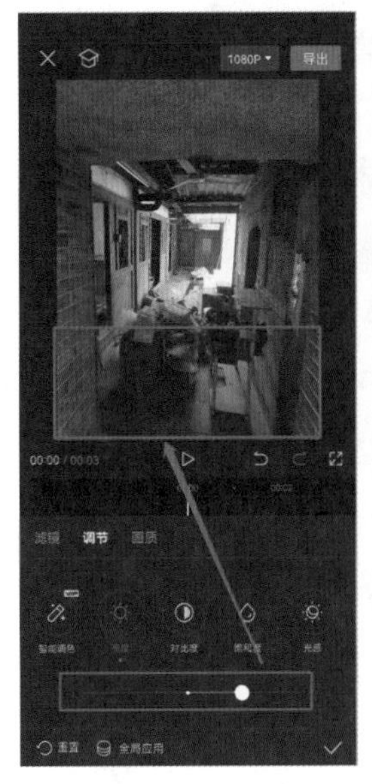

图 10-3　　图 10-4

Step03：如果调节【亮度】参数后，觉得画面整体偏亮，可以再适当降低【光感】参数，如图 10-5 所示。

Step04：最后，将【锐化】参数调高，使整体画面边缘变得锐利，增加清晰度，将导出参数设置好导出，如图 10-6、图 10-7 所示。

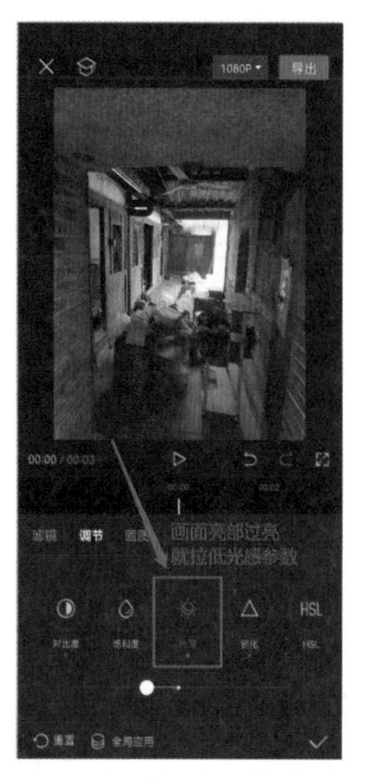

图 10-5

图 10-6

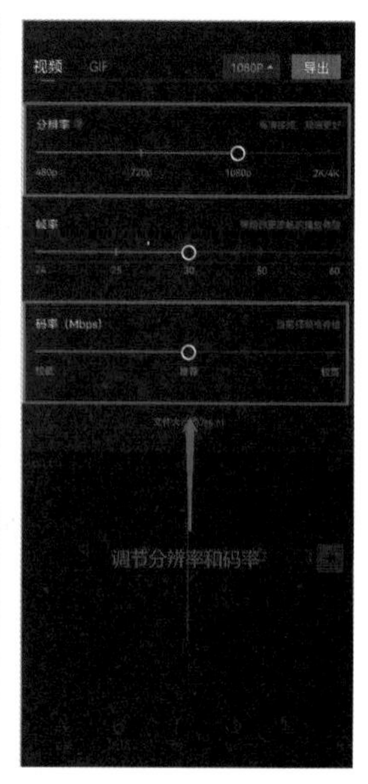

图 10-7

高手点拨

提升画质不能只依靠后期

尽管我们可以采用上述方法，在一定程度上提升画面的清晰度，但这种提升存在局限性，包括后续的导出设置，都必须建立在原始素材本身就高度清晰的基础上。

因此，相较于过度依赖后期制作来提升清晰度，前期的拍摄工作更重要。在拍摄阶段，我们应尽可能确保画面的质量，这样在后期制作时才能拥有更多的优化空间，使作品最终呈现的视觉效果最佳。

关键技能 095 局部调色，突出主体

● 技能说明

通过局部调色，可以凸显某一块区域主体。一般有两种方法：一是利用【蒙版】功能框选出一片区域进行调色；二是对单独的颜色进行调整。

● 应用实战

第一种方法比较直观，本质上是对整体进行调色；第二种方法是用【HSL】功能对每种颜色进行单独调整。具体操作步骤如下。

1. 第一种方法

Step01：添加一段素材，多复制一层素材转换成画中画，然后在画中画上添加一个蒙版，将蒙版调到合适的位置和大小，如图 10-8 所示。

Step02：确定蒙版范围后，选择【调节】功能，调整【饱和度】的参数，使画面颜色变得鲜艳，如图 10-9 所示。

图 10-8

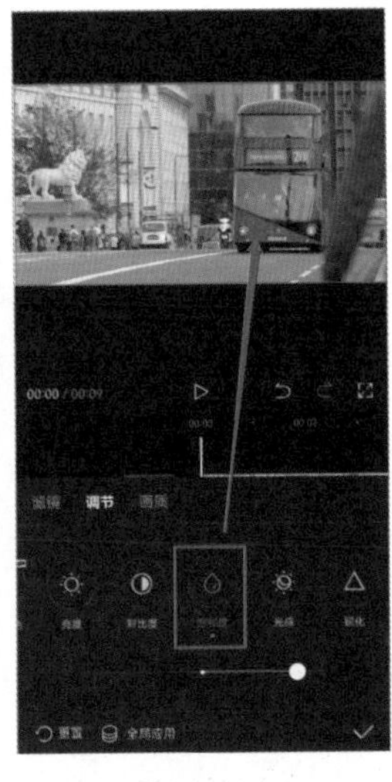

图 10-9

2. 第二种方法

Step01：在【调节】功能中选择【HSL】，如图 10-10 所示。

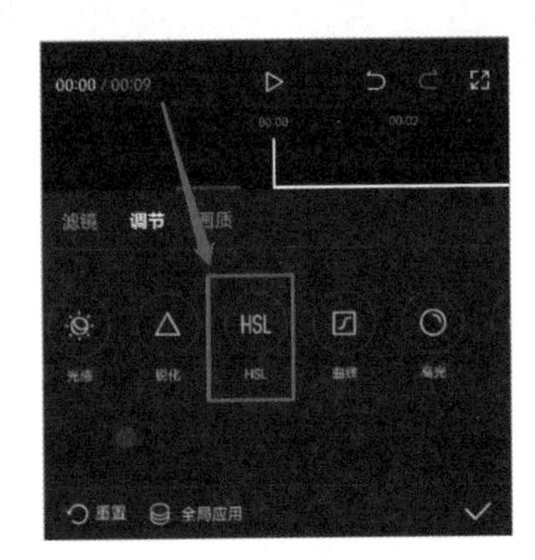

图 10-10

Step02：选定需要调节的颜色，通过下方三个滑动按钮调整【色相】【饱和度】【亮度】的参数，如图 10-11 所示。

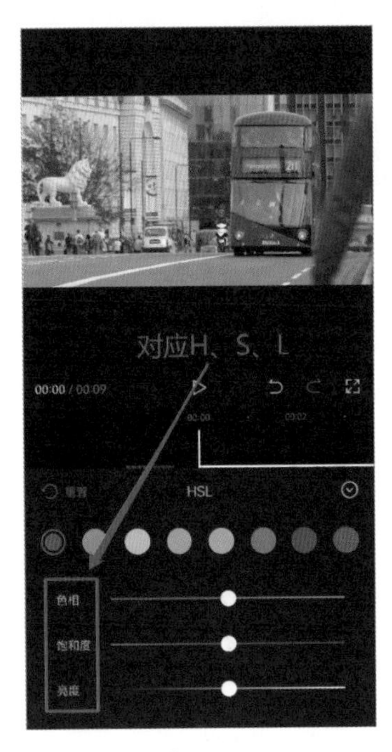

图 10-11

Step03：如果想凸显素材中的大巴车，那么可以将画面调整成只显示红色，将红色的饱和度拉高，并将其他颜色的饱和度拉低，如图 10-12 所示。

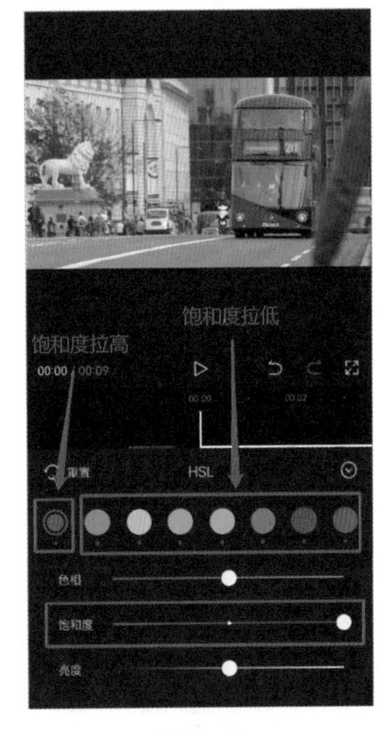

图 10-12

关键技能 096 调整画面整体色彩平衡，凸显高级感

● 技能说明

高级感调色旨在营造电影般的视觉效果和氛围，主要是通过对图像的颜色、对比度、亮度和色调等进行精细调整，达到表达情绪、强调作品主题、加强情感共鸣的目的。

● 应用实战

在制作视频效果之前，我们需要明确视频要表达的情绪，进而选择相应的色调，例如，冷色调可以营造冷酷、紧张的氛围，暖色调则可以营造温暖、浪漫的氛围。具体操作步骤如下。

Step01： 导入一段视频或图片素材，然后为素材添加【影视级】分类滤镜，选择【青橙】滤镜，并通过底部滑动按钮调节滤镜参数，如图 10-13 所示。

图 10-13

Step02： 选择【调节】功能，通过调节【亮度】【对比度】的参数，对素材画面的光暗部分进行调节，如图 10-14、图 10-15 所示。

图 10-14

图 10-15

Step03： 调节画面的【饱和度】，注意画面整体颜色不需要太鲜艳，如图 10-16 所示。

Step04： 适当调高【锐化】的参数，让画面看起来更加清晰。最后，可以对【色温】参数进行调节，控制画面的整体基调，如图 10-17、图 10-18 所示。

图 10-16

高手点拨

高级感调色三步走

（1）恢复素材画面的正常曝光度。在拍摄过程中，由于光线、设备等因素的影响，素材画面可能会出现过曝或过暗的情况。因此，我们需要对画面的光暗部分进行精细调节，确保画面的曝光度适中，不至于太亮或太暗，呈现自然、清晰的效果。

（2）风格化处理。这一操作主要是调整画面的颜色部分，通过改变颜色的色相、饱和度和亮度等属性，来塑造独特的视觉效果。例如，我们可以将画面中的亮色调成更柔或更亮的颜色，以营造温馨、浪漫或活泼的氛围。同时，也可以尝试使用不同的滤镜和特效，为画面增添更多的艺术感。

（3）奠定画面基调。我们通过调节画面的高光、阴影等参数，来分离色调并增强画面的层次感。

图 10-17

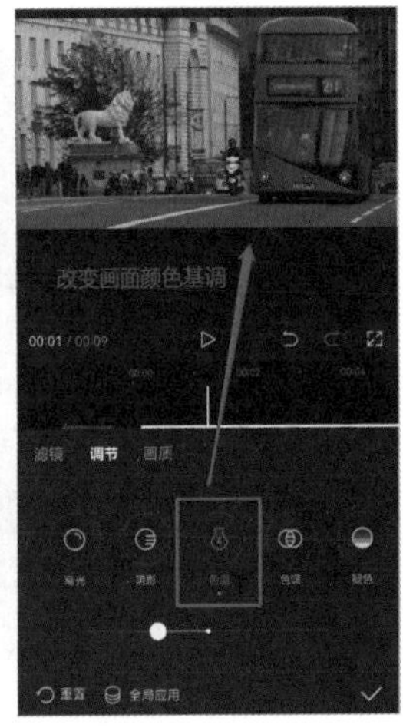

图 10-18

关键技能 097 王家卫电影风格调色

● 技能说明

王家卫的电影以其独特的调色手法而著称，画面中浓烈的黄色调与暗淡的橙黄色的人物肤色相互映衬，阴影部分则带有明显的青色。这种强烈的色彩对比令人印象深刻。同时，王家卫的作品中光影的层次丰富多变，这为影片增添了深度和立体感。在剪映App中，我们可以运用一些简单的技巧模仿这种风格。

● 应用实战

除了基础的调色，该效果还会用到【混合模式】功能来进一步模仿王家卫电影风格的画

面色彩，具体操作步骤如下。

Step01：导入视频素材，通过【新增画中画】功能添加绿色纯色素材和黄色纯色素材，如图10-19所示。

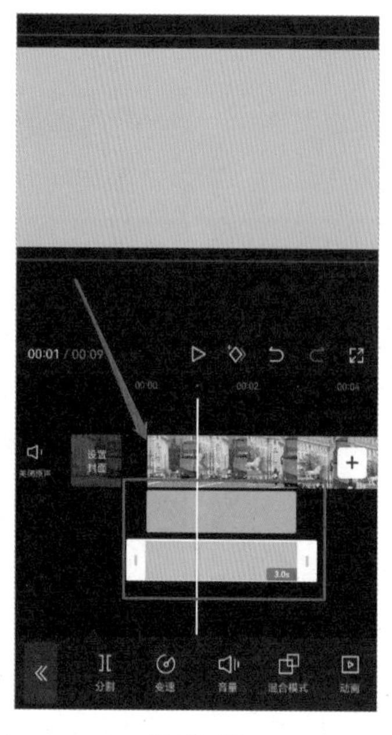

图10-19

Step02：选择绿色纯色素材，将【混合模式】改为【正片叠底】；再选择黄色纯色素材，将【混合模式】改为【叠加】。根据素材调整混合模式的参数，如图10-20、图10-21所示。

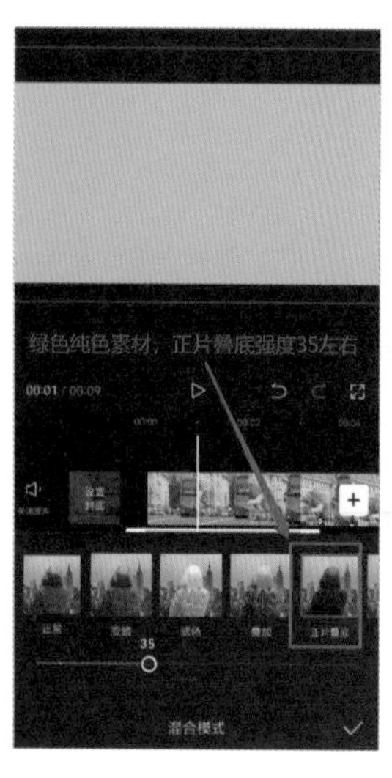

图10-20

图10-21

Step03：选中视频素材，根据素材画面的光亮程度，调整【光感】参数，使画面的部分细节变得更明亮；最后，调整【颗粒】参数，加强画面的颗粒感，如图10-22、图10-23所示。

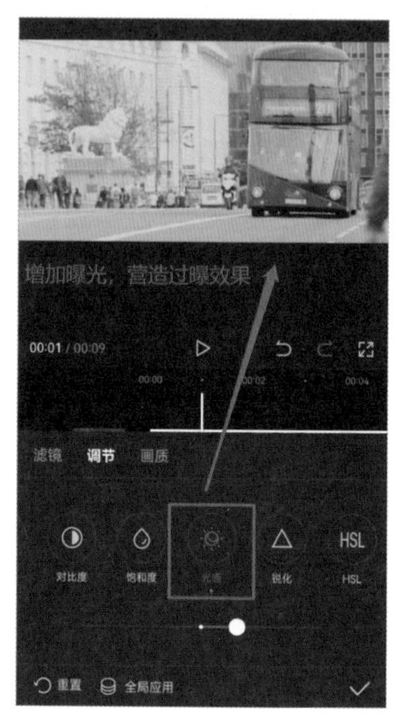

图10-22

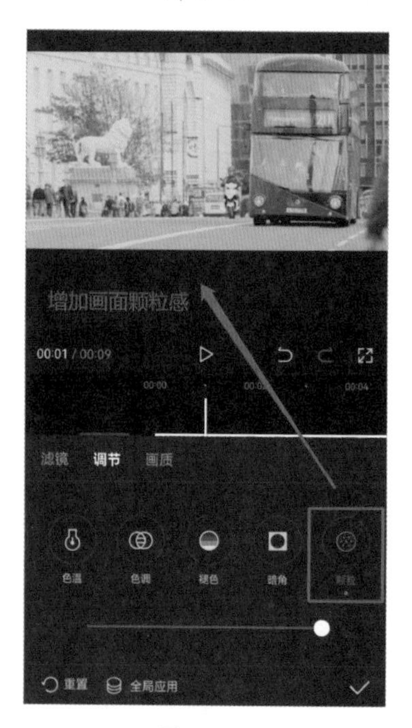

图10-23

关键技能 098　蒸汽波风格调色

● 技能说明

蒸汽波风格效果制作深受20世纪80年代到20世纪90年代视觉元素的启发。它以其独特的复古与科幻相交融的视觉效果，为观众带来了一场视觉盛宴。在制作过程中，我们可以运用立体几何形状、霓虹灯光以及曝光的图像，为画面营造一种复古而科幻的视觉效果。

● 应用实战

蒸汽波风格调色比较烦琐，需要调节的参数比较多，具体操作步骤如下。

Step01：添加若干段素材，不选中任何素材，在工具栏中选择【调节】功能，如图10-24、图10-25所示。

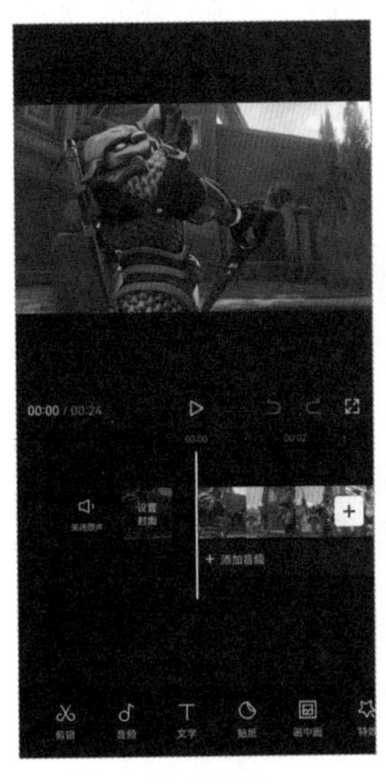

图 10-24

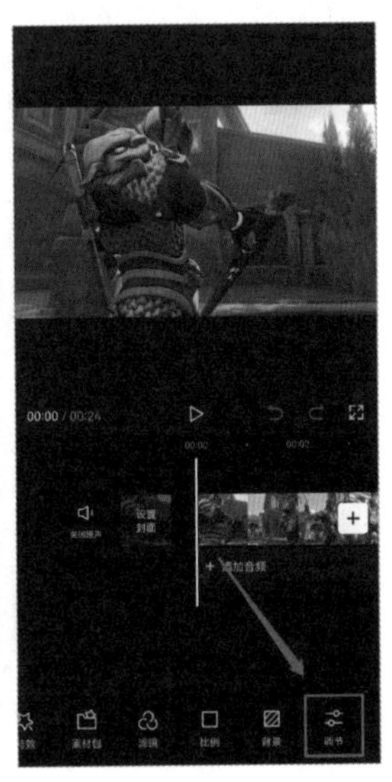

图 10-25

Step02：调节【亮度】和【对比度】两个参数，【亮度】参数适当调低，【对比度】参数调高，如图10-26、图10-27所示。

图 10-26

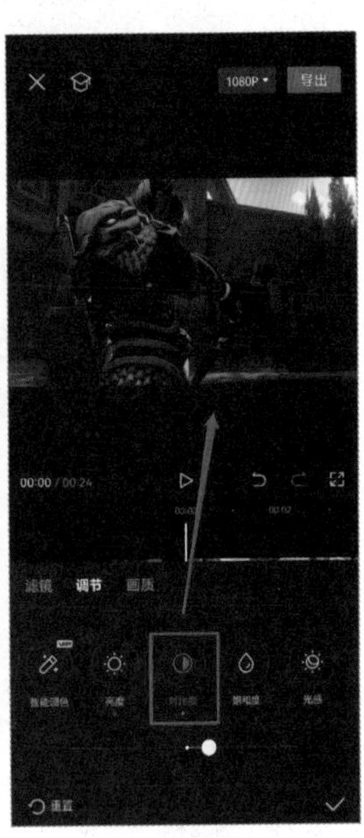

图 10-27

根据具体的素材需求，可以继续调节【光感】参数，提高高亮的明亮程度，再将【高光】参数调至最大，营造过曝的效果，如图10-28、图10-29所示。

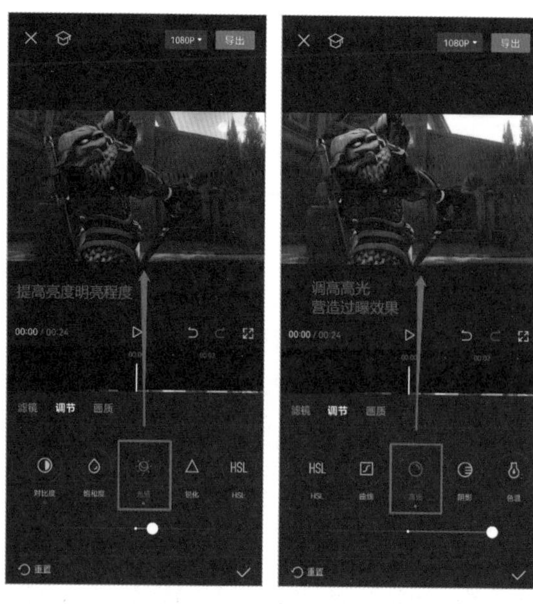

图 10-28　　图 10-29

Step03： 调节【色温】和【色调】参数，先将【色调】的参数调至最大，再调节【色温】的参数，使画面看起来偏向紫色，如图 10-30、图 10-31 所示。

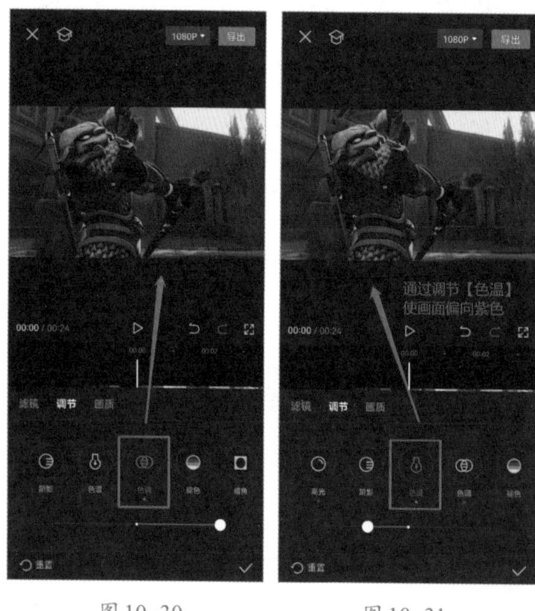

图 10-30　　图 10-31

Step04： 接着直接复制一层已经制作好的调节图层，如图 10-32 所示。

选择复制的调节图层，将【对比度】参数调低，使画面相比之前略微泛白，然后将【光感】参数调为 0，如图 10-33、图 10-34 所示。

Step05： 在【特效】功能中找到【90s】及【日式DV】效果并添加，注意两个效果要叠加使用，如图 10-35 所示。

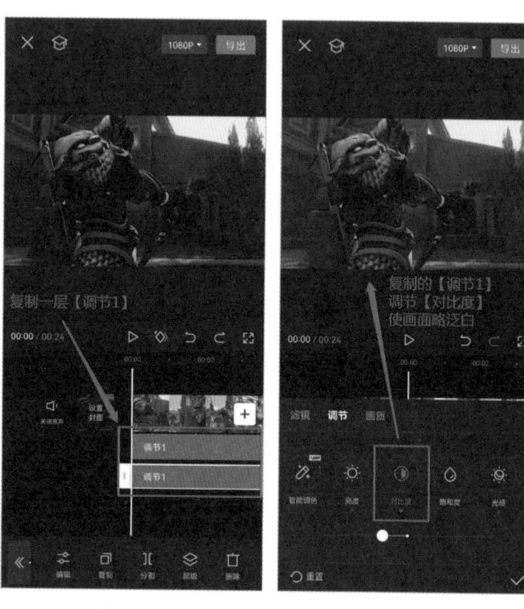

图 10-32　　图 10-33

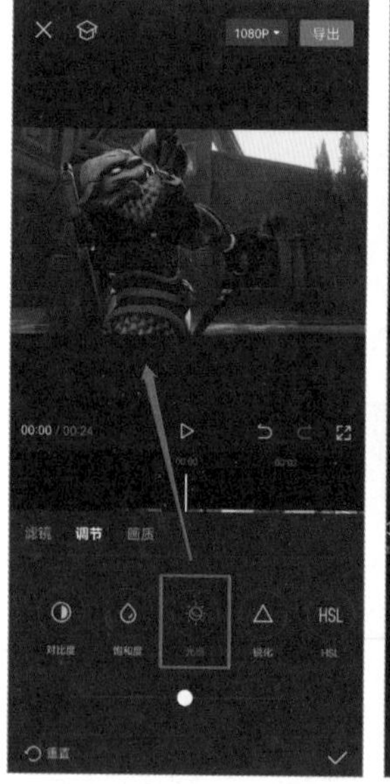

图 10-34　　图 10-35

关键技能 99 人像调色基础思路

● 技能说明

相比物体的调色，在对人像进行调色的时候，要思考和调整的细节会多一些，特别是需要注意人物五官的完整、清晰，在呈现人物形象的同时，也要保证整体画面的和谐。

● 应用实战

对人像进行调色需要注意两点：调亮肤色和让人物唇红齿白。具体操作步骤如下。

Step01：先导入一段人物素材，可以在剪映的素材库中搜索人物素材进行练习。给素材进行基础的调色，比如将【亮度】及【对比度】的参数调到合适数值，让画面不要过亮，如图 10-36 所示。

图 10-36

Step02：在【调节】功能中选择【HSL】功能，然后选择【HSL】颜色分类中的【橙色】或【黄色】，再调低【饱和度】，调高【亮度】，这样就会让人物的肤色看起来白一些，如图 10-37、图 10-38、图 10-39 所示。

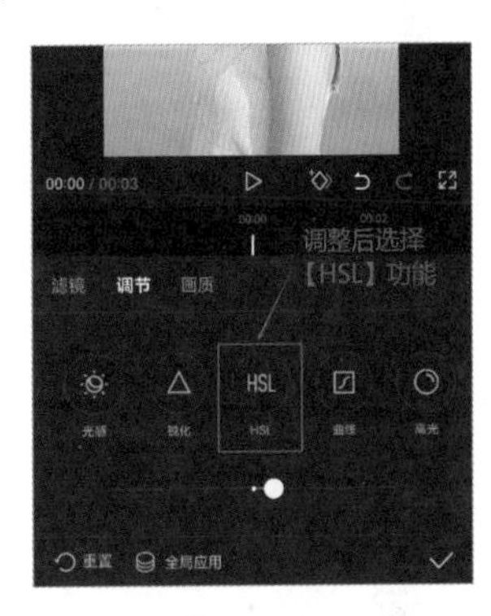

图 10-37

图 10-38

图 10-39

Step03： 选中【HSL】颜色分类中的【红色】，调高【饱和度】和【亮度】；或者调高【饱和度】，稍微调低【亮度】，就能获得类似哑光的质感，如图 10-40 所示。

图 10-40

关键技能 100 通过对比，轻松为天空调色

● 技能说明

我们拍摄天空时，可能会觉得拍出的素材过于苍白或单调，难以呈现自己心中想要的感觉。这时，我们可以寻找一些关于天空的优质图片，将它们与自己的素材进行对比，基于比较结果进行调色，从而逐步调出自己想要的天空色彩。

● 应用实战

为天空图片素材调色，最重要的是先确定自己的调色方向。具体操作步骤如下。

Step01： 导入一段天空素材，如图 10-41 所示。该示例素材展示的是下午的天空，若要将其调成黄昏时的天空，就可以与其他黄昏时的素材进行对比。如图 10-42 所示，黄昏时的天空更明亮一点，光线较柔和，整体是暖色调的，且云层不是单纯的蓝白两色，是偏深黄色。

图 10-41

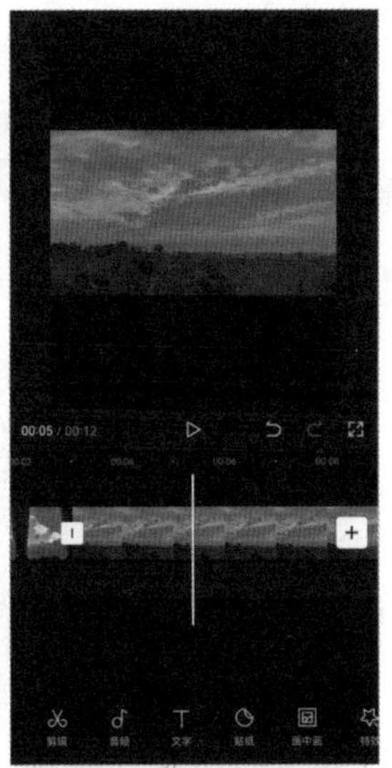

图 10-42

Step02：明确差异后再选中原素材（即图 10-41），先调节【亮度】参数，将画面的明亮程度调高，再适当调节【对比度】参数，这样就不会因为【亮度】参数的改变而影响原本楼层建筑的光暗比例，如图 10-43、图 10-44 所示。

图 10-43

图 10-44

Step03：调节【色温】参数，向右拉会偏暖色调，向左拉会偏冷色调，而黄昏时的天空基本都是暖色调的，所以要将【色温】参数向右调高，必要时可以调至最大，如图 10-45 所示。

Step04：对偏蓝色的云层进行单独调节，在【HSL】颜色分类中选择【蓝色】，将【饱和度】的参数调低一点，注意只需要让蓝色变淡，不需要让其完全变成灰白色，如图 10-46 所示。

图 10-45

图 10-46

Step05：将【锐化】参数调高一点，使云层之间的边缘分层更明显，让画面更有层次感，如图 10-47 所示。

图 10-47

第三篇

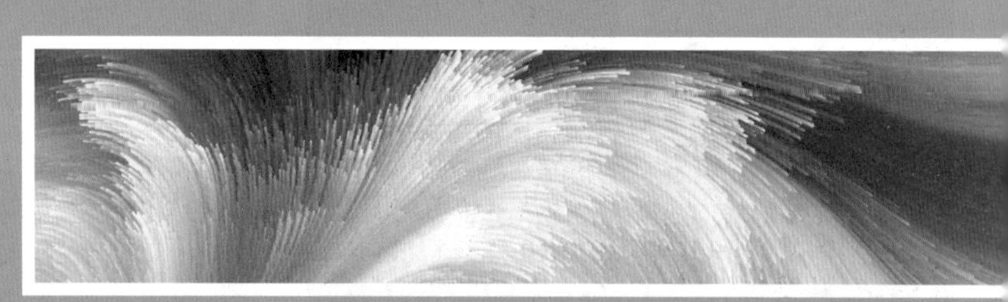

AI 工具篇

第11章 ChatGPT+AI工具，高效制作短视频的9个关键技能

随着科技的发展，人工智能逐渐进入人们的视野，并催生了许多令人难以置信的应用，如利用AI可以生成图片、视频以及进行数据分析和处理等。例如，我们可以通过交流、提问或引导的方式，让ChatGPT生成相关内容。在剪辑视频时，我们可以利用ChatGPT生成脚本或文案，从而提高工作效率。只要运用得当，AI工具能给我们的工作提供很大的帮助。本章知识点框架如图11-1所示。

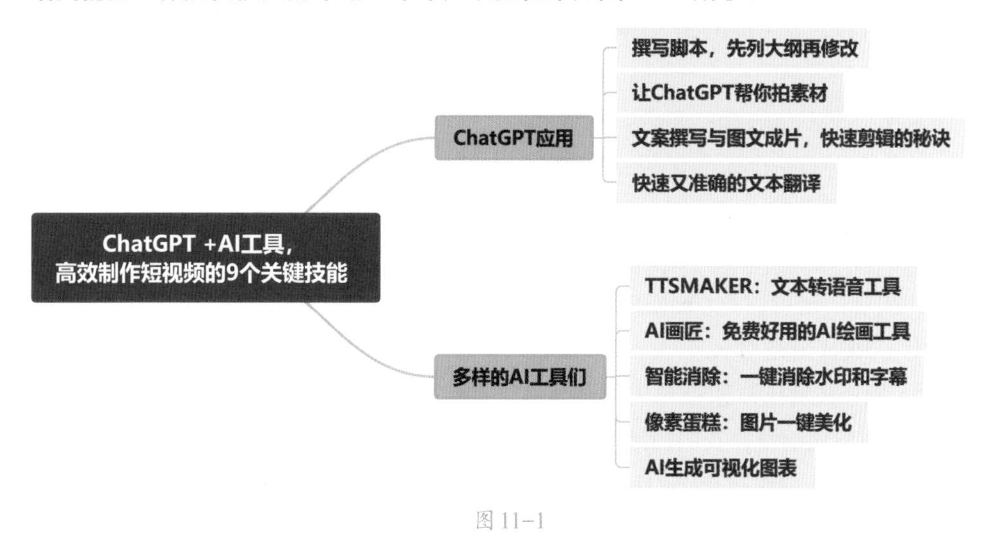

图11-1

关键技能 101 撰写脚本，先列大纲再修改

● 技能说明

ChatGPT具备通过交流、提问以及引导等方式来生成我们所需内容的能力。我们可以利用ChatGPT的这一功能来协助我们生成视频脚本，从而提高视频制作的效率。

● 应用实战

脚本的生成有三步：第一步是列大纲；第二步是加入细节；第三步是生成具体的脚本。具体操作步骤如下。

Step01：我们可以利用ChatGPT根据个人的需求生成一份详细的大纲。在引导ChatGPT时，我们应详细说明以下三个方面：角色、任务和限制。其中，角色指的是个人的定位，比如短视频博主、小红书博主等，这有助于ChatGPT更好地理解我们的身份和风格；任务是指本次创作的主题和内容，这可以让ChatGPT明确我们的创作目标；限制则是对文本内容、风格、结构的具体要求，比如开头和结尾的写法等，这有助于确保生成的大纲符合我们的预期。

此外，如果我们的创作有特定的目标受众，也可以在说明角色后，添加对目标受众的介绍，如热爱体育的青少年等，这样ChatGPT能够更精准地把握受众的喜好和需求。

在生成的大纲中，如果我们对回复不满意，我们可以回复“再写几条”，让ChatGPT重新生成其他可能符合我们需求的大纲。

提示词：

假如你是一位抖音博主，你的目标受众是热爱游戏的青少年，要撰写一个短视频脚本，主题是如何正确平衡学习与游戏时间，按照开头、中间、结尾的格式写一个大纲。

ChatGPT回答：

短视频大纲：如何正确平衡学习与游戏时间

开头：

大家好！欢迎来到我的抖音频道！今天，我要和大家探讨一个对青少年游戏爱好者至关重要的话题：如何正确平衡学习和游戏时间。这看似不易，别担心，我有一些超赞的小技巧可以分享！

中间：

首先，让我们来看看学习。记住，学习非常重要，它为你的未来打下坚实的基础。因此，你要制定一个学习时间表，为每天学习留出足够的时间，确保高效完成作业。

接下来，看看游戏时间！游戏作为一种娱乐方式，能够带给我们很多乐趣。但是沉迷游戏会让人失去对时间的掌控，甚至影响学习和生活。因此，设定一个合理的游戏时间上限非常有必要。比如每天限制自己玩游戏的时间为一个小时，或者在周末时适当延长至两个小时。这样，既能享受游戏带来的快乐，又不会沉迷其中，真正做到劳逸结合。

结尾：

总之，平衡学习和游戏时间可能需要一些努力，但它非常值得。学习是为了你的未来，而游戏是为了放松和娱乐。如果你喜欢这个视频，记得点赞和分享给你的游戏小伙伴们！我们一起努力，一起成长！

Step02：生成大纲之后，还要为大纲添加细节，让内容更有吸引力，为此我们可以直接对ChatGPT进行引导，例如，某部分内容不够丰富，再写细致一点；某部分增加一定的故事案例或数据，让内容更加真实；某部分的文本用语风格更改为书面化或者口语化。

提示词：

在开头增加目标受众的痛点或需求，从而引出中间的论述；中间写细致一点，需要加入真实事例，最好有数据佐证；重新撰写结尾并加入总结。

ChatGPT回答：

短视频大纲：如何正确平衡学习与游戏时间

开头：

各位游戏爱好者，你们好！我知道你们是热爱游戏的青少年，你们有一个共同的烦恼：不知道如何平衡学习与游戏时间。在学习的压力下，游戏成了你们心头的负担。别担心，今天我来教你们如何兼顾两者，解决这个难题。

中间：

首先，让我们来谈谈学习。学习是必不可少的，你要学会高效学习，制定一个详细的学习时间表，把大任务拆解成小任务，确保每天有足够的时间完成这些任务。这不仅可以提高你的学习效率，还可以减轻焦虑感。我有一个朋友，他能够坚持自己的学习计划，每天坚持认真学习三小时，期末考试的成绩提高了20%！这就是高效学习的力量。

接下来，让我们聊聊游戏。根据研究，游戏有助于提高注意力和反应速度，但玩游玩要适度。我们可以设定每天或每周玩游戏的时间上限，这有助于防止游戏成为你的时间黑洞。

结尾：

小伙伴们，平衡学习和游戏时间是可能的，高效学习和适度游戏是平衡的关键。通过细致规划时间，你可以更好地管理你的时间，在享受游戏乐趣的同时，还可以取得更好的学习成绩。

最后，如果你们觉得这个视频有帮助，别忘了点赞和分享给你的小伙伴们！让我们一起努力，一起成长！

Step03：输入进一步的指令和限制，让ChatGPT生成正式的脚本。

提示词：

根据上述大纲，写一个具体的脚本，字数控制在500～600，风格要幽默。

ChatGPT回答：

开头：

场景设定：我潇洒地从堆积如山的教科书中跃出，目光关切地投向一脸疲惫的青少年观众。

各位游戏爱好者，瞧瞧这些被教科书压得喘不过气的小伙伴们！我知道你们的苦楚，但别灰心，我就是来帮你们解锁学习与游戏平衡之道的！

中间：

场景转换：我站在整洁的书桌前，教科书和笔记本摆放得井井有条。

首先，谈谈学习这件事。虽然它有些枯燥，但别怕，我有妙招！你可以制定一个合理的学习时间表，别一股脑埋头苦读，把大任务分解成小目标。这样，你不仅能轻松搞定作业，还能保持头脑清醒，远离学习疲劳。

场景转换：我展示一个精心设计的学习时间表，并自豪地介绍它。

这就是我的秘密武器：高效学习时间表！它比任何游戏攻略都实用，可以帮你轻松驾驭学习之路。

举个例子！我有一个朋友，以前成绩平平，但自从用了这个时间表后，成绩突飞猛进。现在他不仅游戏玩得溜，学业也是风生水起！

场景转换：我展示一系列令人瞩目的高效学习的数据，并兴奋地强调：

看，这就是数据的力量！高效学习，让你逆袭成为人生赢家！

接下来，咱们聊聊游戏时间。我知道你们渴望在游戏中畅游，但记得要适度。设定一个合理的游戏时间上限，别让游戏成为你的羁绊。科学研究告诉我们，适度的游戏时间能够提升注意力和反应速度，就像适量的运动能让身体更健康一样。

场景转换：我展示游戏时间管理的图表，并微笑着解释：

看这里，数据告诉我们，适度游戏不仅不会让你沉迷，还能让你更出色！就像适量的甜品能让生活更甜蜜一样。

结尾：

场景转换：我再次从书堆中跃出，自信满满地向观众挥手。

所以，亲爱的朋友们，学习与游戏的平衡其实并不难，只要掌握了正确的方法和策略。

场景转换：我拿起学习资料和游戏手柄，巧妙地放在天平两端，天平保持平衡。

看，学习和游戏完全可以和谐共处，只要合理安排好两者的时间。现在，是时候行动起来了，制定你的学习时间表，设定游戏时间上限，成为真正的学霸与游戏高手！

最后，如果你觉得我的分享对你有帮助，别忘了点赞和分享给你的小伙伴们哦！我们都需要这些实用的小技巧。下次再见，我会继续带来更多有趣和有用的内容！

场景转换：我向观众挥手告别，视频缓缓结束，背景音乐逐渐淡出。

关键技能 102 素材应该怎么拍？ChatGPT也能帮你

技能说明

在撰写脚本的过程中，对每个场景的拍摄角度及镜头的运动要有一个大致的构思，对刚入门、缺乏经验的剪辑师来说，这并不是一件轻松的事情。针对这种情况，我们也可以通过与ChatGPT进行交互来解决。

应用实战

如果有确定的脚本，那么我们可以用脚本与ChatGPT进行交互，让ChatGPT生成相应的分镜信息；如果没有脚本，只是单纯想拍摄某一场景，也可以详细描述自己的需求，交给ChatGPT来生成分镜。具体操作步骤如下。

Step01：先介绍第一种情况：在有脚本的前提下，先让ChatGPT保存脚本的内容信息。我们可以给ChatGPT以下指令：以下是关于什么主题的脚本，请进行保存记录，接下来将以该脚本为前提进行提问和修改。

提示词：

记录以上脚本内容，并做一个简单总结，字数控制在200以内，下面的提问将基于以上脚本进行。

ChatGPT回答：

这个短视频脚本介绍了如何在热爱游戏的青少年中，正确平衡学习与游戏时间的方法。开头以幽默的方式引出观众的痛点，表明主题的重要性。中间提供了实用的建议，包括制定学习时间表和设定游戏时间上限，并以真实事例和数据加以佐证，以增加说服力。结尾再次呼吁观众采取这些方法，并鼓励分享视频。

总的来说，强调了学习和游戏时间平衡的重要性，以及如何通过时间管理和适度的游戏来实现这种平衡。

Step02：在确定ChatGPT对脚本内容进行记录

后，我们就可以输入指令让ChatGPT提供分镜建议，用分镜头拆解该脚本，并进行呈现。

提示词：

用分镜头拆解以上脚本，在每个镜头后都加上拍摄运镜建议。

ChatGPT回答：

以下是上述脚本的分镜头拆解，每个镜头后都有拍摄运镜建议。

镜头 1：开头

场景：室内的图书馆，青少年抱着教科书，坐在长桌旁。主持人隐藏在书堆后面。

运镜建议：使用稳定的远景镜头，捕捉整个图书馆的氛围，然后通过一个流畅的运镜展示主持人跳出书堆的情景。

镜头 2：中间—学习建议

场景：在明亮的室内房间，主持人站在整洁的书桌前，旁边有一堆教科书和笔记本。

运镜建议：使用中景或近景，聚焦在主持人身上，然后切换到学习时间表上，以确保观众能够清晰地看到时间表的内容，接着展示真实例子和相关数据报告。

镜头 3：中间—游戏建议

场景：同样在明亮的房间，主持人站在书桌前，展示一个游戏控制器和一个闹钟的图标。

运镜建议：同样使用中景或近景，聚焦在主持人身上，然后切换到游戏时间上限的表上，确保观众能够清晰地看到内容，接着展示相关数据报告。

镜头 4：结尾

场景：回到开头的图书馆，主持人再次跳出书堆。

运镜建议：使用稳定的远景镜头，捕捉整个图书馆的氛围，然后通过一个流畅的运镜展示主持人跳出书堆的情景，最后展示平衡的天秤。

Step03：如果有其他需求，可以在拆解分镜头时一并提出，可以给出如下指令：用分镜头拆解该脚本，以表格或者分列的形式呈现镜头序号、文案台词、分镜画面、所需道具等。可以根据个人的想法在指令中添加其他需求。

提示词：

用分镜头拆解以上脚本，并呈现以下内容：分镜序号、文案、画面、场景、运镜建议。

ChatGPT回答：

以下是脚本的分镜头拆解，呈现分镜序号、文案、画面、场景、运镜建议的内容。

分镜 1：

文案："各位游戏爱好者，你们好！"

画面：主持人突然从教科书堆中跳出，兴奋地向镜头打招呼。

场景：图书馆内，青少年疲惫地坐在书桌旁。

运镜建议：使用稳定的中远景镜头，捕捉整个图书馆氛围，然后迅速切换到主持人。

分镜 2：

文案："哎呀，学习可真烦人！但别害怕，我有个超级棒的方法搞定它。"

画面：主持人站在书桌前，旁边有一堆教科书和笔记本。

场景：明亮的房间内，主持人站在整洁的书桌前，教科书和笔记本堆在旁边。

运镜建议：使用中景或近景，聚焦在主持人身上，然后切换到学习时间表上。

分镜 3：

文案：我有一个朋友，以前成绩平平，自从采用了这个时间表，成绩突飞猛进，一跃成为学霸！

画面：主持人展示真实的例子和相关数据报告。

场景：同上场景。

运镜建议：使用中景，确保观众能清晰地看到数据和时间表。

快速切换镜头展示两个不同的元素：数据和时间表。

分镜 4：

文案："接下来，让我们来聊聊游戏。我知道你们想尽情地玩游戏，但听我说。"

画面：主持人继续站在书桌前，现在展示一个游戏控制器和一个闹钟的图标。

场景：同上场景。

运镜建议：使用中景，聚焦在主持人身上，确保观众能看到游戏控制器和闹钟图标，同时留意游戏道具。

通过镜头切换，突出这两个元素，可以进行

快速地切换以引起注意。同时，可以使用快速的摄像机移动来强调时间的流逝。

分镜 5：

文案："所以，小伙伴们，平衡学习和游戏时间是可以做到的，就像边吃披萨边玩游戏那样轻松自在！"

画面：主持人跳出书堆，呼吁观众。

场景：图书馆内，青少年疲惫地坐在书桌旁。

运镜建议：使用稳定的中远景镜头，捕捉整个图书馆氛围，然后通过一个流畅的运镜展示主持人跳出书堆。

Step04：如果没有脚本，只是想拍摄一个场景，那么可以直接对ChatGPT提问，注意提问时对于场景的描述要尽量详细。

提示词：

我想拍摄以下场景：一家四口来到海边游玩，在温馨的午后，母亲陪着女儿在遮阳伞下堆沙子，在不远处，父亲和儿子在一起打排球，还有很多游客在海中畅游。如果你是摄像师，应该如何进行拍摄？说出拍摄建议及对分镜的想法。

ChatGPT回答：

拍摄这样的家庭海滩场景需要一些技巧和构思，以营造温馨、活泼和自然的氛围。以下是一些建议和对分镜的想法。

1. 选择合适的时机：拍摄时选择黄金时间，也就是日出和日落前后的时段，此时，光线柔和且色彩温暖，这将有助于营造温馨的氛围。

2. 位置选择：找一个可以同时拍摄到母亲与女儿、父亲与儿子及其他游客的位置，这可能需要提期考察。

3. 使用长焦镜头：长焦镜头可以在一定距离内捕捉到精细的细节，同时也不会干扰被拍摄的家庭，这有助于创造自然的镜头构图。

4. 构图：

因为主体是家庭成员，所以将他们放在画面的前景。

可从侧面或后方拍摄母亲与女儿在遮阳伞下堆沙子的画面，捕捉她们的互动。

可以用低角度拍摄父亲与儿子打排球的画面，突出他们的活力，强调运动的动感。

可以将海水中的游客作为背景元素，增加画面的层次感。

5. 使用自然光：尽量减少闪光灯的使用，依靠自然光，以营造温馨的氛围。

6. 捕捉情感表情：在不干扰他们的情况下，尽量捕捉家庭成员的自然表情和互动，这可以让照片更生动。

7. 拍摄多个角度和不同的镜头：尝试从不同的角度和镜头拍摄，包括宽景、中景和特写镜头，以获得多样化的照片。

8. 后期处理：在后期处理中可以增强照片的色彩、对比度和清晰度，确保照片达到想要的效果。

最重要的是要让家庭成员自然而然地享受他们的时光，不要过多干扰他们的活动，以捕捉到真实的瞬间和情感。

关键技能 103 文案撰写与图文成片，快速剪辑的秘诀

● 技能说明

一般来说，从撰写文案到拍摄素材，再到最终的剪辑工作，每个环节都需要花费一定的时间。如果要在短时间内剪辑出多条短视频，

那么按传统流程来做会比较麻烦，效率也不高。这时，我们可以利用ChatGPT和剪映工具相互结合，来提高短视频的产出效率。

● 应用实战

由ChatGPT生成文案，再利用剪映的【图文成片】功能，就能快速生成多条短视频。具体操作步骤如下。

Step01：在有脚本的情况下，可以让ChatGPT对脚本内容进行保存记录，然后生成相应的脚本文案。这里我们用上一节的大纲进行调试。

提示词：

将以上脚本转换成小红书风格的文案，将人物台词删除，保留客观数据和事例，以客观的角度进行阐述。

ChatGPT 回答：

以下是将脚本转换成小红书风格的文案，删除了人物台词，保留了客观数据和事例，以客观的角度进行阐述。

大家好！今天我们来聊一个备受关注的话题：如何正确平衡学习与游戏时间。数据显示，青少年群体中有许多人热爱游戏，但他们也面临着不小的学业压力。那么，如何在享受游戏乐趣的同时，又不影响学习成绩呢？让我们一起来寻找这个微妙的平衡点吧！

首先，我们来谈谈学习时间的管理。研究表明，制定一个合理的学习时间表对于提高学习成绩具有显著作用。实际上，每天坚持有规律地学习一段时间，能够显著提高学习成绩。但这并不意味着要大幅削减游戏时间，而是需要我们将两者进行巧妙规划。

接下来，我们来聊聊游戏时间。研究表明，适度的游戏上有助于提高注意力和反应速度。例如，一项实验显示，经常参与脑力游戏的人在注意力和反应速度方面的表现更突出。然而，我们必须要强调的是“适度”二字，避免沉迷其中。

因此，我们可以看出，学习与游戏之间的平衡并非遥不可及。通过制定合理的学习计划，并控制好游戏时间，我们完全可以在学习和游戏之间找到理想的平衡点。这对于青少年的全面发展至关重要。如果你对此有任何疑问或想要了解更多的数据，欢迎留言。

如果没有提前准备大纲或脚本，那么就需要现场生成与主题相应的文案。指令公式如下：主题+结构+风格+限制。

提示词：

我想写一篇勇者战胜恶龙的短故事，分为开头、高潮、大团圆结局三个部分，按照格林童话的风格进行撰写，字数在1500以内。

ChatGPT 回答：

故事开头：

古老的村庄和恶龙的巢穴之间有一片茂密的森林。村庄里住着一位名叫奥利弗的年轻人，他被村庄的人称为勇者，人们都相信他是唯一能够战胜可怕的恶龙的人。

高潮：

一位陌生的老妇人步履蹒跚地走进了村庄。她满脸皱纹，神态凝重。她四处寻找奥利弗，并向他透露了一个令人惶恐的消息：恶龙正在狂怒中，它距离村庄越来越近，一场毁灭性的灾难即将降临。老妇人恳求奥利弗挺身而出，消灭恶龙，拯救村庄。

奥利弗没有丝毫犹豫，毅然答应了老妇人的请求。他准备告别村庄，踏上这趟充满危险的征程。村民们纷纷为他祈祷，送上食物和武器，期盼他能成功。奥利弗穿越茂密的森林，翻越崇山峻岭，终于来到了恶龙的巢穴。

在巢穴的幽深之处，奥利弗与恶龙展开了惊心动魄的对决。那恶龙庞大而恐怖，鳞片闪烁着血色的光芒，口中獠牙锋利如刀。它向奥利弗猛扑而来，但奥利弗身手敏捷，巧妙地躲避了恶龙的攻击。他紧握手中的剑，奋力一击，剑尖直刺恶龙的心脏。恶龙发出震耳欲聋的咆哮声，随后轰然倒下，再也无法威胁村庄。

大团圆结局：

奥利弗带着胜利的喜悦回到了村庄。村民们热烈欢迎他的归来，为他举行了盛大的庆祝活动。村庄重新恢复了往日的宁静与和谐，人们在美丽的森林中过上了幸福的生活。奥利弗成了村庄的英雄，但他始终保持着谦逊和善良的本性，继续帮助那些需要帮助的人。

那位陌生的老妇人也再次出现在村庄中，她摇身一变，成了一位美丽的仙女，她感激奥利弗的善良与勇敢。奥利弗与仙女结下了深厚的友谊，他们携手为村庄带来了繁荣与和平。

这个故事传颂着勇敢、善良与坚持不懈的品质，它们能够战胜一切邪恶势力，带来幸福与团结。

Step02：复制ChatGPT生成的文案，打开剪映App，在功能区选择【图文成片】功能，如图11-2所示。

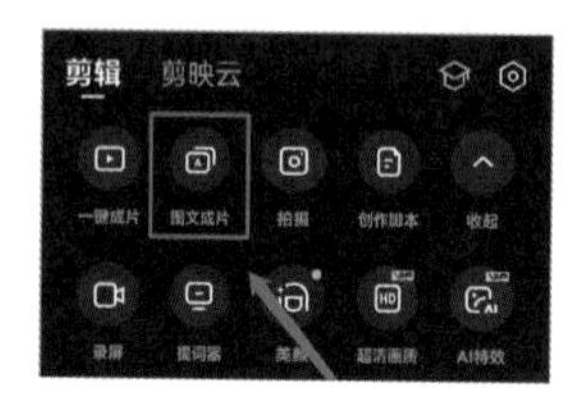

图 11-2

Step03：将文案复制到相应的区域，再根据视频的风格选择相应的视频生成方式，推荐【智能匹配素材】，酌情考虑使用【智能匹配表情包】，如图11-3、图11-4所示。

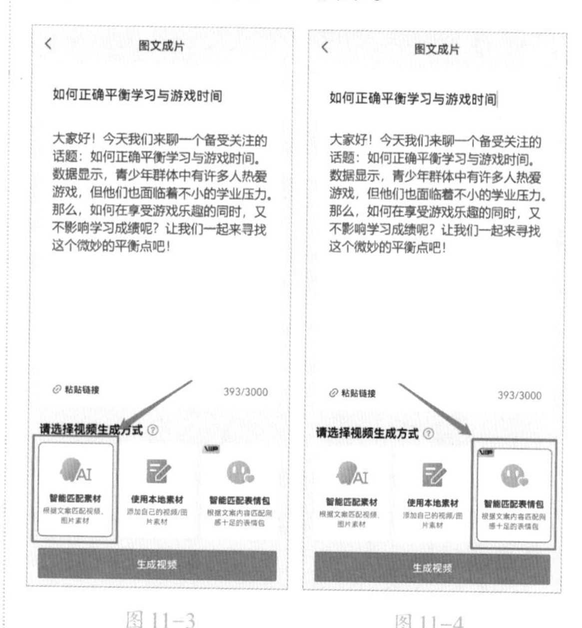

图 11-3　　图 11-4

高手点拨

快速生成短视频须知

尽管剪映App的【图文成片】功能可以减少寻找、添加素材的时间，但是这项功能并不完美，在有些情况下，【图文成片】功能添加的图片会是空镜，对于数据类的信息，【图文成片】功能也不能找到对应的图片。所以我们仍然需要准备多条备用素材，对生成的短视频进行检查，如果有不符合原文意思的素材，要及时替换。

关键技能 104 中文字幕变双语字幕，快速翻译后期更轻松

● 技能说明

我们平时看的很多电影及纪录片都用了双语字幕。添加双语字幕可以让视频显得更专业和高端，但是目前大部分的视频剪辑软件都没有自带双语翻译的功能。我们可以使用ChatGPT进行翻译，不仅准确性高，还能对文本进行延伸、拓展。

● 应用实战

用ChatGPT翻译分为两种情况：一种是整段进行翻译，直接给翻译指令；另一种是带序号的逐句翻译，需要给出详细的指令进行生成。具体操作步骤如下。

Step01：如果是整段进行翻译，直接将要翻译的内容输入ChatGPT并给出翻译指令即可。

提示词：

关于公路交通事故的深入分析表明，超过八成的交通事故是驾驶员反应慢导致的车辆相撞。其中，追尾相撞占比超过六成，其余则主要是侧面相撞。若驾驶员能提前察觉潜在的事故风险并迅速采取正确的应对措施，那么绝大部分事故其实可以避免。因此，深入研究和开发汽车的主动式辅助安全装置，以减轻驾驶员的负担并减少判断失误，对于降低事故发生率、保障驾乘人员的安全具有重要意义。由此可见，这类设计的研究与开发不仅具有深远的现实意义，而且拥有广阔的应用前景。

将以上中文内容翻译成英文。

ChatGPT回答：

An in-depth analysis of road traffic accidents indicates that more than 80% of the accidents are caused by vehicle collisions due to drivers' slow reaction. Among them, rear-end collisions account for more than 60%, while the rest are mainly side collisions. If drivers can detect potential accident risks in advance and quickly take correct countermeasures, then most accidents can actually be avoided. Therefore, the in-depth research and development of active auxiliary safety devices for cars to reduce the burden on drivers and reduce judgment errors are of great significance for reducing the incidence of accidents and safeguarding the safety of passengers and drivers. It can be seen that the research and development of such designs not only have profound practical significance, but also have broad application prospects.

翻译完成后，可以让ChatGPT使用更高级、更学术的单词和句子进行完善。

提示词：

请使用更学术、更高级的单词和句子进行完善，并保持原来的意思。

ChatGPT回答：

A meticulous analysis of road traffic accidents reveals that over 80% of such occurrences stem from collisions due to the sluggish response of drivers. Specifically, rear-end collisions constitute over 60% of these incidents, while the remainder primarily involves side collisions. If drivers possess the ability to anticipate potential accident risks and promptly execute accurate countermeasures, the majority of these accidents could potentially be averted. Consequently, the rigorous exploration and development of proactive auxiliary safety mechanisms within automobiles, aimed at alleviating the burden on drivers and minimizing judgment errors, holds significant importance in mitigating accident frequencies and ensuring the safety of passengers and drivers. Evidently, the pursuit of such design innovations possesses not only profound practical implications but also vast potential for widespread application.

如果是带序号的逐句翻译，就会在每一句台词文案前都加上序号和持续时间信息，如图11-5所示。

1
00:00:00,033 --> 00:00:01,900
漫威这种酷炫的图片快闪片头

2
00:00:01,900 --> 00:00:03,066
该如何制作呢?

3
00:00:03,066 --> 00:00:04,666
今天将方法教给大家

4
00:00:04,666 --> 00:00:05,733
首先全选项目面板中

5
00:00:05,733 --> 00:00:06,866
所导入的图片素材

6
00:00:06,866 --> 00:00:08,000
点击鼠标右键

7
00:00:08,000 --> 00:00:09,733
并选择"速度与持续时间"

图 11-5

Step02：我们需要对中文字幕进行翻译，将翻译出的英文字母放置在中文字幕下方，其他信息不变。

提示词：

帮我把这段中文字幕翻译成英文，保留中文，英文另起一行，格式参考如下。

1
00：00：00，033 --> 00：00：01，900
中文
英文
1
00：00：00，033 --> 00：00：01，900
漫威这种酷炫的图片快闪片头
2
00：00：01，900 --> 00：00：03，066
该如何制作呢?
3
00：00：03，066 --> 00：00：04，666
今天将方法教给大家
4
00：00：04，666 --> 00：00：05，733
首先全选项目面板中
5
00：00：05，733 --> 00：00：06，866
所导入的图片素材
6
00：00：06，866 --> 00：00：08，000
点击鼠标右键
7
00：00：08，000 --> 00：00：09，733
并选择“速度与持续时间”

ChatGPT 回答：

1
00：00：00，033 --> 00：00：01，900
漫威这种酷炫的图片快闪片头
Marvel's cool flashy image intro
2
00：00：01，900 --> 00：00：03，066
该如何制作呢?
How should it be created ?
3
00：00：03，066 --> 00：00：04，666
今天将方法教给大家
Today，we'll teach everyone the method
4
00：00：04，666 --> 00：00：05，733
首先全选项目面板中
First，select all the imported image assets in the project panel
5
00：00：05，733 --> 00：00：06，866
所导入的图片素材
The imported image materials
6
00：00：06，866 --> 00：00：08，000
点击鼠标右键
Right-click with the mouse
7
00：00：08，000 --> 00：00：09，733
并选择“速度与持续时间”

关键技能 105 文字转语音，更方便的AI配音工具

● 技能说明

如果因为个人情况而不方便本人进行录音，那么我们可以使用剪映App的【文本朗读】功能，不过该功能目前限制较大，种类有限，在某些情况下效果并不是很好。推荐使用TTSMAKER工具，不仅有更多的语音种类，还可以自主调节音高、语速等属性，使用起来比较方便。

● 应用实战

在转换之前，需要注意对文案进行分段，方便后续对AI生成的语音进行设置。具体操作步骤如下。

Step01：首先导入分好段的文案，然后在右上方选择朗读语言，如图11-6所示。

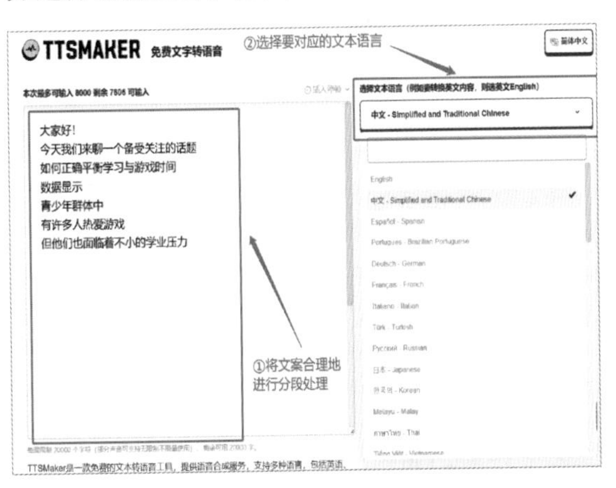

图 11-6

Step02：在右边的面板中选择合适的声音进行AI合成，可以点击面板中的【试听音色】按钮来挑选自己喜欢的声音。需要注意的是每个语音都对文本转换有一定的要求，如图11-7所示。

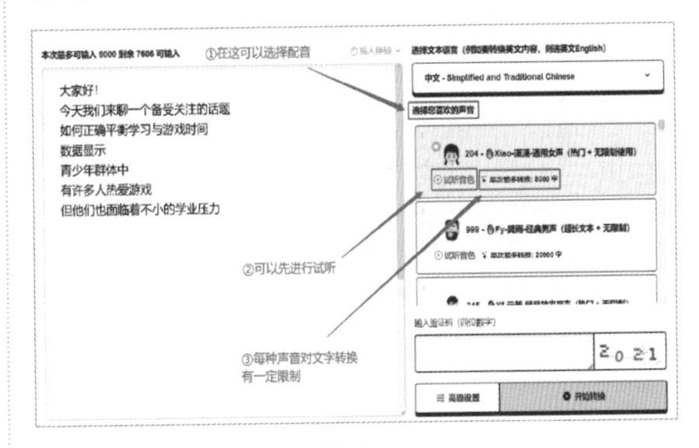

图 11-7

Step03：在进行转换前，可以选择右下方的【高级设置】选项，开启【试听模式】，这样就只会转换文案的前50个字符，加快测试速度，如图11-8、图11-9所示。

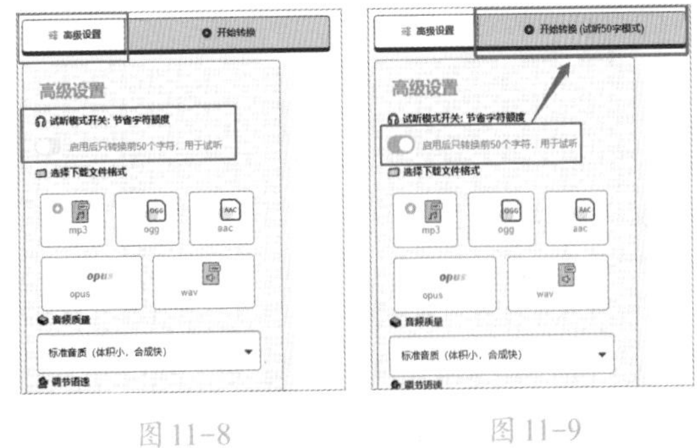

图 11-8　　图 11-9

Step04：除了开启【试听模式】，在【高级设置】中，还可以调节语速、音高、每段停顿时

间等属性，按照个人需求设置即可，如图11-10所示。

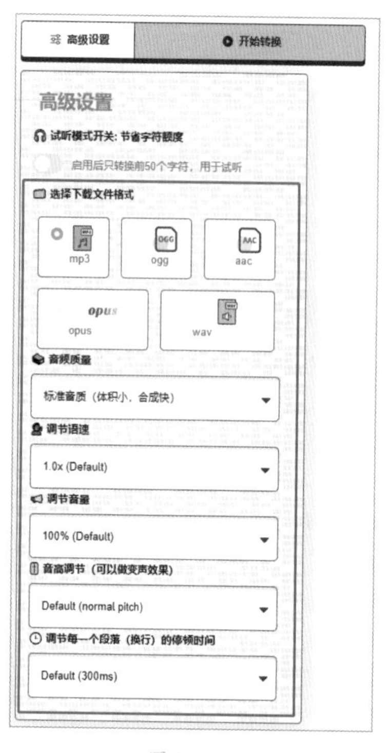

图 11-10

Step05：如果要对停顿部分进行更细致调节，可以在正文输入框右上角选择【插入停顿】选项，在需要设置停顿的文章段落后边添加相应的停顿时间。插入的连续的停顿时长可以叠加，但需要注意一次停顿时长最长为10秒，如图11-11、图11-12所示。

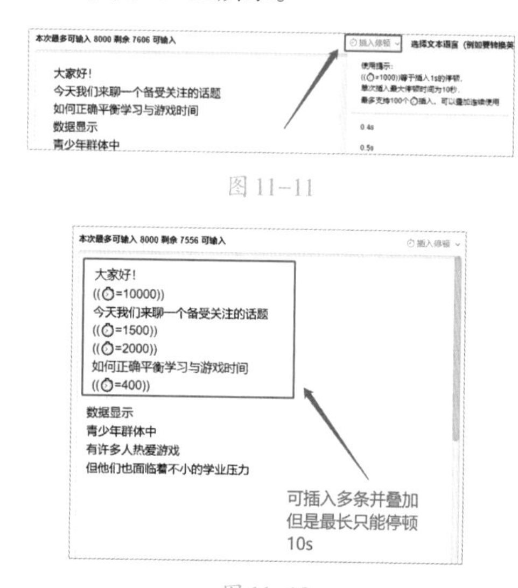

图 11-11

图 11-12

关键技能 106 AI图像生成，依靠文字生成图片

● 技能说明

随着AI技术的不断发展，AI工具的应用范围已远超传统的聊天程序机器人。其中，AI绘图作为AI工具发展的一个重要分支，正备受关注。与ChatGPT等语言模型类似，AI绘图工具也要求用户在输入框中输入关键词，然后AI绘图工具会根据这些关键词进行图片的创作。AI绘图已成为剪辑师获取创意素材的高效方法，极大丰富了他们的创作手段和灵感来源。

● 应用实战

本次教程使用的是免费的AI绘画工具【AI画匠】,【AI画匠】不仅提供了基础的文字生成图片功能，还能进行文字联想、图片生成图片等操作，具体操作步骤如下。

Step01：打开【AI画匠】，在文本输入框中输入想要生成图片的关键词，如图11-13所示。

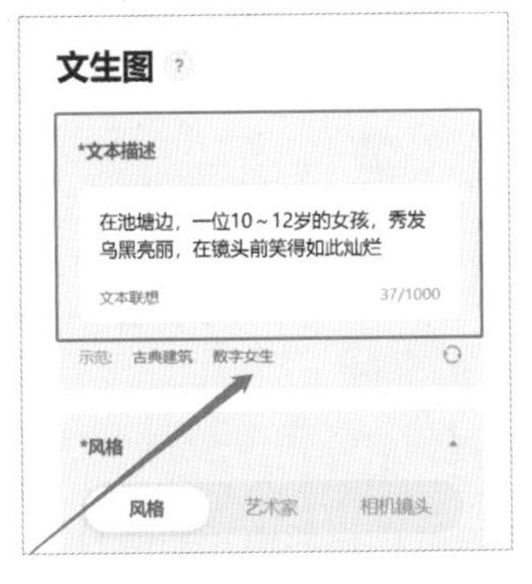

图 11-13

Step02：如果输入的关键字较少，可以点击文本输入框左下角的【文本联想】功能，选择合适的文本进行填充，如图11-14、图11-15所示。

图 11-14

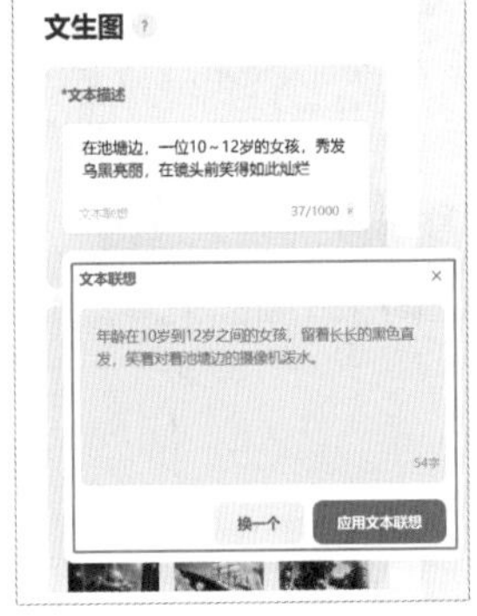

图 11-15

Step03：输入文本内容后，在文本输入框下方选择想要生成的风格。三种风格可以叠加，也可以只选一种类型的风格进行添加，如图11-16所示。

图 11-16

Step04：在风格选项下方选择合适的图片比例和清晰度，如图11-17所示。按以上设置生成的图片如图11-18所示。

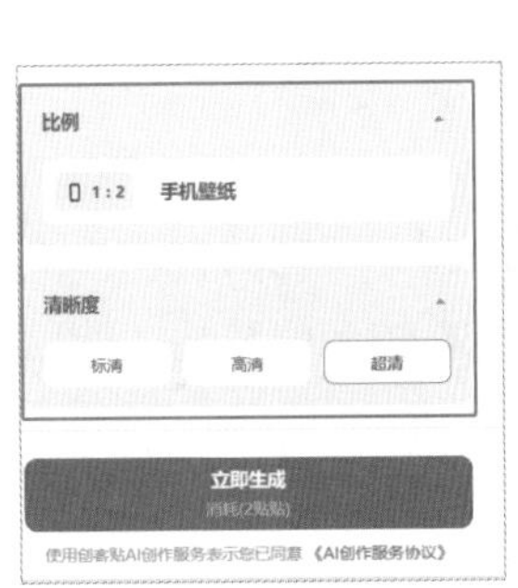

图 11-17

图 11-18

我们也可以提供现成的图片，让【AI画匠】进行模仿学习。

Step01：选择【AI画匠】中的【图生图】功能，如图11-19所示。

图 11-19

Step02：通过点击或拖动的方式上传参考图，如图11-20所示。

图 11-20

Step03：选择【控图方式】，不同的控图方式对生成图片的呈现形式会有较大的影响，然后设置图片比例，如图 11-21 所示。

图 11-21

按以上设置生成的图片如图 11-22 所示。

图 11-22

关键技能 107 AI 视频处理，一键消除水印和字幕

● 技能说明

在网页上遇到令人心动的视频或图片时，我们通常会直接点击这些视频或图片以保存或下载。然而，有些素材因为添加了水印而影响了画面的美观度，所以去除水印显得尤为重要。过去，我们主要依赖 PS 或 AE 等软件中的特定功能和插件去除水印。现在，借助 AI 工具，我们可以一键去除水印和字幕，这种方式更便捷、高效。

● 应用实战

本次教程使用的是腾讯智影中的【智能抹除】功能，具体操作步骤如下。

Step01：在腾讯智影的【智能小工具】中选择【智能抹除】功能，如图 11–23 所示。

图 11–23

Step02：选择【我的资源】或【本地上传】功能上传要去除水印的素材，需要注意，上传的素材大小不能超过 1GB，如图 11–24 所示。

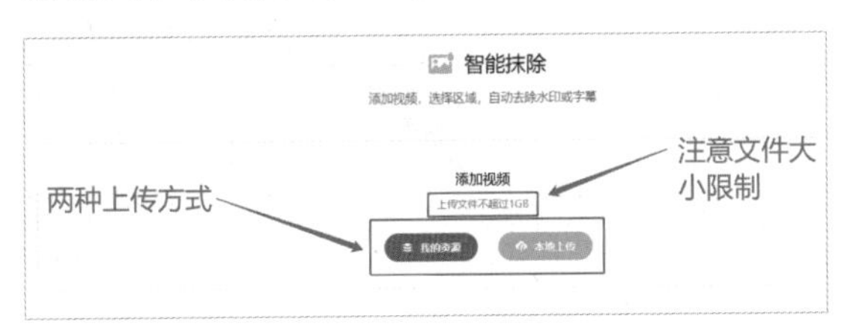

图 11–24

Step03：上传视频后，画面会出现【水印框】和【字幕框】，框的颜色与左上角的标注相对应，如图 11–25 所示。

图 11–25

Step04：将两个框放到对应的水印和字幕的位置，并调整好框选范围和大小。如果有多条水印和字幕，也可以点击左上角来添加水印框和字幕框，如图 11–26 所示。

图 11–26

Step05：点击【确定】按钮，AI 就会自动去除框选的字幕和水印并将视频导出，如图 11–27 所示。

图 11–27

高手点拨

消除水印和字幕须知

水印框和字幕框都是需要在 AI 工具消除前确定好位置和大小范围的，也就是说消除的区域是固定的，这意味着原视频素材中的水印和字幕需要保持位置不变，如果类似跑马灯那样的水印，AI 工具是没法准确消除的。

除此之外，虽然消除了水印和字幕，但是导出的视频素材也不能用于商业、盈利用途，要尊重原创者的合法权益。

关键技能 108 AI 智能图像精修，照片一键美化

● 技能说明

剪映App的【美颜美体】功能非常强大，但还是有一定的限制，特别是在手机端操作时，精准度可能不足。所以如果想要对图片进行更精细地修改，就需要用到其他的软件。像素蛋糕这款软件就可以对人像进行精细化的调节，还支持一键抠图、一键换背景等操作，能够满足更高级别的图片编辑需求。

● 应用实战

本节主要介绍像素蛋糕软件的美化功能，具体操作步骤如下。

Step01：导入需要进行人像美化的图片素材，并在软件页面的右边选择【人像美化】功能，如图11-28所示。

图 11-28

Step02：在编辑页面的上方选择美化的主题类型，分别是【男】【女】【儿童】【长辈】【单人】，根据个人所导入的图片内容选择即可，如图11-29所示。

图 11-29

Step03：如果一张图片中有多个人物主体需要美化，则建议选择【单人】模式，在【单人】模式下可以对图片中单独一位人物主体进行美化，如图11-30所示。

图 11-30

Step04：选择相对应的人物主体类型后，就可以根据导入的图像情况，对人物主体进行祛

除瑕疵、皮肤调整等操作，如图 11-31 所示。

图 11-31

Step05： 如果要对图像整体进行调整，就需要在软件页面右边选择【图像美化】功能，如图 11-32 所示。

图 11-32

Step06： 如果不需要替换背景且图像背景是纯色的，那么就可以选择【纯色背景祛瑕疵】功能，让AI自动识别纯色背景并自动祛瑕疵，如图 11-33 所示。

Step07： 选择【纯色背景祛色彩断层】功能，AI自动识别纯色背景中的摩尔纹、色块、波纹等导致图像色彩出现断层的因素并进行抹除，如图 11-34 所示。

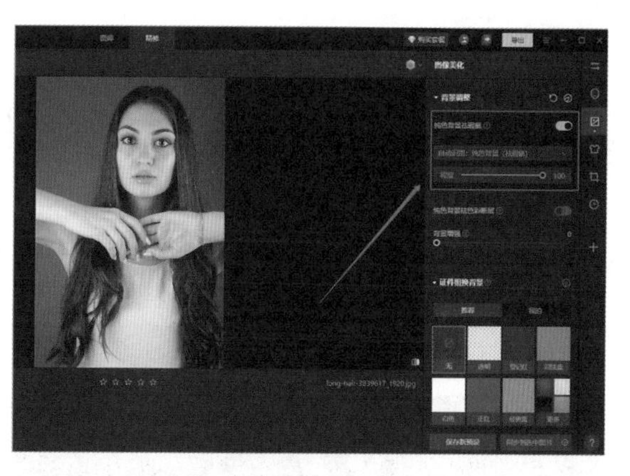

图 11-33

图 11-34

Step08： 如果不想过多改变原图的色调，但是又想提升图像氛围，就可以适当调整【背景增强】的参数，调节参数后，软件就会自动调节图像的饱和度、对比度等参数，如图 11-35 所示。

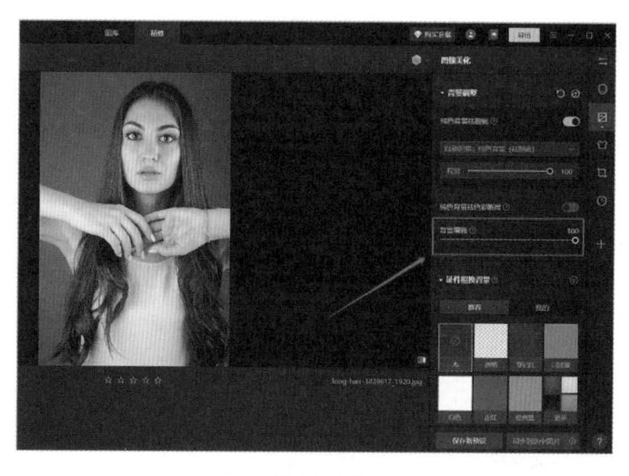

图 11-35

Step09：如果需要将人像图片背景更换成证件照样式的纯色背景，可以在【证件照换背景】功能中选择想要替换的纯色背景，软件会自动对人像进行抠图操作，并将背景填充选中的颜色，等待填充完毕后，还可以调整【边缘调整】的参数，使人物和纯色背景之间看起来更加贴合，如图 11-36 所示。

图 11-36

Step10：除了替换成纯色背景，还可以更换图片中背景的天空样式。在【换天空】功能中选择天空的样式，软件会自动识别图像中天空的区域并根据选择的样式进行替换，如图 11-37 所示。

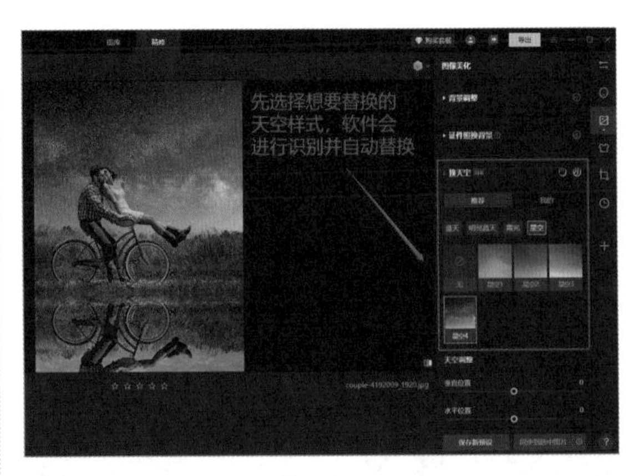

图 11-37

Step11：替换完样式后，可以在下方对更改后的天空进行位置及色调的调整，使人物与天空的色彩趋于平衡，如图 11-38 所示。

图 11-38

关键技能 109 AI 生成可视化图表，不需要从网上找资源

● 技能说明

在进行相关内容创作时，图片与数据是支撑内容真实性与专业性的重要根据。一般来说，用图片展示要比罗列数据看起来更直观、更简

便。但是在网络上，数据信息比较好找，而相关的图片却比较难挖掘，自己制作也需要花费不少的时间。这个时候我们就可以借助AI工具，一键生成图表信息，提高工作效率。

● 应用实战

利用ChartCube，只要整理好相关数据就可以免费生成可视化图表。具体操作步骤如下。

Step01：根据数据做出表格，可以直接在ChartCube页面进行制作，也可以提前制作好Excel表格选择本地上传，如图11-39所示。

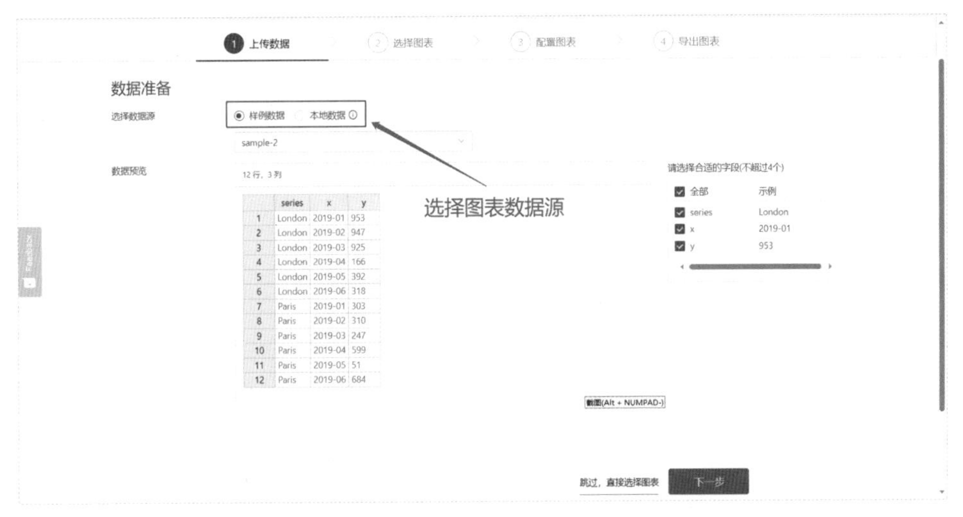

	series	x	y
1	London	2019-01	953
2	London	2019-02	947
3	London	2019-03	925
4	London	2019-04	166
5	London	2019-05	392
6	London	2019-06	318
7	Paris	2019-01	303
8	Paris	2019-02	310
9	Paris	2019-03	247
10	Paris	2019-04	599
11	Paris	2019-05	51
12	Paris	2019-06	684

图 11-39

Step02：上传数据信息后，ChartCube会根据信息提供适合的图表类型，如折线图类、柱状图类、条形图类等，根据个人的需求选择相应的图表即可，如图11-40所示。

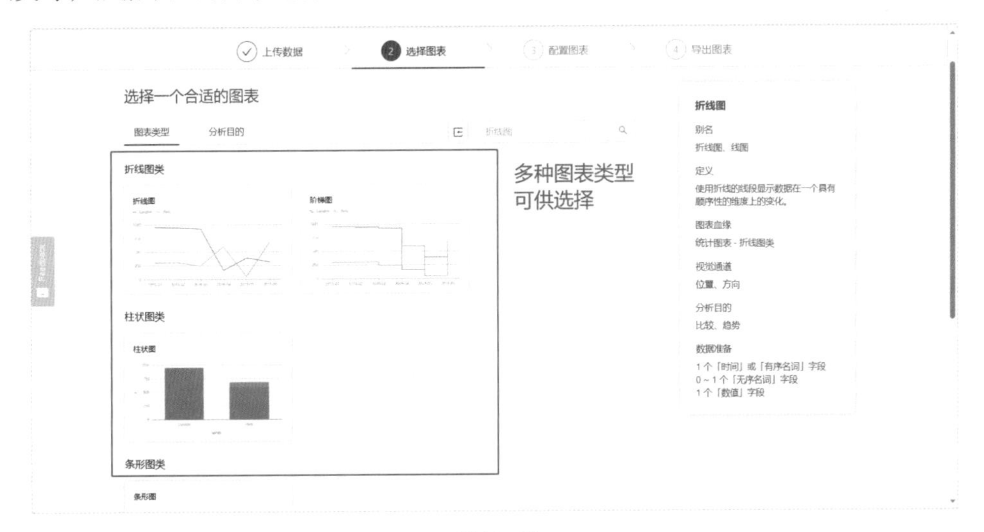

图 11-40

Step03：点击【配置图表】按钮，设置【画布】的相关参数，包括尺寸、标题与副标题，如图11-41所示。

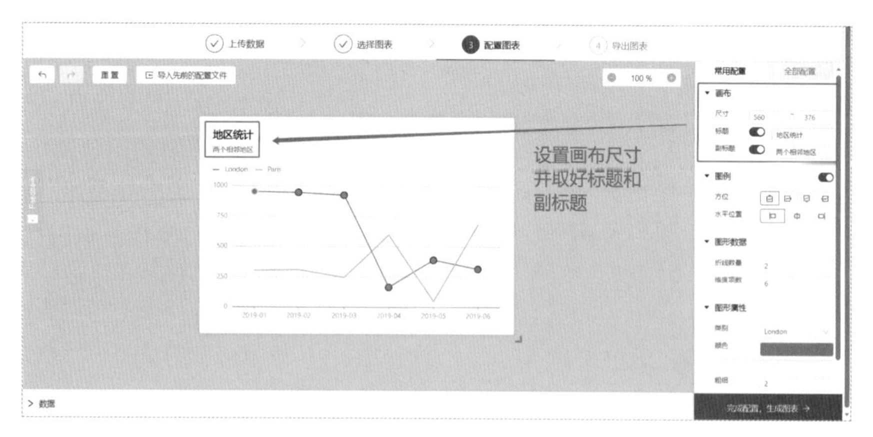

图 11-41

Step04：设置【图例】的参数，包括方位和水平位置，也可以选择关闭【图例】，如图 11-42、图 11-43 所示。

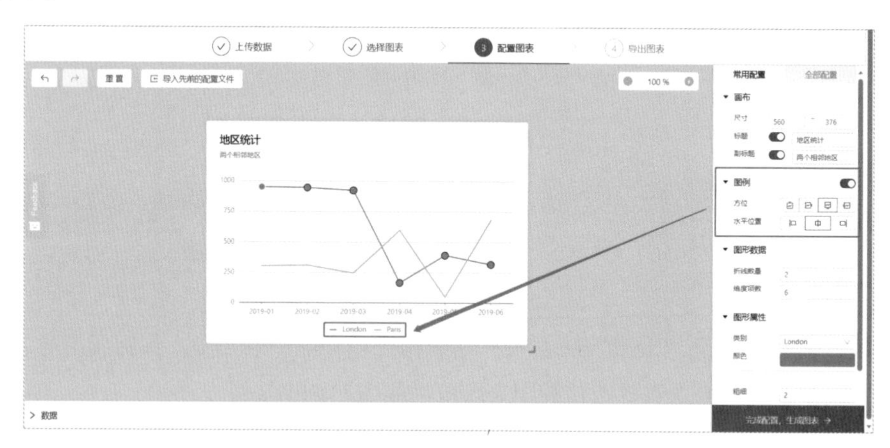

图 11-42

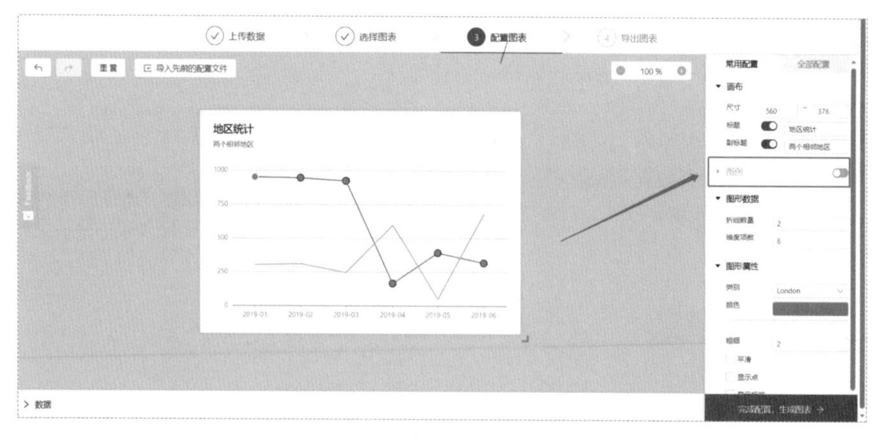

图 11-43

Step05：【图形数据】的参数一般是根据提供的数据信息自动设置的，如果没有特殊需求不用更改。【图形属性】主要是更改图表的呈现样式，可以根据个人喜好进行设置，如图 11-44、图 11-45 所示。

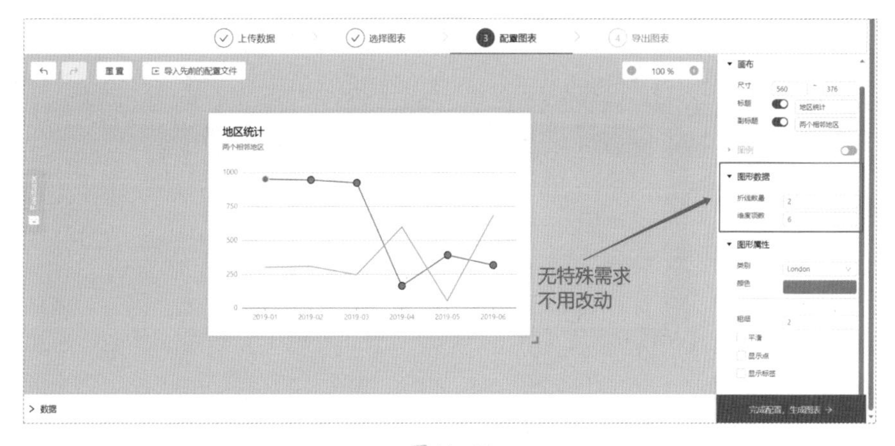

图 11-44

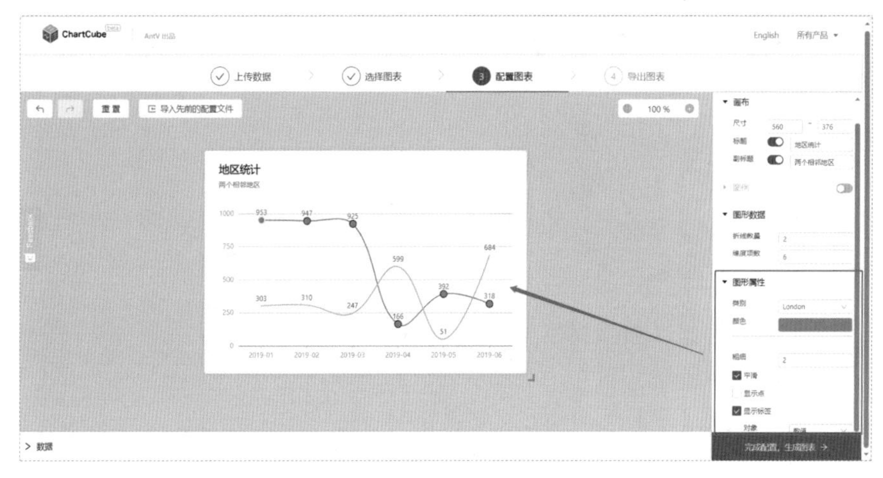

图 11-45

Step06：设置好所有参数之后，就可以将图表导出了。在导出界面，不仅可以选择导出图片，还可以导出数据、相关的代码及配置文件，如图 11-46 所示。

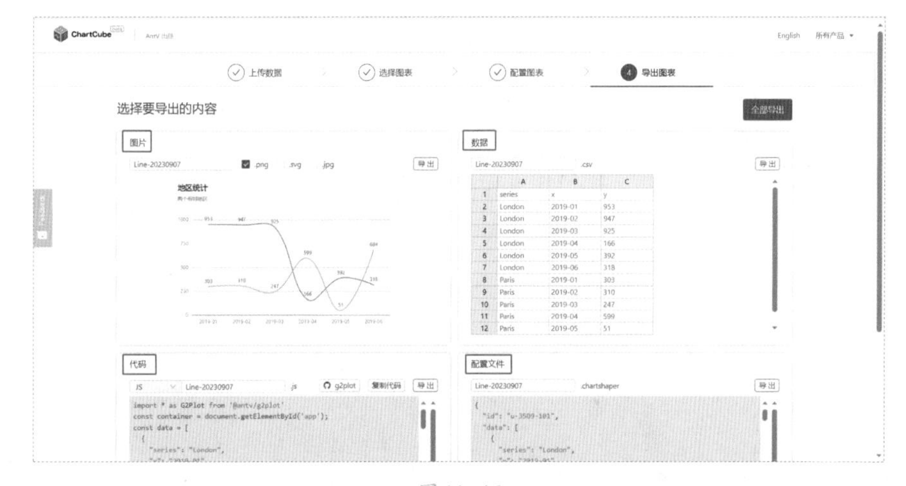

图 11-46

第四篇

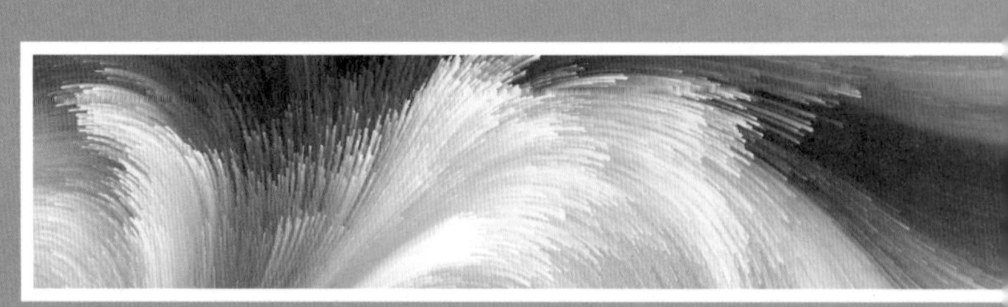

案例实训篇

第12章 案例实训：制作常见类型的短视频

掌握了前面介绍的关键技能之后，我们就可以尝试制作一个完整的视频了。短视频的类型多种多样，目前常见的有影视解说、教程科普、动漫剪辑及Vlog等四种类型。本章将对这四种类型的视频进行分析，重点讲解每类视频的基础制作思路和方法。本章知识点框架如图12-1所示。

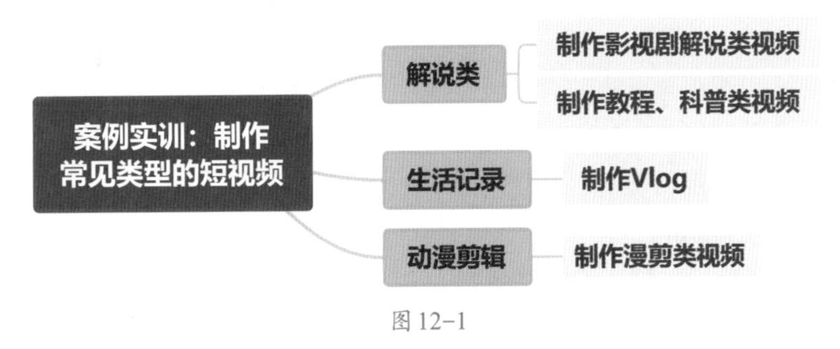

图 12-1

案例 001 制作影视剧解说类视频

● 技能说明

现在生活的快节奏很快，人们往往难以腾出几个小时或者几天的时间来完整观看一部电视剧或电影。因此，在抖音等各大平台上，我们可以发现众多账号专注于制作电视剧或电影的解说视频。完整观看一部电视剧或电影可能耗费数小时乃至数十小时，通过影视解说，观众可能仅需 10 ~ 15 分钟便能领略其主要内容与精彩瞬间。

● 应用实战

影视剧解说类视频制作起来比较容易，重要的是对素材内容要有一定的理解，这样才能写出好文案。具体操作步骤如下。

Step01： 选定制作题材后，深入了解该题材至关重要。对电影而言，梳理剧情脉络相对简单，因为解说通常聚焦于单部作品。然而，动漫和电视剧等作品往往由多个集数组成，因此在进行剧情梳理时，我们可以针对单独一集的剧情进行细致梳理，以确保内容清晰连贯，如图 12–2、图 12–3 所示。

图 12–2

图 12–3

Step02： 在完成剧情脉络的梳理后，我们可以撰写文案。建议从电影或电视剧中的某个引人入胜的小剧情作为起点，或者与观众进行互动作为整个文案的开篇。接下来，对剧中的情节进行解说时，需要对情节有所侧重。对于重要的情节，我们可以运用丰富的文笔进行详细描述；对于相对不重要的情节，可以选择一笔带过或省略不写，如图 12–4 所示。

Step03： 接着是收集素材。除了要保存题材对应的原片素材，还要收集其他的视频或图片素材，例如，预告片、故事前传、宣传海报等，以备不时之需，如图 12-5 所示。

图 12-4　　图 12-5

Step04： 开始剪辑。如果是竖版短视频，需要先导入部分图片素材制作页面，再导入原片，调整原片在页面中的位置和大小；如果是横版视频，可以直接导入原片和拓展素材进行剪辑，如图 12-6、图 12-7 所示。

图 12-6

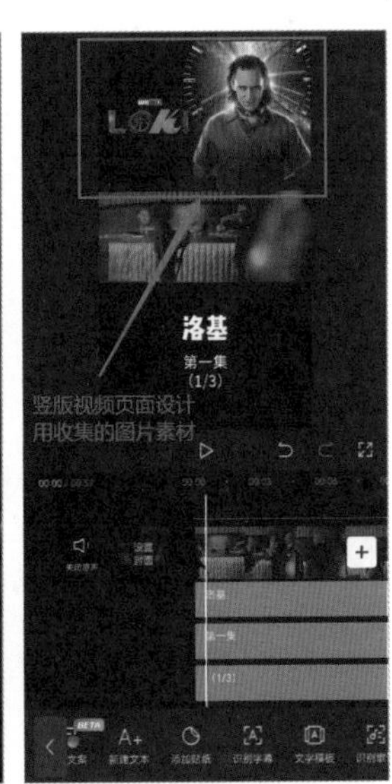

图 12-7

Step05： 对原片进行剪辑时，需要对应先前撰写的文案，按顺序进行剪辑，确保当前素材的画面与文案对应。对于每一个片段，可以选择直接保留一整段相关情节素材，或者是截取与片段有关的信息镜头，如图 12-8、图 12-9 所示。

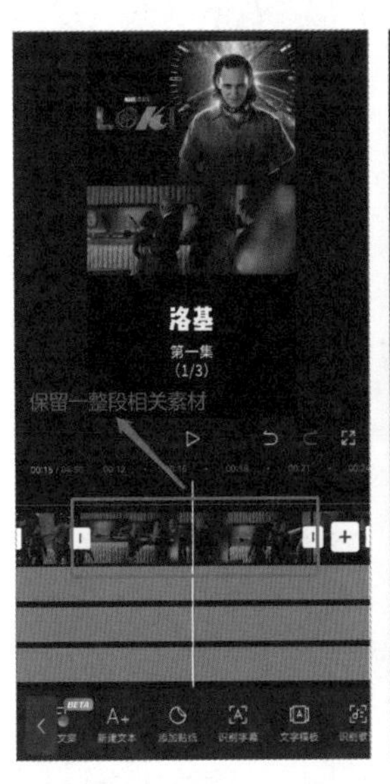

图 12-8

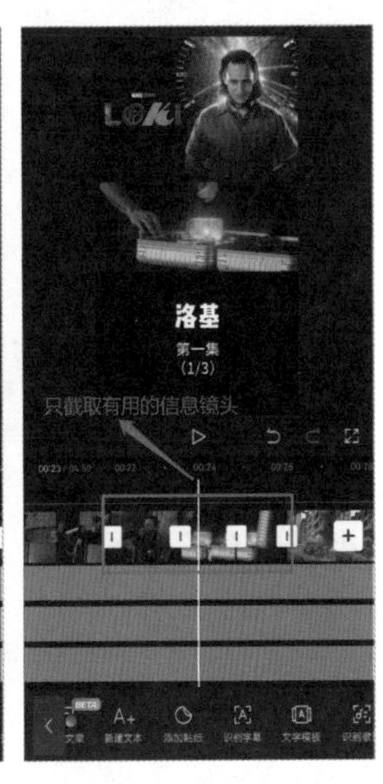

图 12-9

Step06： 根据文案内容，按顺序剪辑出与文案相对应的素材片段后，就完成了粗剪。这时不必着急精剪，可以先给文案进行配音。解说视频的重点是为观众口述影视剧中发生的情节，所以配音也是非常重要的一个环节。可以选择自己录音，也可以使用剪映App中的AI朗读功能来配音，如图 12-10、图 12-11 所示。

Step07： 配完音，就可以精剪了。我们需要根据配音对粗剪时留下的素材或信息镜头进行删除、保留或修改，使素材的持续时长与相应部分的配音时长齐平。在固定的持续时间内，可以只有一个镜头，也可以存在多个镜头，根据个人需求进行剪辑，如图 12-12、图 12-13 所示。

图 12-10

图 12-11

图 12-12

图 12-13

Step08： 视频剪辑完就可以根据文案添加字幕。如果在人声解说中穿插了电影原声片段，则需要将电影原声片段内的字幕一起添加，字幕样式一般选用白底黑边，选择清晰、无连笔的字体，如图 12-14、图 12-15 所示。

图 12-14

图 12-15

Step09： 还可以根据个人需求添加背景音乐。首先，背景音乐需要尽量贴合视频的内容，如温馨的画面尽量选择温和平静的背景音乐。其次，需要注意音量的大小，不能超过人声的配音或电影片段的原声。最后，如果视频过长，就要对背景音乐进行剪辑，可以在不同的片段使用不同的音乐，只需要做好两段背景音乐之间的衔接和过渡即可，如图 12-16、图 12-17 所示。

图 12-16

图 12-17

案例 002 制作教程、科普类视频

● 技能说明

在抖音及其他各大平台上，各类做饭教程和知识科普视频备受欢迎。这些视频不仅质量高，而且能够迅速传递知识，满足现代人快节奏生活的需求。观众只需用手机搜索相关内容，便能观看几分钟或十几分钟的精彩视频，轻松学习各种技能和知识。这种便捷的学习方式很好地适应了当前大多数人快节奏的生活，让知识获取变得更加高效和有趣。

● 应用实战

教程、科普类的视频制作思路和影视剧解说的制作思路很像，都要对自己所准备的题材有所了解，毕竟要保证自己的教程或科普的内容是正确的。具体操作步骤如下。

Step01： 确定视频题材后，我们就可以撰写文案。不同题材的文案撰写方式有所差异。由于美食制作、手工制作类题材通常具有明确的制作流程，因此文案可以围绕这些流程展开，将每一步的制作过程清晰地描述出来。同时，根据个人需求，可以适当添加一些内容，使文案更具拓展性和吸引力。

知识科普类题材，文案的撰写思路与影视剧解说类视频类似。如果是对一个特定内容进行科普和拓展，需要整理科普的思路，先讲解主要内容，再逐步深入或延伸。如果视频中包含多个科普点，并且节奏较快，那么就需要先对这些科普内容进行排序，确保文案的逻辑性和连贯性。

以草莓蛋糕制作流程为例，基础文案可以详细描述从准备材料到完成烘焙的每个步骤，让观众能够轻松跟随并制作出美味的草莓蛋糕。这样的文案既符合题材特点，又能够满足观众的学习需求，如图 12-18 所示。

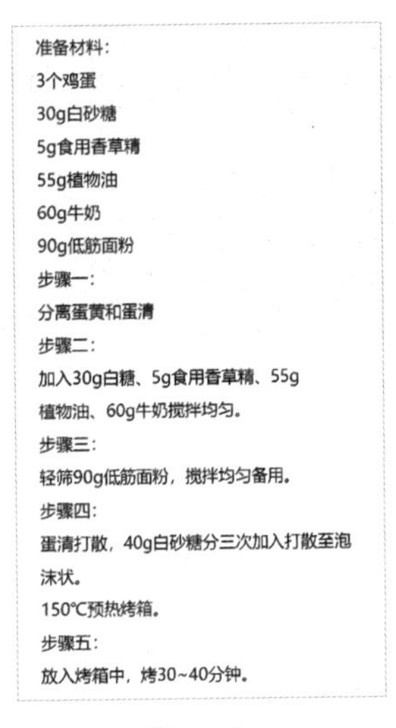
准备材料：
3个鸡蛋
30g白砂糖
5g食用香草精
55g植物油
60g牛奶
90g低筋面粉
步骤一：
分离蛋黄和蛋清
步骤二：
加入30g白糖、5g食用香草精、55g
植物油、60g牛奶搅拌均匀。
步骤三：
轻筛90g低筋面粉，搅拌均匀备用。
步骤四：
蛋清打散，40g白砂糖分三次加入打散至泡
沫状。
150℃预热烤箱。
步骤五：
放入烤箱中，烤30~40分钟。

图 12-18

Step02： 写好文案后，素材的收集方式会因视频类型而异。对教程类视频而言，空境或所需的图片素材可以在互联网上搜索，正片素材建议亲自拍摄，以确保内容的真实性和准确性。对科普类视频而言，素材的获取则更为灵活，既可以通过互联网搜索，也可以结合实际情况进行拍摄。无论采用哪种方式，都需要注意在

互联网上搜索的数据信息的准确性和来源的可靠性。这些数据不仅要精确无误，还要明确标注出处，以体现学术严谨性和尊重原创的精神。草莓蛋糕的拍摄素材如图12-19所示。

图12-19

Step03：将素材导入后，同样需要将文案内容与视频画面进行对应，然后保留有用的信息镜头，如图12-20所示。

图12-20

Step04：对教程类视频而言，配音并非硬性要求。特别是当文案内容仅专注于制作流程的详细描述而没有额外的拓展内容或剧本时，选择不添加配音也是完全可以的。然而，如果视频中包含了其他内容或剧本，配音的加入则能显著提升观众的观看体验和理解度。

相对而言，科普类视频则普遍需要配音。由于科普内容往往涉及理论化的知识，配音不仅有助于将复杂的概念变得简单易懂，更能通过口头解释深化观众的理解。特别是对科普范围广、内容丰富的视频而言，如果仅依赖字幕而缺乏配音，其科普效果会大打折扣。配音的加入能提高视频的传播效果。添加配音的方法与影视剧解说类视频相同，如图12-21、图12-22所示。

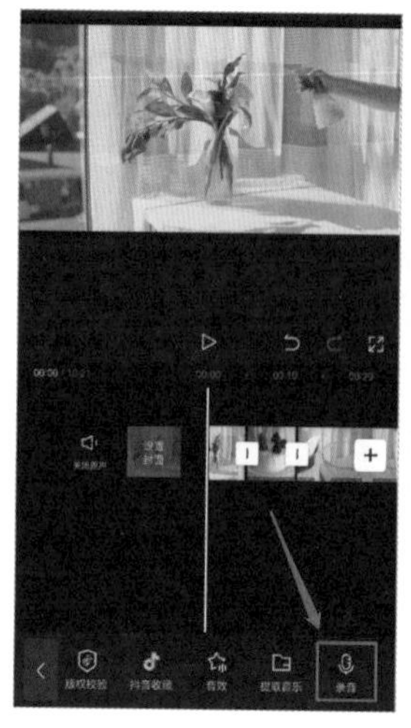

图12-21

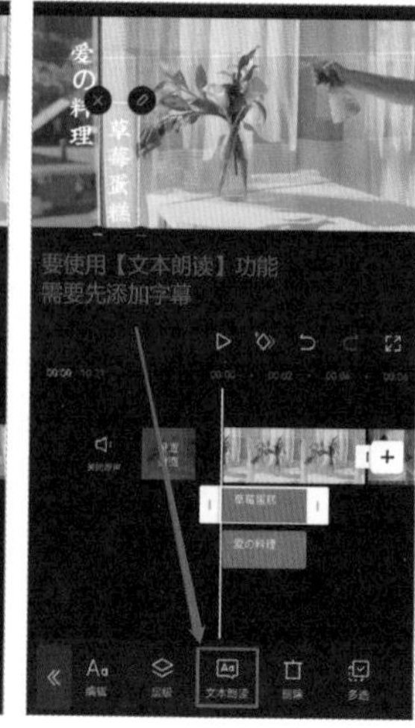

图12-22

Step05：根据配音持续时长删除、保留、修改素材。如果没有配音，特别是教程类视频，就可以先确定每个流程的字幕的持续时长，再对素材进行处理，如图12-23所示。

图12-23

Step06：在处理字幕时，不同类型的视频需要采用不同的策略。对于科普类视频，我们可以使用白底黑边字幕样式，也可以在关键内容上添加花字或文字模板，以强调重要信息，同时增强画面的视觉张力。相对而言，教程类视频的字幕样式则更加灵活，没有特定的限制。我们可以根据个人喜好和视频的整体风格，选择让字幕变得更可爱或者更正式，如图12-24、图12-25所示。

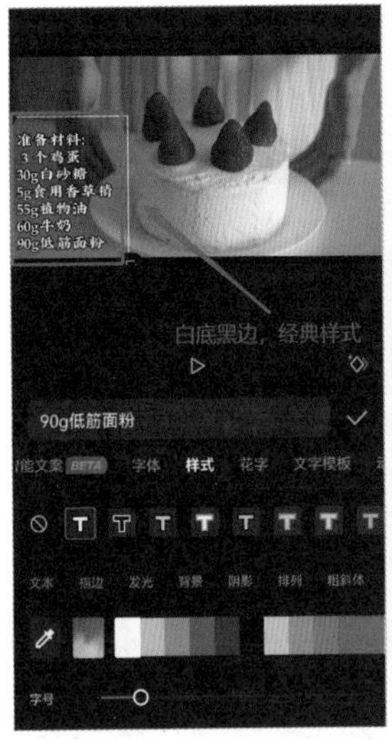

图12-24

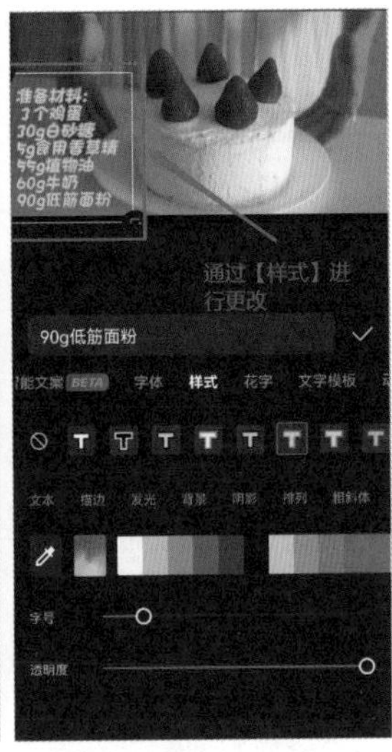

图12-25

Step07： 最后是处理背景音乐，对于教程类视频而言，温馨的背景音乐能够营造一种舒适、放松的氛围。根据视频时长，可以准备多首曲目，并确保曲目间的过渡自然流畅。

科普类视频在背景音乐和音效的使用上有其独特性，音效在科普类视频中扮演着很重要的角色。配合文字动画或模板，音效不仅能够强调关键内容，还可以在多个知识点之间作为转接的标志，增强视频的连贯性和节奏感。需要注意，音效不能滥用，以免干扰观众对科普内容的理解。

无论是教程类视频还是科普类视频，背景音乐的音量控制都至关重要。要确保背景音乐的音量不会盖过配音的人声，而是起到辅助和衬托的作用。此外，在调整好背景音乐后，可以根据音乐的节奏对已经剪辑过的各段素材进行细微修改，使视频节奏尽量与音乐节奏相协调，如图12-26、图12-27所示。

图12-26

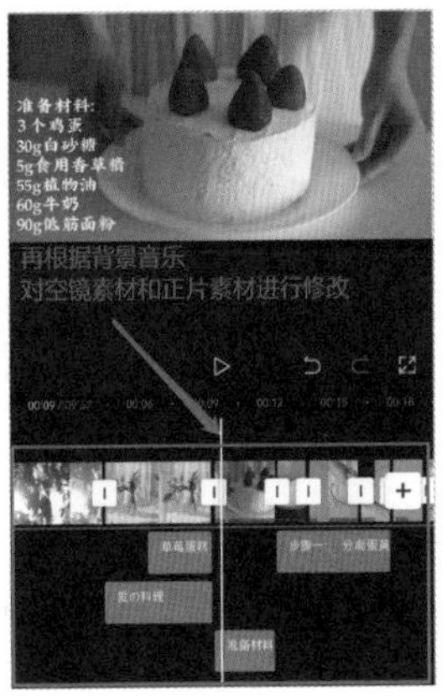

图12-27

案例003　制作漫剪类视频

● **技能说明**

在抖音、B站等视频分享平台，青少年与青年用户占相当大的比例，这也使动漫剪辑类视频成了一种受欢迎的视频类型。剪辑师对于这类视频通常会选择两种主要的剪辑方向：卡点向和剧情向。

● 应用实战

无论剪辑哪种类型的视频，对所选素材的深入了解都是不可或缺的。特别是在动漫剪辑中，对角色、动作和故事情节的熟悉程度直接决定了剪辑的质量和效果。对于剧情向的动漫剪辑而言，深入了解素材是后续剪辑思路的基础。通过仔细分析角色动作和故事情节，剪辑师能够更准确地把握剧情的发展脉络，从而创作出引人入胜的作品。

在选择背景音乐时，两种类型的动漫剪辑存在较大的差异。剧情向的动漫剪辑侧重于表达情感和叙述故事，因此背景音乐需要根据作者要表达的情感来选择。剪辑师需要仔细挑选能够契合剧情氛围、增强情感共鸣的曲目，使观众在观看过程中能够更深刻地感受到故事的情感张力。

相比之下，卡点向的动漫剪辑则更注重画面与音乐的同步性。在选择背景音乐时，剪辑师主要关注曲目的节奏感和鼓点清晰度。例如，《sold out》这首曲目就因其强烈的节奏感和清晰的鼓点而备受卡点向剪辑师的喜爱。通过选择与动漫画面相匹配的音乐节奏，剪辑师能够创作出节奏感强烈、视觉冲击力十足的作品，从而给观众带来全新的视听体验，如图 12-28、图 12-29 所示。

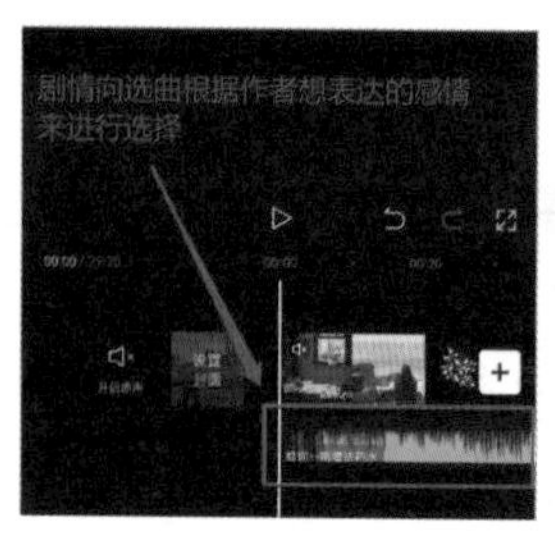

图 12-28

图 12-29

我们先讲解卡点向视频的思路，具体操作步骤如下。

Step01： 选好音乐后，就可以进行踩点。后续的视频画面切换时机与持续时间，都将严格以每个鼓点或节点作为依据，确保视频节奏与音乐完美融合，如图 12-30 所示。

Step02： 卡点向视频在素材选取上并不严格，其灵活性使得混剪成为可能。这种视频既可以选取来自同一动漫的素材，也可以跨越不同动漫进行剪辑，甚至可以将影视剧或电影的画面融入其中，打造丰富多彩的视觉体验，如图 12-31 所示。

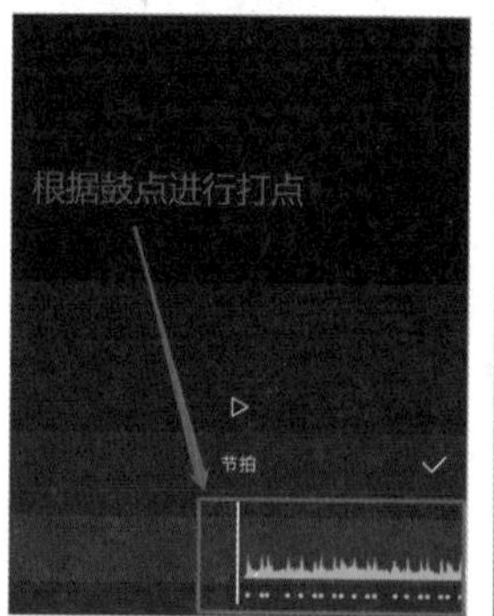

图 12-30

图 12-31

Step03： 在特效方面，画面效果和转场效果是卡点向视频比较注重的，可以先对素材进行调色或添加特效的处理，再考虑制作出流畅且吸引人的转场效果，如图 12-32、图 12-33 所示。

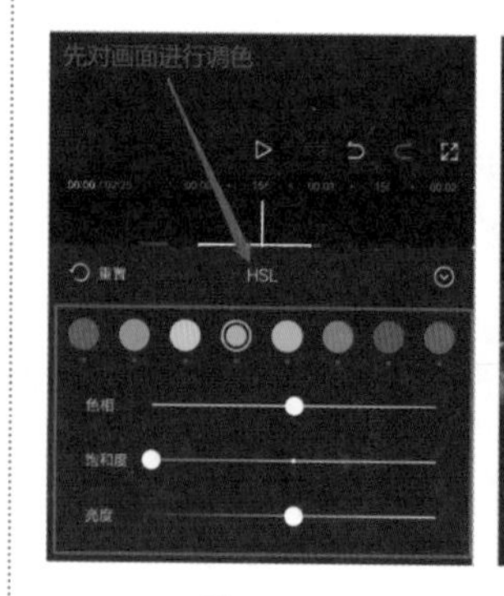

图 12-32

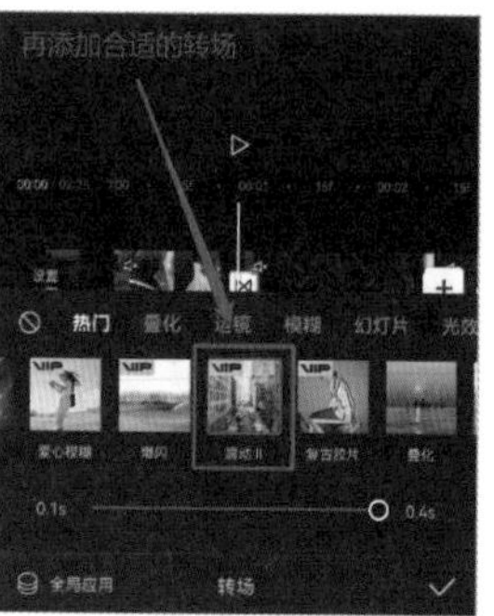

图 12-33

在制作卡点类视频时，需格外关注转场效

果的质量，它与转场动画及画面的持续时长密切相关。特别是在使用剪映App时，转场动画的持续时长往往受限于素材的时长。若素材持续时长过短，转场动画的时长也会相应减少，导致视觉效果不尽如人意。因此，当素材时长较短时，建议选择更为简洁的转场方式，如拉远或向左等。当然，在某些情况下，若难以添加合适的转场效果，硬切也不失为一种有效的解决方案。通过合理把握转场效果的运用，能够提升视频的整体观赏性和流畅度，如图12-34、图12-35所示。

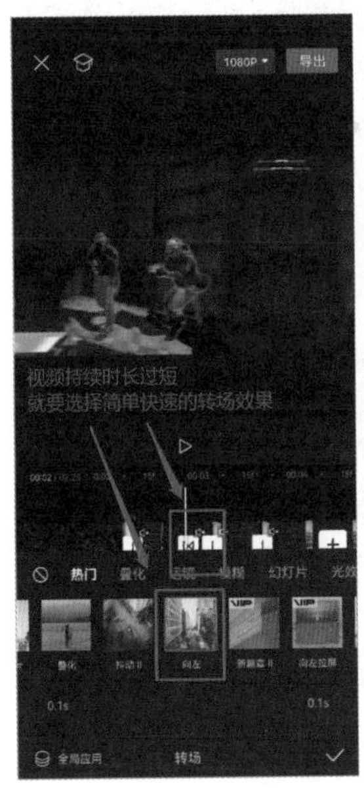

图 12-34

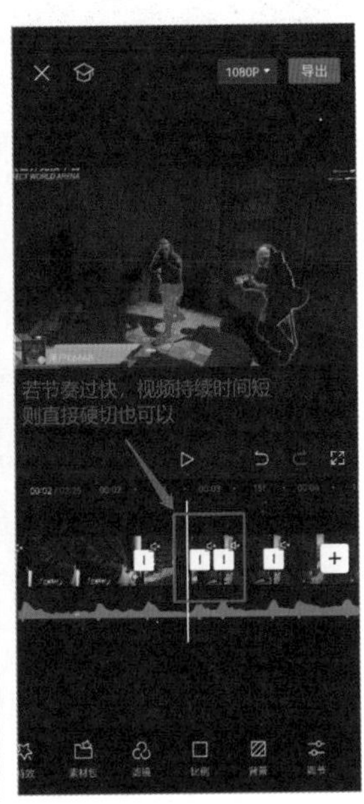

图 12-35

Step04： 卡点向视频由于其快节奏和频繁的画面切换，通常不需要添加字幕。观众的注意力主要聚焦于视频画面上，因此字幕添加与否对整体观感的影响并不显著。当然，在特定情况下，如文字动画单独占据一个画面或文字嵌入画面成为其一部分时，字幕的添加可以增强视觉效果或传达特定信息。但总体而言，字幕并非卡点向视频的必需元素，如图12-36、图12-37所示。

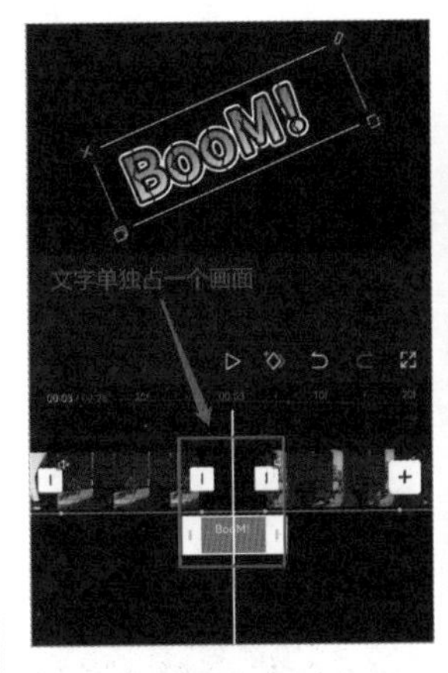

图 12-36

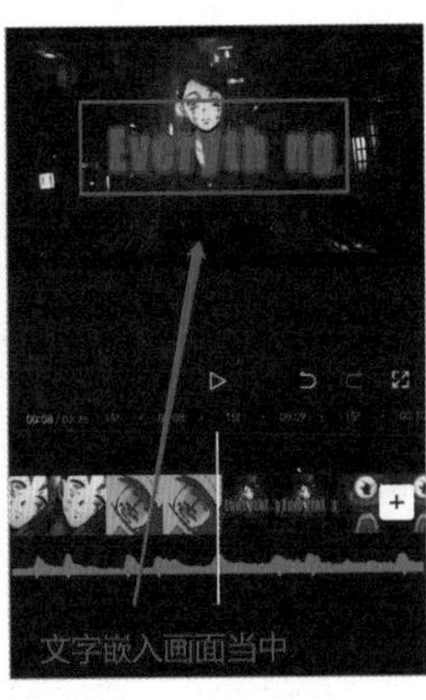

图 12-37

我们接着讲解剧情向视频的思路，具体操作步骤如下。

Step01： 与卡点向视频的节奏感不同，剧情向视频的画面切换并不严格依赖鼓点。在剪辑过程中，一种常见的思路是依据歌词的句段进行画面切换，可以一句歌词一换，有时甚至可以一段歌词对应一次画面变化。然而，在后续的剪辑工作中，需要确保视频画面的情感基调与背景音乐的起伏相吻合。当音乐进入高潮时，视频中的剧情也应随之进入高潮，如图12-38、图12-39所示。

图 12-38

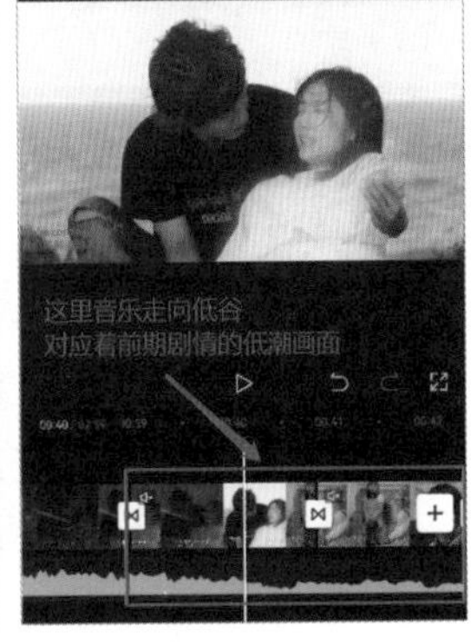

图 12-39

Step02： 每个画面的转场动画效果也要根据当前画面基调进行搭配，甚至可以直接使用硬切转场，如图12-40、图12-41所示。

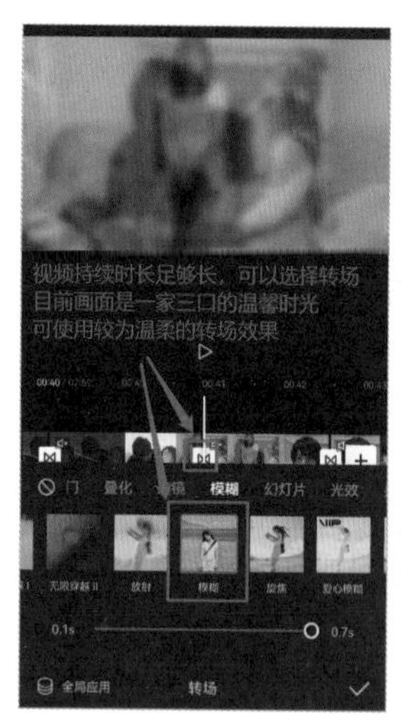

图 12-40

图 12-41

Step03： 剧情向视频的字幕一般是歌词字幕，可以添加在视频边角的位置，也可以将字幕嵌入画面中，作为画面的一部分。由于剧情向视频的画面切换不频繁，添加歌词字幕能很好地提升观看体验，如图 12-42、图 12-43 所示。

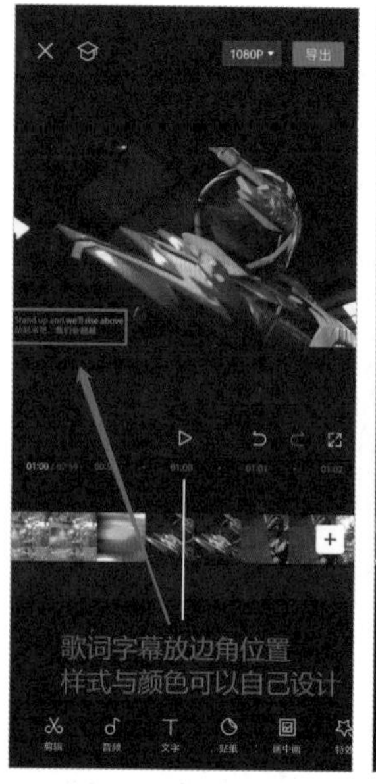

图 12-42

图 12-43

案例 004 制作 Vlog

● 技能说明

Vlog，即 Video Blog，意为视频日志。创作者可以运用手机、相机等拍摄工具，记录日常活动、旅行经历、美食体验，并分享个人想法与观点。与视频形式的 Vlog 相对应，还存在以照片为主的图文日志，同样受到广大网友的喜爱。Vlog 以其直观、生动的特性，在各大平台成为备受欢迎的视频风格之一。

● 应用实战

与前面几个案例相比，Vlog 视频更注重前期素材的拍摄。具体操作步骤如下。

Step01： 确定选题后，可以编写一份脚本。脚本可以帮助我们更有条理地拍摄素材，有助于减少后期补录的情况。当然，如果我们在拍摄素材时有突发事件，也可以先拍下来，等拍摄完毕后再撰写脚本。除了用剪映 App 自带的【脚本】功能来撰写脚本，我们也可以自己写，只要在拍摄素材时确定接下来具体做什么即可，如图 12-44 所示。

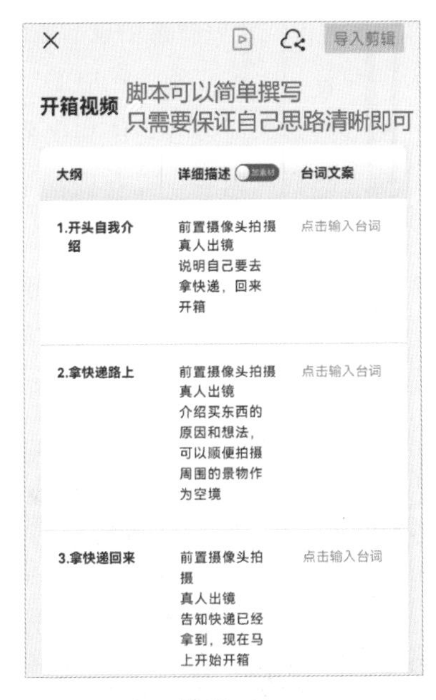

图 12-44

Step02： 在 Vlog 拍摄中，素材大致分为 A-roll 和 B-roll 两种。A-roll 主要指的是叙述的主线镜头，即我们直接对着镜头说话的素材。这种素材是 Vlog 的核心部分，它承载了作者要传达的主要信息和情感。在拍摄 A-roll 时，需要注意以下几点。

1. 光线问题：尽量不要背对着光线拍摄，而是要面对着光线，确保脸部光线充足，避免阴影和模糊。同时，也不要在光线不好的情况下进行拍摄，以免画面昏暗、不清晰。

2. 眼神交流：在拍摄时，眼睛要看着拍摄工具的镜头，比如用手机拍摄时眼睛就要看着前置摄像头。这样可以让观众感受到你的真诚和专注，增强与观众之间的连接感。

3. 精神面貌：保持良好的精气神非常重要。通过自信、自然的表现，能够传达积极向上的态度，让观众感受到你的热情和魅力。

如图 12-45 所示。

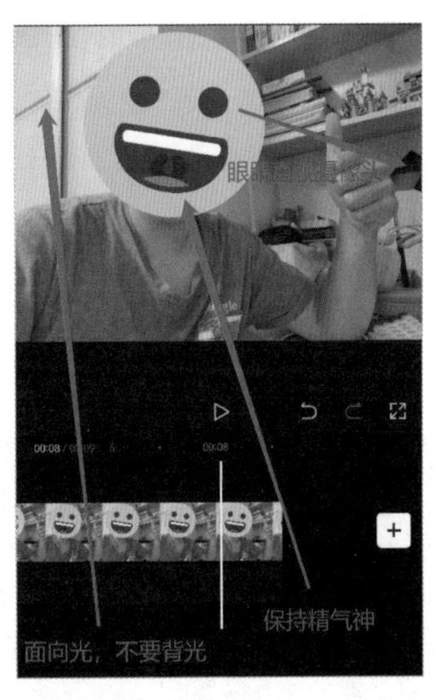

图 12-45

Step03： B-roll 一般是指与 A-roll 互补的空镜，可以简单理解为拍摄视频主题周围环境的镜头，或者是拍摄视频主体正在干什么事的镜头，通常是无声的，可以进行后期配音配乐。B-roll 的拍摄形式有以下两种。

第一种形式是采用单组镜头从单一角度进行拍摄，这种方式更像是记录一个过程，展现视频主体正在做的事情或周围环境的画面。虽然相对简单，但与 A-roll 的镜头衔接起来却十分自然，为观众提供了更加丰富的视觉体验。

第二种形式则更加复杂和多样，它使用不同角度的多组镜头来拍摄同一个过程。这种拍摄方式需要更多的技巧和策划，可以加入各种运镜手法，以呈现更花哨和有趣的画面。虽然拍摄时可能比较麻烦，但经过后期剪辑，这种形式的 B-roll 能够为观众带来极具观赏性的视觉盛宴。

在选择 B-roll 拍摄形式时，我们可以根据实际需求和拍摄条件来选择。如果想要展现更真实、自然的场景，可以选择第一种形式；如果想要为观众带来更独特、精彩的视觉体验，可以选择第二种形式。

无论是哪种形式的B-roll，都需要与A-roll紧密结合，共同构成一部完整、有趣的Vlog作品。通过合理的拍摄和剪辑，B-roll能够为Vlog增添更多的层次感和观赏性，让观众在欣赏视频的同时，也能够深入了解我们的生活和想法。

如图12-46、图12-47所示。

图12-46　　图12-47

Step04： Vlog的背景音乐选择跟影视剧解说类视频和教程、科普类视频相同。首先，要选择贴合视频风格的音乐；其次，要多准备几首曲目，在后期剪辑时，通过A-roll与B-roll镜头的切换可以切换不同的曲目，如图12-48所示。

图12-48

Step05： 在Vlog制作的最后阶段，我们需要添加字幕。这些字幕主要针对A-roll镜头，用于传达对话、解说或重要背景信息。如果B-roll镜头有后期配音，也需要添加相应的字幕来补充或解释配音内容。通过合理添加字幕，观众能够更好地理解视频内容，提升观看体验。字幕样式的选择比较自由，但要注意大部分字幕的样式需要统一，并且显示清晰、明确。在一些部分也可以添加花字、文字动画等来强调内容，如图12-49、图12-50所示。

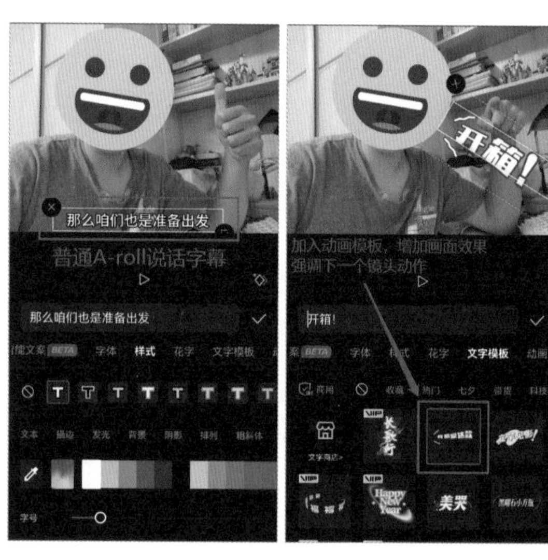

图12-49　　图12-50